더 와인

레이블에서 메이킹까지
와인이 낯선 이들을 위한 꼼꼼한 안내서

더 와인

ⓒ 엄정선·배두환, 2024

초판 1쇄 2024년 10월 1일 발행

지은이 엄정선·배두환

기획 임호천·임서연

감수 이인순

펴낸이 김성실

표지 위앤드디자인

제작처 한영문화사

펴낸곳 시대의창   **등록** 제10-1756호(1999. 5. 11)

주소 03985 서울시 마포구 연희로 19-1 4층

전화 02) 335-6121 **팩스** 02) 325-5607

전자우편 sidaebooks@hanmail.net

페이스북 www.facebook.com/sidaebooks

트위터 @sidaebooks

ISBN 978-89-5940-851-1 (03590)

일러두기   외래어 표기는 국립국어원의 외래어표기법에 따르되, 일부 와인 용어의 경우에는 업계와 대중
사이에 널리 쓰이는 표기에 따랐습니다.

더 와인
THE WINE

레이블에서 메이킹까지
• 와인이 낯선 이들을 위한 •
꼼꼼한 안내서

엄정선, 배두환 지음 | 이인순 감수

시대의창

저자 부부는 대학원에서 양조학을 공부하고 유럽의 여러 산지를 여행하며《프랑스 와인 여행》,《이탈리아 와인 여행》,《와인이 있는 100가지 장면》등 와인에 관한 여러 책을 출간했습니다. 이런 경험을 바탕으로 이들은 기본부터 전문 내용을 두루 다룬《더 와인》을 완성했습니다.

이 책은 와인 지식을 단순하게 나열한 것이 아닙니다. 책의 어느 장을 펼쳐도 저자들이 쌓아온 지식을 엿볼 수 있습니다. 또 그 바탕 위에 저자들이 여러 와인 산지의 포도밭과 양조장에서 직접 보고 듣고 배우고 느낀 생생한 체험을 이 책에 고스란히 담았습니다.

책을 읽다 보면, 와인과 관련한 다양한 주제를 언급한 매 문장마다 저자들이 한 단어도 쉽게 쓰지 않았음을, 내용을 여러 차례 꼼꼼히 확인하고 고민하며 써내려 갔음을 짐작할 수 있습니다. 이 두꺼운 분량의 책을 완성하기까지 저자들이 겪었을 고충을 다 헤아릴 수는 없지만, 글을 읽는 동안 느껴지는 이들의 진정성과 노고에 마음에서 우러나는 박수를 절로 보내게 됩니다.

이 책은 첫 장부터 차근차근 읽어 내려가도 좋습니다. 또는 손 닿는 곳에 두고 언제든 펼쳐서 궁금한 주제를 찾아 읽기에도 유용합니다. 품종과 같은 기본 정보부터 포도재배나 양조 분야까지 두루 깊이 있게 다루는 까닭입니다. 게다가 실생활에 도움이 되는 와인 정보와 와인 소비 트렌드를 반영해 실용적인 가치도 지녔습니다.

국내에서도 와인 산업이 크게 발전해, 편의점에서도 와인을 구매할 수 있을 만큼 시장이 널리 형성되었습니다. 하지만 아직도 외국 서적을 제외하고는 와인의 여러 분야를 폭넓게 다룬 책이 드물어 아쉬운 참이었습니다. 이런 상황에서 출간

된 이 책은 참으로 시의적절하며 그 가치 또한 중요합니다. 감수 요청을 받고는 덜컥 수락한 까닭입니다.

기대와 설렘 사이에서 책을 읽는 동안 저자들이 한 문장 한 문장을 허투루 쓰지 않았음에, 그리고 그 속에 담긴 이들의 노고와 고민의 흔적을 느낄 수 있었음에 '감수'라는 말은 가당치 않습니다. 그저 가치 있는 이 책을 먼저 읽을 기회를 얻은 한 사람으로서 감사할 따름입니다.

와인은 과연 어떤 술이기에 전 세계에 퍼졌을까요? 와인에 관해 알고 싶은 마음이 조금이라도 동한다면, 와인의 기본에서부터 깊은 이야기까지 두루 담은 이 책을 통해, 와인의 빛깔과 향 그리고 참맛을 음미하시기 바랍니다.

이인순(LeeInsoon WineLab 원장)

지금으로부터 14년 전, 이 책의 공동 저자인 저희 부부는 대학원에서 선후배 사이로 만났습니다. 남자는 와인 전문지 에디터로 일하면서 야간 대학원에서 와인 양조학을 공부했고, 여자는 모 대기업에서 운영하는 카페 겸 와인숍에서 소믈리에로 일하면서 틈틈이 시간을 쪼개 같은 대학원을 다녔습니다. 둘은 동기들이 제3교시라 부르는 술자리에서 처음 만나 자연스럽게 인연을 맺었습니다. 서로가 서로에게 수많은 가능성과 장점 그리고 공동의 취미를 발견하면서 연인으로 발전할 수 있었습니다.

연애할 당시 우리 부부가 가장 즐겨 찾던 데이트 장소는 대학로의 '바스키아'라는 와인바였습니다. 가게 이름을 닮은 어둡지만 유니크한 분위기와 인디 밴드 공연에 매료된 우리 부부는 서로를 열렬히 사랑할 때도, 가끔⋯ 미워할 때도, 그 감정들을 바스키아에서 모두 풀어냈어요. 또한 둘은 서로를 만나기 전부터 세계여행에 대한 막연한 꿈을 꾸고 있었습니다. 남자는 몇 차례 해외 출장을 통해 세계가 생각보다 넓지 않음을, 그래서 세계여행도 불가능한 일이 아님을 알았습니다. 여자는 튼튼한 다리를 가진 남자와 세계여행을 떠날 거라고 아주 오랫동안 주변에 늘 이야기하고 다녔습니다. 그리고 둘은 책으로만 공부하던 해외의 와인 산지를 꼭 두 발로 밟아보고 싶었습니다. 그 꿈에 대해서 처음으로 진지하게 털어놓은 곳이 바로 바스키아입니다.

솔직히 맨 정신에 이런 이야기를 했다면, 아마도 여행의 시작은 조금 더 늦춰졌을지도 모릅니다. 하지만 우리는 바스키아에서 와인을 마시고 있었고, 마치 내일 여행을 떠날 사람들처럼 신이 나서 와인으로 떠나는 세계일주에 대해 갖가지 계획을 늘어놨습니다. 얼큰하게 취할 즈음, 우리는 당장 세계여행을 가기 위한 통장을 만들어야 하고, 그러려면 다음 날 점심시간이 안성맞춤이라고 합의했습니다. 그리고 2013년 3월 25일 12시, 약속했던 은행 앞에서 만나 두 개의 통장을 만들었습니다. 하나는 결혼 자금. 다른 하나는 세계 여행 자금.

가끔 저희 부부는 '취한다'는 행위에 낙관적인 의미를 부여합니다. 물론 취한다는 것 자체는 권장할 만한 것은 아니지요. 그러나 간혹 사람들은 취했을 때 가슴속에 깊이 묻어 두었던 꿈들에 대해서 서슴지 않고 이야기하며, 맨 정신에는 하지 못했을 멋진 일들을 만들어낼 때가 있습니다. 시작이 반이라는 말은 정말로 맞았습니다. 우리는 알뜰살뜰 모은 돈으로, 결혼 후에 1년 동안 전 세계 14개 와인 생산국을 돌아보는 값진 경험을 할 수 있었거든요.

저희 부부가 '바스키아의 도원결의'라 부르는 이 '챕터'는 현재의 우리를 만들어준 가장 중요하고도 멋진 순간입니다. 그때의 무모했던 여행이 계기가 되어 지금까지도 '와인'을 놓지 않고, '와인'으로 많은 일을 해낼 수 있었습니다. 우리 부부의 네 번째 와인 책인 《더 와인》이 세상의 빛을 볼 수 있었던 것도 바스키아의 도원결의가 이어준 인연 덕분입니다. 다시 말하자면, 이 책은 지난 15년의 세월 동안 우리 부부가 축적해 온 와인 지식을 압축한 책입니다.

이 책은 크게 네 파트로 나뉘어 있습니다. 우선 〈와인 즐기기〉는 실생활에서 와인을 즐기는 데 필요한 유용한 지식을 담고 있습니다. 이를 테면, 와인을 따는 법부터, 와인 잔과 디캔터의 쓰임새, 와인 보관에 관한 노하우 등입니다.

다음 〈와인과 음식〉은 저희 부부가 가장 공들여 쓴 챕터입니다. 말 그대로 와인과 음식(특히 한식)의 페어링에 대한 저희 부부의 견해를 솔직 담백하게, 하지만 꼼꼼하게 담았습니다. 저희 부부는 한식이 매우 와인 친화적이라고 생각하는 사람들입니다. 물론 와인의 오래된 동반자인 치즈와 샤퀴테리에 대한 이야기도 빼놓지 않았고요.

세 번째 챕터인 〈와인 만들기〉는 와인의 색에 따라, 스타일에 따라, 해당 와인이 어떻게 만들어지는지에 대해 다루었습니다. 솔직히 와인 메이킹을 몰라도 와인 애호가로 사는 데 아무 지장이 없지만, 알고 마시면 더 맛있는 게 '와인'이기도 합니다.

마지막으로 〈와인 품종과 클론〉은 와인을 만드는 양조용 포도 품종을 다루었습니다. 양조용 포도는 그 종류가 정확히 헤아리기 힘들 정도로 많기에, 그중 저희 부부가 중요하다고 생각하는 품종을 추려서 소개했습니다. 세부 목차를 살펴보시고, 읽고 싶은 주제부터 자유롭게 책장을 펼치셨으면 좋겠습니다. 저희 부부는 여러분들의 슬기로운 와인 생활에 이 책이 조금이나마 도움이 되기를 바라는 마음뿐입니다.

저희 부부는 전작들인《프랑스 와인 여행》,《이탈리아 와인 여행》,《와인이 있는 100가지 장면》을 출간한 후에도 늘 와인에 관한 포괄적인 지식을 담은 책을 내고 싶다는 소망이 있었습니다. 그리고 결국 꿈을 이룰 수 있게 되어서 기쁩니다. 우리 부부의 소망에 불과했던 꿈을 현실로 만들어준 임호천·임서연 님께 진심으로 감사드립니다. 두 분이 아니었다면 이 책은 세상에 나오지 못했습니다.

책에는 저자의 인생이 녹아 있다고 믿습니다.《더 와인》은 끝이 날 것 같지 않던 깊고 어두운 터널 속에서 가까스로 써 내려간 책입니다. 아주 오랜 시간이 흐른 뒤라도, 이 책은 그때의 서늘한 시간을 떠오르게 할 것 같습니다. 혼자 힘으로는 어떻게 해볼 수도 없던 그 진창에서 한 발을 내딛게 해줄 희망과 용기를 준 두 분께 이 책을 바칩니다.

무더위가 한풀 꺾인 여름의 끝자락에서
와인쟁이부부 엄정선·배두환

목차

1/ 와인 즐기기

2/ 와인과 음식

3/ 와인 만들기

4/ 포도 품종과 클론

1
와인 즐기기

좋은 와인이란

좋은 와인이란 어떤 와인을 말할까? 우리 부부에게 좋은 와인이란 싸고 맛있는 와인이다. 누군가에게는 좋은 와인이 비싼 와인일 수도 있고, 누군가에게는 특정 브랜드나 지역 와인일 수도 있다. 결국 좋은 와인에 대한 견해는 모두 다를 수밖에 없다. 그림이나 음악 취향이 각자 다른 것처럼, 와인 역시 주관이 들어갈 수밖에 없는 기호 식품인 까닭이다. 그러나 비틀즈나 마이클 잭슨이 자신의 취향에 맞지 않는다고 하더라도 그들이 위대한 뮤지션임을 부정할 사람은 거의 없다. 마찬가지로 프랑스의 국보급 와이너리인 샤토 무통 로칠드가 모종의 이유로 마음에 들지 않는다고 하더라도, 그곳이 좋은 와인을 만드는 곳임을 부정할 사람은 없다. 즉, 와인 애호가가 된다는 것은 좋은 와인과 좋아하는 와인을 구분할 줄 아는 자세에서부터 시작된다.

좋은 와인에 대한 견해가 다를 수 있다. 하지만 절대다수가 동의하는 좋은 와인의 조건은 있다. 바로 좋은 포도와 심혈을 기울인 와인 메이킹이다. 질이 나쁜 포도로는 절대 좋은 와인을 만들 수 없다. 이른바 명품 와인이라 일컬어지는 와인은 죄다 입지가 좋은 포도밭에서 탄생한다. 질 좋은 포도는 인간이 어찌할 수 없는 천혜의 기후, 포도밭의 토양과 경사도, 포도나무의 클론clone 등 다채로운 조건이 조화를 이룰 때 탄생한다. 여기에 더해, 마찬가지로 중요한 것이 바로 인간의 노력이다.

포도나무는 그대로 방치하면 과성장한다. 양질의 포도를 얻으려면 적절한 가지치기와 그린 하베스트green harvest(포도가 아직 덜 익은 초록색일 때 최종 수확량을 조절하기 위해 불필요한 포도를 제거하는 행위)가 동반되어야 한다. 또한 포도밭을 친환경적으로 관리해 여러 질병을 예방해야 한다. 농약이나 화학비료는 땅을 오염시키고 병들게 하기 마련이다. 친환경 농법이야말로 포도밭이 외부의 위협에 스스로 대처할 힘을 길러줄 수 있다. 그리고 포도가 충분히 완숙할 때까지 인내하면서 기다려야 한다. 마침내 단 한 번 수확 기회가 왔을 때 힘들게 재배한 포도를 상처 나지 않게 수확한다면, 절반은 성공한 셈이다.

인간이 천재지변을 막을 수 없듯 포도밭에서는 인간이 할 수 있는 일이 제한적이다. 반면, 양조장에서는 다르다. 발효부터 병입까지, 모든 결정에 인간이 개입할 수 있다. 여러 선택의 갈림길에서 와인은 사뭇 다른 모습으로 탄생할 수 있다. 하지만 좋은 와인은 인간이 지나치게 개입하지 않은 와인이다. 신선하지 않은 재료에 여러 조미료를 가미한 맛으로 사람을 현혹하는 음식처럼, 와인도 인간의 손길이 더해질수록 왜곡되고 만다. 좋은 와인은 포도가 맺힌 장소와 포도가 재배된 해, 즉 '빈티지vintage'의 특성을 담고 있다.

정리하자면, 좋은 와인은 네 가지 특징을 반드시 갖추어야 한다.

첫째, 좋은 와인은 포도 품종 고유의 특징을 느끼게 한다.

카베르네 소비뇽Cabernet Sauvignon으로 만든 와인에는 블랙베리·블랙커런트·카시스·민트·유칼립투스·삼나무·가죽·자두 등의 향이 있어야 한다. 소비뇽 블랑 Sauvignon Blanc으로 만든 와인이라면, 비 온 뒤의 잔디밭 같은 허브향과 부싯돌·구즈베리 향을 갖추어야 한다.

둘째, 좋은 와인은 밸런스가 좋다.

흔히 와인의 4대 요소라고 하는 산, 당, 탄닌(타닌)tannin, 알코올이 각자 튀지 않고 조화를 이루면 '밸런스가 좋은 와인'이다. 반대로 밸런스가 깨진 와인은 누구나 쉽게 알아챌 수 있다. 산이 많다면 와인이 너무 새콤하거나 신맛이 강하다. 탄닌이 많다면 떫거나 쓰다. 알코올이 지나치게 튄다면 입안이 타는 듯한 불쾌감을 느낄 수 있다. 스위트 와인의 필수 요소인 당이 과하면 와인을 한 모금만 마셔도 질린다.

셋째, 좋은 와인은 복합성이 있다.

복합성은 와인을 비울 때까지 '모든 한 잔'에서 새로운 향과 맛을 찾을 수 있다는 뜻이다. 좋은 와인은 시음자가 탐구하게 하고, 관심을 두게 한다. 나아가 단지 한 모금이 아닌 수차례 시음하고픈 욕망을 불러일으킨다. 필자의 경험으로 보았을 때, 여러 와인을 땄을 때 가장 먼저 동이 나는 와인, 그게 바로 복합성 있는 와인이다.

마지막으로, 좋은 와인은 와인이 태어난 곳의 특징을 담고 있다.

한 와인이 탄생한 땅과 기후의 특징을 잡아내는 건 와인 전문가에게도 어려운 과제다. 하지만, 여러 번 시음하다 보면 테루아르terroir(포도 재배 환경)를 담은 와인과 그렇지 않은 와인의 차이를 미묘하게 느낄 수 있다. 예를 들자면, 프랑스 북부 론에서 만든 시라Syrah 100% 와인과 호주에서 만든 쉬라즈Shiraz 100% 와인의 차이점을 느끼고 이해할 수 있다. 시라와 쉬라즈는 이름만 다를 뿐 같은 품종이다.

7가지 와인 오프너

의외로 와인 따는 걸 어려워하는 사람이 많다. 돌려 따는 스크루캡이나 비노락 vinolok이라 불리는 유리 마개, 간혹 드물게 크라운캡(콜라병 등에 쓰이는 왕관마개)으로 밀봉된 와인 등은 콜라 따는 것만큼 쉽다. 문제는 코르크다.

코르크는 16세기 와인의 저장 용기로 유리병이 등장하면서 자연스럽게 발명된 마개다. 코르크의 가장 큰 장점은 뛰어난 신축성이다. 이 덕분에 와인병 입구의 모양이 제각각이어도 코르크 마개는 유연성 있게 끼어 들어간다. 또 와인의 수분을 머금고 팽창하기 때문에 산소를 완벽에 가깝게 차단한다.

물론 코르크에 장점만 있는 건 아니다. 코르크는 코르크나무에서 온 천연 재료여서 시간이 지나면 형태가 변할 수 있다. 와인과 닿는 부분이 부식되기도 한다. 와인을 세워서 보관하는 경우에는 코르크가 말라 부러질 위험도 있다. 무엇보다 가장 큰 단점은 코르크 탓에 와인이 TCA에 오염(51쪽 참조)될 수 있다는 점이다. 'TCA 오염'에 노출된 와인은 신문지 젖은 냄새나 곰팡내 같은 퀴퀴한 냄새가 난다. 이런 문제 때문에 코르크를 대체할 와인 마개가 많이 개발됐다. 그런데도 코르크가 가진 상징성이나 정통성은 와인 산업에서 무시할 수 없는 요소이다. 코르크는 여러 마개 가운데 여전히 가장 널리 쓰인다. 특히 고급 와인에 많다. 그럼, 코르크를 효과적으로 제거할 수 있는 일곱 가지 오프너의 특징을 간단히 살펴본다. 각 오프너의 실제 사용법은 필자 부부가 만든 유튜브 영상에서 확인할 수 있다.^{QR}

· 웨이터스 프렌드 Waiter's Friend

첫 번째로 살펴볼 오프너는 가장 많은 사람이 즐겨 쓰는 웨이터스 프렌드다. 초보자라면 익숙해지는 데 다소 시간이 필요하지만, 손에 익기만 하면 사용하기에 가장 편하다. 무엇보다 휴대성이 좋다. 필자도 그렇고 많은 사람이 '소믈리에 나이프' 혹은 (가장 대중적이기에) '와인 오프너'라고 부른다. 디자인은 브랜드에 따라 다양하나 보통, 날개·스크루·날로 구성된다. 이 세 부분을 적절히 활용하면 그 어떤 와인 오프너보다 쉽고 간편하게 코르크를 제거할 수 있다. 스크루의 끝이나 날은 날카로울 수 있으니 조심해서 다루어야 한다.

웨이터스 프렌드는 '라기올' 같은 고가 브랜드도 있지만 싼 제품으로도 와인을 오픈하는 데 전혀 지장이 없다. 필자가 추천하는 브랜드는 '풀텍스'다. 만 원 이하의 저렴한 제품도 그립감과 내구성이 좋아서 잃어버리지만 않는다면 평생 사용할 수 있다(QR코드 영상 0:54).

· 버터플라이 코르크스크루 Butterfly Corkscrew

버터플라이 코르크스크루는 웨이터스 프렌드와 함께 정말 많이 사용된다. 이름이 참 길다. 이걸로 와인을 따는 과정이 마치 '나비'가 날개를 접었다 폈다 하는 모

습과 비슷하다고 해서 이런 이름이 붙었다. 이외에도 '윙wing 코
르크스크루'나 '코르크-익스트랙터extractor' 또는 '오울owl 코르
크스크루', '앤젤angel 코르크스크루'라는 다채로운 별칭이 있다.

버터플라이 코르크스크루에는 웨이터스 프렌드에는 있는 호
일 제거용 날이 없다. 따로 호일 커터기나 나이프 혹은 버터플라
이 스크루 끝의 뾰족한 부분을 이용해서 호일을 제거한다(QR코
드 영상 2:59).

· 레버 코르크스크루 Lever Corkscrew

이름 그대로 레버가 달린 코르크스크루다. 스크루와
레버로 이루어졌다. 손에 익으면 매우 빠르게 코르크를
제거할 수 있다. 버터플라이와 마찬가지로 호일 제거용
날이 없기 때문에 호일은 다른 도구로 제거한다. 그다
음 몸통 전체를 잡아서 스크루를 코르크 끝까지 밀어
넣은 뒤 레버를 올리면 코르크가 자연스럽게 빠진다.
수십 종의 와인을 오픈해야 하는 와인 테이스팅 행사나
이벤트에서 아주 요긴하게 쓸 수 있다(QR코드 영상 4:08).

· 래빗 코르크스크루 Rabbit Corkscrew

토끼 귀를 연상하게 하는 모양 때문에 이런 이름이
붙었다. 막상 와인 초보자가 보기에는 뭔가 쓰기 어려
워 보이고 복잡한 모양이다. 하지만 익숙해지면 (레버 코
르크스크루처럼) 많은 와인을 오픈해야 하는 파티나 와인
행사에서 역할을 톡톡히 한다.

래빗 코르크스크루 또한 호일을 제거하는 기능이 없

다. 간혹 제품에 호일 커터기가 동봉된 경우도 있다. 동그랗게 생긴 호일 커터기를 병목에 고정하고 힘을 줘서 돌리면 깔끔하게 호일이 제거된다(QR코드 영상 4:43).

· 아소 Ah-so

아소는 '트윈 프롱 코르크 풀러Twin-prong Cork Puller' 혹은 '버틀러스 프렌드Butler's Friend'라고도 부른다. 아소라는 이름은 독일어 'ach so!'에서 유래했는데, 뜻이 '아하!(깨달았다)'다. 아소를 처음 보면 '이걸로 어떻게 와인을 오픈하지?'라는 의문이 든다. 그런데 사용법을 알고 나면 '아, 이해했다!'라고 한다고 해서 붙은 이름이라고 한다.

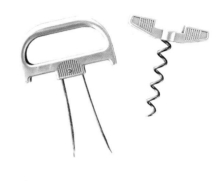

'집사의 친구(버틀러스 프렌드)'라는 별칭에는 재미있는 일화가 있다. 아소의 가장 큰 장점은 코르크를 손상하지 않고 와인을 오픈할 수 있다는 점이다. 이 '덕분'에 비싼 와인을 '몰래' 마실 수 있다. 악독한 주인에게 앙심을 품은 집사가 주인의 비싼 와인을 몰래 아소로 따서 마신 뒤, 싸구려 와인을 채워 놓고 코르크를 다시 끼워 넣는다. 실제로 이 때문에 버틀러스 프렌드라는 별칭이 붙었는지는 알 수 없다. 다만, 아소를 처음 보는 사람한테 들려줄 만한 흥미로운 이야기다.

사진의 아소는 스크루까지 있지만, 대개는 길고 짧은 날 두 개가 붙은 손잡이가 전부다. 현대에 들어 아소를 쓰는 가장 큰 이유는 올드 빈티지 와인(빈티지는 와인을 만든 포도를 수확한 해를 뜻한다. 올드 빈티지 와인은 병에 담아 보관한 시간이 꽤 오래된 와인을 의미한다)을 열기 위해서다. 올드 빈티지 와인은 리코르킹(오래된 와인의 코르크를 교체하는 작업)을 하지 않는 이상, 코르크가 점차 부식된다. 만약 부식된 코르크를 억지로 뽑으려고 한다면 코르크가 부서지면서 내부 와인을 오염시킬 수 있다. 이때 아소를 이용하면 부식된 코르크라고 하더라도 손상 없이 빼낼 수 있다(QR코드 영상 5:41).

· T자형 오프너

장단점이 뚜렷한 오프너다. 장점은 단순
한 사용법과 휴대성, 단점은 힘이 많이 든
다. 먼저 호일을 제거한 뒤 스크루를 밀어 넣
는다. 그다음 완전히 힘으로만 코르크를 빼
내면 된다. 필자가 가장 쓰고 싶지 않은 오프
너이긴 하지만, 해외를 여행할 때 선택의 여지가 없어서 여러 번 사용했다. 결국 안
빠져서 포기한 일도 몇 번 있다. 인내심이 많이 필요한 오프너다(QR코드 영상 7:00).

· 전자동 와인 오프너

건전지의 힘으로 움직이는 오프너다. 호일을 제거한 와
인에 오프너를 병목 코르크에 밀착시키고 아래쪽 버튼을 계
속 누르면 내장된 스크루가 코르크를 파고든다. 이때 버튼
을 계속 누르고 있으면 저절로 코르크가 뽑힌다. 코르크가
빠진 뒤 위쪽 버튼을 누르면 스크루에 꽂힌 코르크가 톡 하
고 빠져나온다. 힘이 하나도 들지 않기 때문에 와인 초보자
에게 추천하는 오프너다(QR코드 영상 7:44).

√ 아무것도 없을 때

만약 집에 오프너가 없을 때는 어떻게 해야 할까? 가까이에 편의점이 있다면 가서 오프너를 사면 된다. 요즘에는 아무리 작은 편의점이라도 앞서 설명한 오프너 가운데 하나가 반드시 있다.

그런데 편의점이 근처에 없거나 늦은 시각이라 문을 닫았다면? 이 경우 (별로 권장하고 싶지는 않지만) 억지로 와인을 오픈하는 다양한 방법이 있다. 이 중 매우 흥미롭지만 이게 과연 되는지 의아한 방법이 하나 있다. 구두로 와인을 오픈하는 방법이다. 구두에 마치 발을 넣듯 와인병 바닥을 구두 뒤꿈치 굽 쪽에 넣는다. 그대로 들어서 구두 굽을 세게 내려치면, 내려치는 힘 때문에 병 내부의 압력이 증가해 코르크가 조금씩 튀어나온다. 매우 여러 번 매우 힘을 줘서 쳐야 한다. 필자가 실제로 궁금해서 해봤고, 가능했다. 구두 종류에 따라 불가능한 경우도 있다. 되더라도 힘도 많이 들고 위험해서 추천하지 않는다.

가장 추천하는 방법은 코르크를 그냥 와인병 안으로 밀어 넣는 방법이다. 여러 도구로 코르크를 밀어 넣을 수 있는데, 가장 추천하는 건 쉽게 구할 수 있고 집 어디에나 있는 숟가락이다. 숟가락 손잡이 부분을 코르크에 대고 힘을 줘서 밀어 넣으면 쑥 들어간다. 들어가는 과정에서 와인이 일부 손실되지만, 아무것도 없을 때는 가장 쉽고 누구나 할 수 있는 방법이다. 코르크를 밀어 넣었으면 바로 디캔터 decanter(와인을 디캔팅할 때 쓰는 용기)나 주전자 혹은 물병에 와인을 다시 담아서 마시면 좋다. 구두와 숟가락으로 와인을 오픈하는 것도 영상에 있으니, 궁금하다면 참고하기를 바란다(QR코드 영상 8:33).

와인 글라스

와인은 여러 스타일이 있기 때문에 와인에 진지하게 몰입하는 와인 애호가들은 와인 스타일에 적합한 전용 글라스를 즐겨 사용한다. 그들 입장에서 다채로운 글라스 그리고 기왕이면 좋은 글라스를 수집하는 까닭은, 셰프가 요리의 완성도를 높이기 위해 좋은 칼이나 주방 기구를 사는 것과 마찬가지다. 그렇다면 정말 와인 스타일에 맞춰서 와인 글라스를 달리해야 할까? 너무 유난을 떠는 게 아닐까? 아니 애초에 와인을 반드시 와인 글라스에 따라서 마셔야 할까? 이 질문에 대한 답은 오로지 자신에게 달렸다. '과연 와인이라는 술은 나에게 얼마나 가치가 있는가?'라고 반문해보면 쉽게 해결된다.

만약 와인이 그저 하나의 술에 불과하다고 생각한다면 아무 잔에 따라 마셔도 상관없다. (너무 당연하게도) 와인을 소주잔 혹은 맥주잔에 따라 마신다고 해도 도덕과 윤리에 위배되지 않는다. '와인'이라는 단어에 뭔가 낭만적이고 자세를 바로잡아야 할 것 같은 고급스러운 이미지가 있지만, 근본적으로 와인 또한 알코올이 들어간 술에 불과하다. 솔직히 와인을 전혀 모르는 사람이든 와인 전문가든 와인을 마시는 큰 이유 가운데 하나가 소주나 맥주와 마찬가지로 알코올이 주는 행복감 때문이지 않은가. 필자도 와인을 전혀 모르는 지인들과 와인을 마실 때는 잔에 구애받지 않는다. 만약 와인잔을 준비하지 못할 상황이라면 종이컵이나 물잔에 마신다. 와인의 향이나 맛에 대한 코멘트 없이 그저 술로 마시는 데 의의를 둔다. 물론 그런 자리에는 비싼 와인을 들고 가지는 않겠지만.

와인의 향과 맛을 더 잘 느끼기 위해 와인 글라스를 꼼꼼히 선택하는 사람이 분명 있다. 이들이 유별나서 시간과 돈을 투자해 좋은 와인 글라스를 찾을까? 그렇지 않다. 좋은 와인 글라스에 와인을 따라 마시면 와인의 향과 맛을 더 잘 느낄 수 있다. 와인 글라스의 종류에 따라 와인의 플레이버flavour(와인의 특징을 보여주는 향과 맛) 차이나 변화는 와인 초보자라 하더라도 충분히 느낄 수 있다. 다만 와인 초보자들은 그동안 와인을 진지하게 비교해서 마셔볼 기회가 없었을 뿐이다.

그러면 와인의 다채로운 스타일에 맞춰서 와인잔 역시 다양하게 구비해야 할까? 이에 대한 답은 명료하다. 여유가 있으면 그렇게 하고, 아니라도 상관없다. 필자 부부는 전 세계 500여 곳의 와이너리를 돌아보면서 현장에서 수많은 와인을 시음했다. 와이너리 투어를 하면 마지막에 늘 와이너리에서 생산하는 와인을 시음할 수 있다. 와이너리에서는 과연 시음자들을 위해 와인 스타일에 맞춘 글라스를 준비해주느냐 하면, 대개는 아니었다.

그렇지만! 역시 와인 애호가에게는, 그리고 와인을 진지하게 공부하는 이들에게는 와인 스타일에 맞춘 와인 글라스를 구비하는 것이 중요하다. 리델 글라스 테이스팅 행사에서 경험했던 와인 글라스의 소중함이 가끔 떠오른다. 리델Riedel은 1756년 설립되어 지금까지 270년가량 이어온 세계적인 와인 글라스 제조업체다. 리델에서는 전 세계 주요 와인 소비국의 와인 애호가를 대상으로 일종의 교육 세미나인 리델 마스터 클래스를 진행한다. 클래스에서는 종이컵, 물잔, 일반 와인 글라스, 리델 와인 글라스에 같은 와인을 따라서 향과 맛을 비교해볼 수 있다. 같은 와인을 다른 용기에 따라서 향과 맛을 느껴보면서 올바른 와인 글라스의 사용이 왜 중요한지 그리고 좋은 글라스가 와인의 향과 맛을 어떻게 향상시키는지 이해할 수 있다. 리델 글라스가 없다고 하더라도 집에서 누구나 따라 해볼 수 있으니 한 번 시도하기를 권한다.

· 와인 글라스의 구성

와인 글라스는 잔을 지지하는 베이스base, 그 위에 일자로 솟은 가늘고 긴 스템stem, 와인을 담는 볼bowl로 이루어져 있다. 볼의 끝, 입을 갖다 대는 얇은 부분을 림rim이라 부른다. 각각의 역할에 관해 알아보자.

베이스는 당연하지만 와인잔을 바닥에 세우기 위해 존재한다. 스템은 와인잔을 편하게 쥐기 위해 필요하다. 볼은 와인을 담는 용도다. 볼 입구가 좁게 디자인된 이유는 와인의 향을 잔 안에 모아두기 위함이다. 볼을 두고 '아로마 컬렉터aroma collector'라는 이름으로 부르는 까닭이다. 그리고 림은 잔의 구성 요소 가운데 가장

림
rim

볼
bowl

스템
stem

베이스
base

리델 수퍼리졔로 부르고뉴 그랑크뤼 글라스

얇게 디자인되었다. 림이 입술에 닿을 때 글라스의 이질감을 최대한 없애고, 와인이 자연스럽게 입안으로 들어가도록 돕기 위함이다. 그래서 정말 좋은 와인 글라스는 두께가 얇고 가벼운 편이다. 물론 얇으면 깨지기 쉽다는 치명적인 단점이 있다. 값비싼 와인 글라스일수록 다룰 때 상당히 주의해야 한다.

와인잔은 어떻게 잡는 게 좋을까? 정석은 '스템을 잡는다'이다. 필자 부부도 스템을 잡는다. 다른 이유는 없고 그저 그게 편해서다. 다시 말하자면 와인잔 어디

를 잡아도 문제 될 건 없다. 필자가 와인을 배울 때만 해도 볼을 잡으면 손에서 전해지는 열이 와인 풍미에 영향을 미칠 수 있으니 꼭 스템을 잡아야 한다고 거의 강박에 가깝게 들었다. 이론적으로는 맞는 말이다. 하지만 그 열 때문에 와인의 향과 맛이 변하는 것을 간파할 사람이라면 직업을 소믈리에로 바꾸는 걸 진지하게 고민해야 한다.

한편 '스템 강박증'더러 보란 듯이 만들어진 와인 글라스가 있다. 바로 스템리스 와인 글라스다. 스템리스는 말 그대로 와인잔 형태에서 스템이 빠진 잔이다. 당연히 베이스도 없다. 한마디로 예쁜 물잔처럼 생겼다. 최초의 스템리스 와인 글라스는 2004년 리델의 O 와인 텀블러O Wine Tumbler다. 필자는 이 글라스를 처음 봤을 때 꽤 신선한 충격을 받았다. 좋은 와인 글라스를 만들기 위해 200년 넘게 매진해온 회사에서 스템이 없는 글라스를 자신 있게 선보였다는 점에 감명받았기 때문이다. 전통적인 명가가 스타일까지 장악한 느낌. 필자는 손님 응대를 할 때도 스템리스 잔을 내놓는다. 와인을 마시다가 잔이 쓰러질 위험도 적고, 세척할 때 깨질 염려도 별로 없다. 스템이 없으니 수납장 공간을 적게 차지하는 매력도 있다. 요즘에는 리델 외에도 다양한 디자인의 스템리스 와인 글라스가 출시된다.

스타일에 따른 글라스

와인 스타일에 따른 와인잔 매칭의 기본 원칙은 이렇다. 와인잔 입구가 좁으면 좁을수록 와인 향을 더 모아준다. 볼이 넓고 크면 와인에 닿는 공기의 표면적이 넓어져 와인의 향과 맛이 더 살아난다.

· 화이트 와인 글라스
화이트 와인은 레드 와인보다 작은 글라스에 담는 것이 정석이다. 차갑게 칠링한 화이트 와인의 온도를 가급적 오래 유지하기 위함이다. 다만 화이트 와인 가운데 바디body(입에서 느껴지는 와인의 무게감의 정도로 크게 라이트, 미디엄, 풀 바디로 나뉜다)가 높은 것들, 예를 들자면 오크통에서 숙성한 샤르도네Chardonnay나 비오니에 Viognier 같은 품종은 볼이 좀 더 넓은 와인잔을 사용한다. 이들 와인은 가벼운(라이트 바디) 화이트 와인보다 더 많은 향과 맛을 지니고 있기 때문이다. 볼이 넓으면

샤르도네 글라스(우)
리델 수퍼레게로 리슬링 글라스(좌)

와인이 공기와 닿는 표면적이 넓어져서 와인 안에 있는 아로마aroma(포도가 가진 고유의 1차 향)나 부케bouquet(와인을 만드는 과정에서 생기는 2차 향과 숙성 과정에서 생기는 3차 향)를 더 효과적으로 끌어낼 수 있다. 와인 글라스 회사마다 오크 숙성한 샤르도네 와인 전용 잔이 출시된다. 잔을 따로 구비하기 힘들다면 볼이 넓은 부르고뉴 스타일의 잔을 사용해도 좋다.

· 레드 와인 글라스

레드 와인은 화이트 와인보다 더 크고 볼이 넓은 잔을 사용한다. 레드 와인은 적포도의 껍질과 과즙을 오랜 시간 접촉해서 만들어 화이트 와인보다 많은 요소가 와인에 녹는 터라 향과 맛이 다채롭다. 향과 맛을 제대로 발산시키려면 와인이 공기에 노출되는 표면적이 넓어야 하기에 볼이 넓고 큰 잔이 좋다.

수퍼레게로 버건디 그랑크뤼 글라스(우)
리델 파토마노 카베르네/메를로 블랙 글라스(좌)

다만 레드 와인이라는 큰 범주 안에는 다양한 스타일이 있기 때문에 이에 맞춰서 와인잔을 조금 달리 사용한다. 보통 향과 맛이 풍부한 풀 바디 레드 와인은 볼이 약간 좁고 긴 글라스를, 피노 누아Pinot Noir처럼 바디감이 덜하고 향을 위주로 즐기는 레드 와인의 경우 볼이 넓고 평퍼짐한 글라스를 사용한다. 피노 누아로 만든 와인은 은은하게 퍼지는 향을 즐기는 것이 주된 시음 포인트이기 때문에 볼 면적이 넓은 와인잔을 사용해서 향을 발산하는 것이 좋다.

· 스파클링 와인 글라스

스파클링 와인 글라스라고 하면 얇고 긴 형태의 플루트flute 잔이 자연스럽게 연상이 된다. 그런데 그 전에 쿠페coupe라 부르는 잔이 있었다. 유명한 고전 영화인 〈카사블랑카〉에서 주인공 험프리 보가트와 잉그리드 버그만이 들고 있는 볼이 풍만한 와인 글라스가 쿠페. 마리 앙투아네트의 가슴 모양을 본떠 만들어졌다는 얘기도 있는데, 근거는 없다. 진위야 어쨌든 쿠페 잔은 볼이 넓고 얕아 스파클링 와인의 향과 맛 그리고 가장 중요한 기포를 오랜 시간 즐기기 어렵다. 이를 보완한 글라스가 바로 플루트 잔이다.

플루트 잔의 탄생에도 재밌는 일화가 있다.**QR** 보통 플루트 잔에는 스파클링 와인을 7~9부 정도로 가득 따른다. 이는 스파클링 와인을 더 많이 소비하기 위한 마케팅 전략이라고 한다. 또 사람들이 바글

바글한 연회나 파티에서 손님들의 와인이 얼마나 비었는지 멀리서도 확인하기 쉽기 때문에 얇고 길쭉하게 만들어졌다는 이야기도 있다.

실제로 플루트 잔은 스파클링 와인의 기포를 지속력 있게 유지할 수 있기 때문에 와인을 미리 따라놓기 좋다. 와인을 즐기는 입장에서도 쿠페 잔보다는 플루트

잔의 장점이 더 많다. 스파클링 와인의 아름다운 기포를 오래도록 감상할 수 있고, 건배할 때도 쉽게 넘치지 않는다.

리델 수퍼레제로 샴페인 플루트 글라스

필자는 쿠페 잔은 물론 플루트 잔도 스파클링 와인을 즐기기에 적당하지 않다고 생각한다. 실제로 샴페인Champagne의 본고장인 프랑스 샹파뉴에서는 샴페인을 테이스팅하거나 즐길 때 샴페인 전용 글라스를 쓰는 경우가 많다. 샴페인 전용 글라스는 화이트 와인 글라스와 비슷한 형태다. 크기는 조금 더 작지만 향을 모을 수 있게 입구가 좁다. 이 잔에 스파클링 와인을 따르면 기포의 지속력도 유지하면서 와인의 풍부한 향과 맛을 함께 느낄 수 있다. 특히 고가의 스파클링 와인은 잘 만든 화이트 와인처럼 향과 맛이 매우 다채롭고 풍부하기 때문에 이런 전용 잔을 사용하는 걸 추천한다. 스파클링 전용 잔이 없다면 가장 작은 화이트 와인잔에 마시는 것도 나쁘지 않다.

· 디저트와 포티파이드 와인 글라스

디저트 와인 또는 포티파이드 와인 fortified wine(주정강화 와인. 양조 과정에서 와인에 순수한 주정酒政을 첨가해 알코올 도수를 20% 내외로 높인 와인, 261쪽 참조)의 경우 작은 글라스가 좋다. 디저트 와인은 너무 달콤하고, 포티파이드 와인은 알코올 도수가 높기 때문에 한 모금에 즐길 수 있는 양이 적다. 다만 마시는 속도와 양은 조절할 수 있기에 어떤 글라스에 따라 마셔도 큰 문제는 없다.

리델 비늄 포트 글라스

√ 전천후 와인 글라스

이제 막 와인을 접한 입문자에게는 여러 종류의 와인 글라스를 구비한다는 게 돈이 많이 들기도 하거니와 까다로울 따름이다. 그래서 어떤 와인 스타일에도 잘 어울리는 '전천후 글라스'를 소개한다. 바로 리델에서 나오는 비눔Vinum 시리즈의 보르도 글라스다(미리 밝히지만, 필자와 리델 글라스는 아무 관련이 없다).

리델의 비눔 글라스는 필자가 좋아하는 와인 책 《와인력Making Sense Of Wine》의 저자 맷 크레이머Matt Kramer가 추천하는 전천후 글라스다. 실제로 사용해 보니 전천후 글라스로 쓰기에 매우 적합하다고 느꼈다. 비눔 글라스라는 카테고리에는 몇몇 글라스가 있다. 그중 맷 크레이머는 진판델Zinfandel 글라스를 추천했다. 필자 생각은 조금 다른데, 보르도 글라스가 전천후 글라스에 더 적합하다고 생각한다. 이는 개인의 취향 문제이니 직접 경험해 보기를 바란다. 비눔 글라스는 어떤 종류이든 내구성이 좋고 가격도 저렴한 편에 속한다.

많은 와인 애호가가 리델 등 프리미엄 글라스 회사에서 생산하는 최고급 와인 글라스를 가지고 있다. 잔 하나에 10만 원이 넘는 프리미엄 글라스는 분명 와인이 가진 향과 맛을 극대화하는 데 도움이 많이 된다. 하지만 고가의 글라스는 대개 귀한 손님이 올 때나 간신히 찬장 신세를 면하는 게 현실이다. 오히려 저렴하고 튼튼한 글라스가 고된 하루를 마치고 갖는 소중한 와인 타임에 더 자주 등장한다. 그러니 와인 글라스에 너무 집착하지 말자. 설거지하다가 깨져도 자책하지 않을 만한 와인 글라스 하나면 슬기로운 와인 생활을 하는 데 전혀 지장이 없다.

테이스팅

와인 테이스팅이란 단순히 와인을 마시는 데 그치지 않고 와인의 색, 향, 맛, 여운을 분석하고 평가하는 것을 의미한다. 와인을 그저 편하게 즐기고 싶은 이들에게 와인 테이스팅은 머리 아픈 이야기일 수 있겠다. 와인은 기호식품이라 마음이 가는 대로 즐겨도 전혀 문제가 없다. 필자 역시 편한 자리에서 '블랙커런트'니 '탄닌' 같은 낯선 시음 용어를 쓰는 걸 좋아하지 않는다. 와인 평가도 '좋다/아니다' 정도로 간단히 마무리한다. 하지만 와인을 음미하는 행위는 분명 와인 자체의 가치와 와인에 쓴 돈의 가치를 높일 수 있다는 점에 전적으로 동의한다. 설령 소믈리에가 아니더라도 말이다.

저녁 식사 때 마실 와인을 사기 위해 마트에 들렀다고 생각해보자. 전 세계 각지에서 온 와인이 진열대에서 당신을 기다리고 있다. 고심하며 고른 와인을 저녁 식탁에 올려 음식과 와인을 음미하는 순간, 그 와인만이 가진 고유의 향과 맛을 느껴보자. 음식과 어떻게 어울리는지 느껴보자. 분명 한결 더 기분 좋은 저녁이 될 것이다.

와인은 셀 수 없을 정도로 종류가 많다. 심지어 같은 브랜드의 같은 품종 와인이라고 하더라도 어떻게 유통이 되고 보관되었느냐에 따라, 혹은 와인을 구매한 소비자가 집에서 어떻게 와인을 보관했느냐에 따라 최종 와인의 특징에 차이가 있을 수 있다. 한마디로 와인의 향과 맛은 하늘의 별만큼이나 많다는 이야기다. 필자는 와인의 이와 같은 방대함에 반해 지금까지 와인을 마시고 있다. 새로운 와인을 보면 설레는 마음으로 와인을 오픈한다. 색을 관찰하며 이 와인이 나에게 보여줄 향미를 그려보고, 향을 맡으면서는 이 와인을 만든 포도가 자란 지역과 만드는 방법을 상상해본다. 와인을 입에 머금었을 때 입안을 감싸는 질감과 여운을 느끼면서 비로소 이 와인과 친해졌음을 느낀다. 필자에게 와인 테이스팅은 와인과 하는 악수나 포옹 같은 행위다.

오랜 시간 와인을 접한 필자 부부가 내린 결론은 결국 이것이다. "개인의 취향을 존중하자." 지금부터 이야기하는 와인 테이스팅 노하우는 와인의 가치를 함께 나누고 싶은 이들을 위한 것이다. 와인 테이스팅은 보고, 맡고, 마시고, 여운을 느끼는 네 단계로 나눌 수 있다. 와인을 사서 마실 때마다 이 과정을 반복하다 보면 나중에는 몸이 자연스럽게 기억하는 습관으로 남는다. 지금까지 무작정 마신 와인도 이 방법으로 시음하면 큰 차이를 느낄 수 있을 것이다.

· 보고 SEE

와인을 샀으면 따서 와인잔에 따라보자. 바로 마시지 말고 먼저 눈으로 관찰한다. 어떻게 관찰하는 게 좋을까? 바닥에 흰 천이나 종이를 대고 와인잔을 슬며시 눕혀 보는 방법을 추천한다. 와인잔을 '슬며시' 눕히려면 와인잔에 와인을 너무 많이 따르면 안 된다. 와인잔의 1/4 미만이 적당하다.

와인의 색을 관찰할 때는 와인 테두리 부분을 보아야 정확하게 판단할 수 있다. 색은 와인의 얼굴과 같다. 얼굴만 보고 한 사람의 인생을 꿰뚫어 볼 수는 없겠지만 인상을 통해 성격 등을 짐작하는 것과 비슷하다. 숙련된 시음자는 와인의 색만 관찰해도 그 와인이 병에서 오래 숙성한 와인인지 아닌지를 판단할 수 있다. 매우 어

럽기는 하지만 와인의 나이와 심지어 품종까지도 추측할 수 있다. 물론 이 정도 경지에 오르려면 진지한 탐구, 오랜 경험, 고도의 테이스팅 능력이 필요하다. 하지만 초보자라고 하더라도 색 관찰을 몇 차례 반복하다 보면 두 가지 정도는 짐작할 수 있다. 와인의 색이 진하고 옅은가에 따라서 와인의 바디감과 와인의 나이(빈티지)를 어느 정도 가늠해볼 수 있다.

'바디'는 와인을 시음할 때 '탄닌'과 함께 정말 많이 쓰이는 말이다. 바디는 입에서 느껴지는 와인의 무게감이라고 보면 된다. 커피를 연상하면 쉽다. 아메리카노는 라이트 바디, 에스프레소는 풀 바디인 셈이다. 와인의 색이 진하다면 풀 바디일 가능성이 높고, 색이 옅다면 라이트 바디일 가능성이 높다. 물론 품종과 와인 메이킹에 따라 예외가 존재한다.

빈티지는 해당 와인을 만든 '포도가 수확된 해'를 말한다. 대개 앞 레이블에 연도가 적혀 있다. '2022'라고 적혀 있다면 2022년 (대개) 가을에 수확한 포도로 만들었다는 뜻이다. 가정해보자. 만약 레이블에 '1982'라 적혀 있다면 그 와인은 지금으로부터 40여 년 전에 수확한 포도로 만들었다는 뜻이다. 그렇다면 그 와인이 병에서 수십 년을 지내는 동안 어떤 변화를 거치게 될까? 레드 와인은 색이 자주색에서 벽돌색으로 변해가면서 나이가 들고, 화이트 와인은 밝은 레몬색에서 금색으로 변하면서 나이가 들어간다. 그래서 색으로 와인의 나이를 유추할 수 있다.

여기서 끝이 아니다. 보는 것에는 '와인의 눈물(혹은 다리)'을 관찰하는 행위도 포함된다. 와인을 따르고 잔을 빙글빙글 돌리면 와인잔의 벽을 따라 와인이 얇게 둘러진다(와인의 눈물). 이 원리를 '마랑고니 효과marangoni effect'라고 한다.QR 와인의 눈물이 명확한 형태를 띠면 알코올 도수가 높다고 추측할 수 있다. 스위트 와인이라면 와인에 함유된 높은 당분 때문에 이 눈물의 점도가 높아서 형태가 명확하고 매우 느리게 흘러내린다.

마지막으로 와인의 투명도도 관찰 대상이다. 요즘에는 와인을 만드는 과정이 일취월장해서 탁한 와인을 보기 힘들다. 와인이 소비자의 손에 들어가기 전에 꼼꼼하게 필터링 과정을 거치기 때문이다. 그런데 최근 유행하는 내추럴 와인의 경우 대부분 일부러 필터링 과정을 거치지 않는다. 내추럴 와인을 잔에 따르면 매우 탁해 보이는 이유가 여기에 있다. 흔치 않지만, 와인에 마치 유리 조각 같은 이물질이 있는 경우도 있다. 이를 두고 와인업계에서는 애정 어린 표현으로 '와인 다이아몬드'라고 하는데, 정확한 명칭은 주석산염(312쪽 참조)이다. 와인에 이게 보이면 사람들은 먹지 않는 편이다. 혹 마시더라도 건강에 해로울까 싶어 걱정한다. 주석산염은 포도의 자연 성분에서 비롯한 것으로 인체에 무해하니 크게 염려하지 않아도 된다.

· 맡고 SMELL

와인은 향으로 마신다. 향이 와인의 전부라고 해도 과언이 아니다. 인간이 구별할 수 있는 맛은 단맛, 짠맛, 신맛, 쓴맛, 감칠맛 정도다. 매운맛은 미뢰가 느끼는 통각이다. 그런데 향은 어떨까? 인간은 무려 만 가지의 향을 구별할 수 있다. 그게 과연 가능할까?

프랑스의 향수·화장품 회사인 겔랑의 최고 조향사 티에리 바세Thierry Wasser의 인터뷰에 따르면*, 향을 만드는 데(조향) 쓰는 기본 향은 3000여 가지에 이른다. 조향사는 이를 모두 알아야 한다. 그냥 대략 아는 정도가 아니라 언제 어디서든 그 향을 구별하고 기억해낼 수 있다고 한다. 티에리 바세 역시 실제로 수천 가지의 향을 정확히 분석하고 표현할 수 있는 사람이다. 그만큼 인간의 후각은 생각보다 능력이 대단하다.

물론 난관이 있다. 와인은 외국에서 발전한 술이어서 향이나 맛의 표현도 거의 다 외국에서 왔다. 그러다 보니 한국인에게는 어색하고 낯선 표현이 많다. 와인 강의에서 종종 수강자들에게 와인에서 무슨 향이 나는지 물어본다. "와인 향이요"라고 대답하는 사람도 있지만, 대개는 "뭔가 나기는 나는데 표현하기 어렵다"고 말한다. 당연하다. 후각은 후천적으로 발달시킬 수 있는 감각이어서 와인 향을 이해하기 위해서는 미리 공부하거나 훈련할 필요가 있다. 그래서 소믈리에는 와인 향을 온전히 표현하기 위해 와인 향의 엑기스를 모아 놓은 '와인 아로마 키트'로 후각을 훈련한다.

와인 향을 맡는 일은 매우 간단하다. 와인을 잔에 따르고 그대로 코에 대고 향을

---

* 〈토요 인터뷰 티에리 바세, 181년 역사 프랑스 겔랑의 '최고 조향사'〉, 《중앙일보》, 2009. 12. 26.

맡으면 된다. 이때 코를 잔 깊숙이 넣고 빠르게 맡는다. 코는 쉽게 피로해지는 기관이기 때문에 향을 오래 맡는다고 해서 크게 도움되지는 않는다. 와인이 너무 차갑다면 향 발산이 억제될 수 있으니, 서빙 온도에 신경을 써야 한다.

와인의 서빙 온도는 와인의 종류에 따라 다르다. 스위트나 스파클링 와인은 6~10℃, 화이트 와인은 7~13℃, 레드 와인은 13~18℃ 사이다. 쉽게 얘기해서 스위트나 스파클링 와인은 병을 만졌을 때 매우 차갑다고 느껴지는 정도, 화이트 와인은 차갑다고 느껴지는 정도, 레드 와인은 시원하다고 느껴지는 정도다.

필자는 실제로 온도계를 가지고 다니면서 와인을 마시는 사람을 본 적이 있다. 그렇게까지 할 필요는 없지만, 한 가지 알아두어야 할 점이 있다. 과거에 출판된 많은 와인 서적에는 우리말로 옮기는 과정에서 레드 와인을 '실온'에서 마셔야 한다고 번역되었다. 그런데 이 '실온'은 유럽에서 중앙난방이 없던 실내의 18℃ 정도의 온도를 뜻한다. 18℃의 와인병을 실제로 만져보면 차갑다. 결국 레드 와인이라도 다소 서늘한 온도에서 서빙하는 것이 옳다. 특히 피노 누아처럼 라이트한 바디의 레드 와인이라면 더 차갑게 마실 필요가 있다. 온도를 맞추기 어렵다면 화이트나 스파클링 와인은 냉장고에 1시간 이상, 레드 와인은 냉장고에 15~30분 정도 보관했다가 꺼내면 된다.

자, 첫 번째 향을 맡았다면 이제 잔을 테이블에 올려놓고 '스월링swirling'을 해보자. 스월링은 잔을 회전시켜 와인의 향을 풍부하게 발산하는 행위다. 마치 접혀 있던 부채가 활짝 펼쳐진 모습과 같다. 이제 다시 향을 맡아보자. 분명히 스월링하기 전보다 풍부하게 올라오는 향을 느낄 수 있다.

와인에는 두 타입의 향이 있다. 아로마와 부케. 아로마는 본래 포도 품종이 지닌 고유한 특징에서 만들어지는 향이다. 예를 들어 청포도인 게뷔르츠트라미너 Gewürztraminer는 특유의 리치 향이 특징적이다. 대표적인 적포도 품종인 카베르네 소비뇽은 블랙커런트 향이 이 품종의 캐릭터를 보여준다. 아로마는 와인이 숙성되기 이전, 아직 영young(빈티지가 어린, 즉 생산된 지 얼마 되지 않은)할 때 뚜렷하게 감

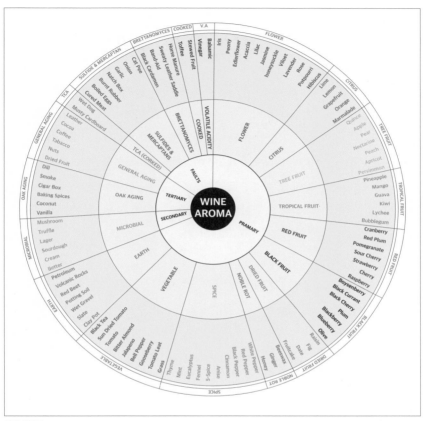

와인 아로마

지할 수 있다.

　와인이 숙성되면서는 와인 내부의 여러 요소가 화학반응을 일으켜 부케가 형성된다. 예를 들어 잘 숙성된 스위트 와인의 꿀 향이라든지, 고급 레드 와인에서 종종 느낄 수 있는 트러플 향이 부케에 속한다. 또한 부케는 와인 메이킹 과정에서 생기는 향들도 포함된다. 가장 대표적인 예가 오크통 숙성이다. 와인을 오크통에서 숙성시키면 오크나무에서 비롯한 나무 향이나, 오크통 내부의 그을음에서 비롯한 캐러멜, 담배, 향신료 향이 와인에 더해질 수 있다.

와인의 향을 표현할 때는 아로마가 느껴진다든지, 부케가 느껴진다고는 이야기 하지 않는다. 이 또한 충분히 훌륭한 표현이지만, 대개는 조금 더 구체적으로 말 한다. 아로마는 크게 과일 향, 허브 향, 꽃 향으로 다시 나눌 수 있다. 물론 과일도 종류가 많고 허브나 꽃도 그러하지만, 처음에는 큰 범위에서 표현하는 것만으로 도 충분하다. "이 와인은 과일 향이 많아" 혹은 "허브 향이 느껴지는데?" 정도로도 충분하다는 뜻이다. 굳이 알지도 못하는 향을 언급하기보다는, 살면서 맡아본 향 을 위주로 표현하는 것이 오히려 돋보인다. 예를 들자면 "비 온 뒤 운동장에서 느 꼈던 흙 향"이라든지, "숲에서 맡았던 풀 향", "새 신발의 고무 냄새" 같은 표현들 이다. 와인을 표현할 때 정답은 없다. 느껴지는 것을 온전히 그리고 자유롭게 표 현하면 그만이다.

부케는 크게 와인 발효에서 비롯한 향과 숙성에서 비롯한 향으로 구분한다. 발 효에서 비롯한 향은 요거트, 버터, 효모, 숙성된 치즈, 버섯 같은 향이 있다. 숙성 에서 비롯한 향은 바닐라, 캐러멜, 버터 스카치, 헤이즐넛, 아몬드, 향신료 같은 향 이 있다. 와인에서 느낄 수 있는 여러 아로마와 부케를 위 표에서 확인하고 자유 롭게 표현해보자.

· 마시고 TASTE

이제 와인을 마셔보자. 와인은 입안에 충분히 머금어야 한다. 그래야 와인이 지 닌 요소들을 입안 전체로 골고루 느낄 수 있다. 이때 와인이 산소와 충분하게 접촉 하게 하기 위해 입안으로 공기를 흡입하기도 한다. 대개 휘파람 부는 입 모양으로 공기를 흡입하는데, 이 경우 소리가 크고 자칫하면 와인이 입 밖으로 튀어나올 수 도 있다. 필자는 입술 가운데는 다물고 입술 양쪽 끝으로 공기를 빨아당긴다. 공 기가 들어가면 와인의 풍미가 살아나면서 더욱 다양한 와인의 요소를 느낄 수 있 다. 입안에서 와인을 오래 머금고 굴리면 비강(코안)을 통해 향을 추가로 느낄 수도 있다.

와인에서 느껴야 할 중요한 맛은 크
게 셋이다. 단맛, 쓴맛, 신맛. 드물지
만 짠맛도 포함될 수 있다. 와인을 입
에 머금었다면 이 세 맛이 입에서 얼
마나 조화롭게 느껴지는지 판단한다.
너무 쓰거나 너무 달거나 너무 시거나
하지 않고 세 맛이 얼마나 잘 어우러
지는지 느껴본다. 다만 사람의 입맛
은 저마다 다르기 때문에 어떤 맛을
더 잘 느끼는 사람도 있고 혹은 덜 느
끼는 사람도 있다.

'쓰고, 달고, 시다'는 말을 와인 테이스팅 표현으로 바꿔 '탄닌, 당도, 산도'라고
부른다. 여기에 '알코올'까지 더해 와인을 구성하는 4대 요소라고 한다. 우선 신맛
을 책임지는 산도에 관해 알아보자.

신맛은 와인에 녹아 있는 '산acid'과 매우 밀접하게 연관된다. 포도에는 기본적
으로 자연적으로 생기는 산(자연산)이 있기 때문에, 어느 와인이든 반드시 산이 존
재한다. 사실 산의 중요성은 아무리 강조해도 지나치지 않다. 산은 와인의 신선
도에 기여하고 보존제 역할도 하기 때문이다. 화이트나 스파클링 와인에 있어서
산의 중요성은 두말할 필요도 없지만, 레드나 스위트 와인에서도 산의 역할은 크
다. 산이 결여된 레드나 스위트 와인은 생동감이 부족한 덜 떨어진 와인처럼 느
껴진다.

사실, 와인의 맛을 표현할 때 가장 많이 쓰는 말은 '시다, 달다, 쓰다'보다는 '드
라이'다. 소비자가 와인숍이나 레스토랑에서 와인을 살 때 가장 중요한 척도도 그
와인이 얼마나 드라이한지다. 그렇다면 드라이라는 것이 도대체 무엇일까? 와인

에서 '드라이하다'는 건 달콤하다의 반대말로 '달지 않다'는 뜻이다. 좀 복잡한 이야기지만, 드라이에는 세 종류가 있다. 본 드라이bone dry, 드라이dry, 오프드라이 off-dry.^{QR} 본 드라이는 와인에 남은 당(잔당)이 전혀 없다는 뜻이다. 민감한 테이스터라도 단맛을 느낄 수 없다. 드라이는 잔당이 1~17g/L 정도 들어 있음을 말한다. 민감한 테이스터라도 단 맛을 느끼기 힘들다. 오프드라이는 17~35g/L 정도의 잔당이 있는 경우다. 이 정도면 감지 가능한 수준이다. 스위트는 미디엄 스위트(35~120g/L)와 스위트(120+g/L)로 나뉘며, 입에서 명확한 단맛을 느낄 수 있다. 참고로 코카콜라의 잔당은 108g/L이다.

다음으로 드라이만큼 많이 등장하는 말이 바로 '탄닌'이다. 탄닌은 해당 와인이 '떫은지 안 떫은지'를 표현하는 일종의 은어라고 할 수 있다. 즉, 탄닌이 세다는 건 와인이 떫고 거칠다고 할 수 있다. 만약 탄닌이 약하다고 하면 반대로 와인이 좀 밋밋하게 느껴진다고 볼 수 있다.

마지막으로 '알코올' 또한 와인의 중요한 요소다. 알코올이 우리가 와인을 마시는 가장 중요한 이유라는 걸 부정하는 사람은 없을 것이다. 밸런스가 좋은 와인이라면 알코올 도수가 높을수록 향과 맛이 더욱 풍성해진다. 이런 와인이 와인 평론가에게 좋은 평가를 받는다. 와인은 종류가 많고, 알코올 도수도 다양하다. 그런 만큼 알코올이 와인의 품질을 나타내는 절대 기준이 될 수는 없다. 알코올 도수가 10% 안쪽인 독일 와인에도 세계의 와인 애호가들이 열광하는 명품 와인이 있다. 알코올은 다시 말하지만, 와인을 구성하는 요소일 뿐이다. 중요한 것은 조화다. 알코올이 세면 향과 맛에서 타는 듯한 불쾌함을 느낄 수 있다.

· 여운을 느끼고 AFTERTASTE

와인을 마셨으면 눈을 감고 그 와인이 주는 나머지 여운을 느껴보는 것도 중요하다. 프랑스에서는 이 여운을 '코달리caudalie'라는 단어로 표현한다. 와인을 삼키고 난 뒤에도 그 와인의 잔향이 10초 동안 머물렀다면 10코달리라고 한다. 영어로는 '피니시finish'. 어떤 와인은 마신 뒤에 마치 아무것도 마시지 않은 듯 공허함을 준다. 와인 전문가나 애호가는 그런 와인을 좋게 평가하지 않는다. 반대로 좋은 와인은 여운이 긴 편이다.

목으로 와인을 넘길 때는 한 번에 꿀꺽이 아니라 세 번 정도 나눠서 넘기고, 입을 다문 상태로 콧바람을 내뿜는다. 마치 담배 연기를 코로 내뿜듯이 콧바람을 뿜어준다. 그리고 잔향이 얼마나 지속되는지 속으로 초를 센다. 개인적으로 여운이 10초 이상 지속되면 좋은 와인이라 생각한다. 아주 훌륭한 와인은 20초 이상 그리고 엄청난 와인은 30초 이상의 여운이 이어진다. 필자는 이 여운을 즐기는 순간을 가장 좋아한다.

와인의 시음 적기

　오래 묵혔다가 지인들과 함께 마시는 것만큼 와인을 즐기는 삶에 더한 기쁨은 없는 듯하다. 같은 맥락에서 와인 강의를 나가면 많이 받는 질문 가운데 하나가 "와인은 병에서 오래 숙성시켜야 맛있는 거 아닌가요?"이다. 많은 와인 전문가나 애호가가 와인은 살아 있는 생물이라고 이야기한다. 약간 과장된 표현이라 생각하지만 어느 정도는 사실이다. 와인은 만드는 과정에서도 그렇고 병에 담긴 이후에도 계속해서 변화한다. 이 변화는 낭만과는 전혀 다르다. 와인 내부에 여러 물질이 서로 반응하면서 이루어지는 일종의 화학반응이다. 와인이 계속 변한다면, 내가 산 와인은 과연 언제 마시는 게 가장 좋을까? 이에 대한 필자 부부의 답은 이렇다. "와인에 시음 적기란 없다."

　저명한 와인 평론가 맷 크레이머는 자신의 저서 《와인력》에서 이렇게 이야기한다. "와인을 숙성시키는 것은 자식을 양육하는 것과 같다. 부모는 아이가 열여덟 살, 서른 살 혹은 그 어떤 나이가 되었을 때 가장 사랑스러우리라 생각하면서 아이를 기르지는 않는다. 아이들이 자라나는 모습을 보면서 즐거워하고, 함께 추억을 만들며 성장하는 단계마다 기쁨을 누리는 것이 더 중요하다. 와인도 마찬가지다."

프랑스 부르고뉴의 탑클래스 와이너리인 도멘 르루아Domaine Leroy와 도멘 도브네Domaine d'Auvenay를 소유하고 있는 랄루 비즈 르루아Lalou Bize-Leroy 여사는 이렇게 말했다. "어느 누가 이 와인보다 저 와인이 더 훌륭하다고 말할 수 있겠어요? 와인은 병마다 다 달라요. 와인이 병입되는 순간부터 제각기 새로운 생명이 시작되는 것이죠."

와인 전문가들은 와인이 병 속에서 끊임없이 변화한다는 점에 동의한다. 하지만 그 누구도 명확하게 한 와인의 시음 적기가 언제인지 판단할 수 없다. 본래 와인은 까봐야 안다. 마트나 와인숍에서 데일리 와인으로 저렴하게 파는 와인 대부분은 오래 보관한다고 향이나 맛이 더 좋아지지 않는다. 이들 와인은 대부분 1년 안에 마시는 게 좋다. 그런데 와인 초보자라도 고가의 장기 숙성용 와인을 마셔보고 싶은 마음이 분명히 있을 것이다. 자동차, 시계, 스피커가 그렇듯 와인 또한 비싼 데는 이유가 있는 법이니까.

그럼, 어떤 와인을 오래 두면 맛이 좋아질까? 장기 숙성용 와인이 되는 조건은 무엇일까? 과연 장기 숙성 와인이 되는 것, 그러니까 와인의 생명을 연장하는 요소는 무엇일까? 앞서 살펴봤던, 와인을 이루는 주요 요소인 폴리페놀polyphenol(탄닌), 산도, 알코올을 꼽을 수 있다. 이 요소들이 많다면 와인의 생명이 더 연장될 수 있다. 혹은 시간이 지나면서 와인 맛이 더 나아질 수 있다.

폴리페놀은 광합성에 의해 생성된 식물의 색소와 쓴맛의 성분이다. 포도처럼 색이 선명하고 떫은맛이나 쓴맛이 나는 식품에 많다. 탄닌이 바로 대표적인 폴리페놀이다. 정말 중요한 건 폴리페놀에 항산화 효과가 있다는 점이다. 와인은 포도로 만들어지기 때문에, 포도에서 비롯한 폴리페놀 성분이 와인에 많다면 와인의 산화 즉 노화가 늦춰질 수 있다.

와인의 산도도 마찬가지다. 와인에는 포도에서 비롯한 여러 산이 있다. 산은 박테리아의 번식을 막아주고 와인에 생명력을 불어넣는다. 장기 보관 와인의 자격을 갖추려면 반드시 산이 있어야 하는 까닭이다. 화이트나 스파클링 와인은 물론 레드 와인도 예외가 아니다.

마지막으로 알코올은 천연 방부제 역할을 한다. 알코올이 와인보다 높은 브랜디나 위스키 같은 증류주가 보관 기간이 매우 긴 것을 생각하면 이해하기가 쉽다.

그렇다면 어떻게 해야 탄닌, 산도, 알코올이 많은 와인이 될까? 중요한 점 두 가지가 있다. 포도와 와인 메이킹이다. 이 가운데 무엇보다 포도가 가장 중요하다. 포도 재배지의 기후가 낮에는 햇살이 많고 따뜻하며 밤에는 선선하다면, 낮에는 당(잠재적 알코올 도수)과 폴리페놀이 풍부하게 생성되고 밤에는 신선한 산이 모일 수 있다. 와인에 있어서 테루아르, 즉 재배 환경이 중요한 이유가 여기에 있다. 그래서 빈티지를 따지는 것이다. 물론 아무리 테루아르가 좋아도 그해 작황이 안 좋아서 포도 농사를 망치면 그 포도로 만든 와인을 장기 숙성하는 건 이미 글렀다.

다만 과거에는 빈티지가 정말 중요했지만, 지금은 어느 정도 사람이 인위적으로 와인의 산과 폴리페놀을 조절할 수 있다. 오죽하면 이제는 '와인을 만드는 게 아니라 조각한다'고 할까? 와인 메이커는 빈티지가 좋지 않았던 해에는 산이나 탄닌 심지어 알코올을 조절하기 위해 여러 첨가제를 와인에 사용할 수 있다. 물론 국가에서 허용한 범위 내에서만 가능하다. 또한 와인을 오크통에서 추가로 숙성시키면 와인에 여러 플레이버와 오크나무에서 우러난 탄닌이 추가된다. 즉 포도 자체도 중요하지만, 와인을 어떻게 만드는지도 중요하다.

와인 초보자가 와인을 고를 때, 와인에 탄닌이나 산도가 많은지 적은지 어떻게 알 수 있을까? 가장 좋은 방법은 매장 직원에게 묻는 것이다. 불행하게도 직원조차 와인 초보자라면 스마트폰에서 정보를 찾아보자. 어떤 도움도 없이 알려면, 와인의 브랜드나 와인이 생산된 지역 혹은 최소한 해당 품종의 특성을 공부해야 한다. 특히 품종 공부만 해도 많은 것을 짐작할 수 있다. 장기 숙성에 유리한 품종이 있고 아닌 품종이 있기 때문이다. 절대적이지는 않지만, 다음의 표는 어느 품종이 탄닌과 산도가 많은지 짐작하게 해준다.

물론 이 표는 절대적인 지표가 아니다. 탄닌이 풍부한 품종이라도 어디서 재배

	1~3년	3~5년	5~10년	10~20년
RED WINE	gamay zweigelt primitivo dolcetto box wine Beaujolais Lambrusco	new world merlot barbera zinfandel petite sirah most pinot noir garnacha monastrell negroamaro Crianza Rioja Côtes du Rhône	Great cabernet franc syrah old world Merlot malbec grenache carmenere nero d'Avola pinotage aglianico tempranillo sangiovese-based wines Chianti Reserva Rioja Super Tuscans Montepulciano d'Abruzzo	nebbiolo tannat sagrantino Great cabernet sauvignon Great tempranillo Great sangiovese Amarone Brunello di Montalcino Barolo Barbaresco red Bordeaux Douro reds Bandol
시음 적기	**1~3년**	**3~5년**	**5~10년**	**10~20년**
WHITE WINE	albariño assyrtiko cava chenin blanc gewurztraminer grüner veltliner melon de bourgogne moscato pinot grigio / gris prosecco dry riesling sauvignon blanc torrontés verdicchio vermentino viognier vinho verde	Alsace white wine arneis oaked chardonnay Oregon Chardonnay oaked S.A. chenin blanc garganega New York riesling sémillon trebbiano oaked sauvignon blanc malvasia fiano	oaked grüner veltliner kerner petit manseng muscat encruzado oaked albariño Alto Adige pinot grigio sweet Loire Valley chenin blanc Hungary furmint white Bordeaux Sicilian grillo Burgundy oaked chardonnay Chablis Auslese German riesling white Côtes du Rhône white Rioja Verdicchio de Matelica	Chablis Premier Cru & Grand Cru Beerenauslese German riesling Hunter Valley Semillon ice wine Jura savagnin late harvest (botrysized) riesling Sauternes Vendage Tardive Alsace white wines

포도 품종 및 지역에 따른 와인별 시음 적기

와인의 시음 적기

했고 어떻게 관리했고, 언제 수확했고, 어떻게 와인으로 만들었느냐에 따라 분명 변주된다. 사실, 가격이 비싼 와인이 대개 장기 보관에 유리하다. 와인 가격이 비싸다는 것은 싼 와인을 만들 때보다 노력과 수고 혹은 장비나 재료가 더 많이 들어갔다는 의미다. 비싼 와인은 대개 입지가 좋은 포도밭에서 철저한 관리하에 재배된 소량의 좋은 포도만 골라서 쓴다. 포도에서 짜낸 고도로 농축된 주스(즙)를 세심하게 발효하고, 오크통에서 최소 1년 이상 숙성을 시킨다. 이렇게 탄생한 와인은 천연 방부제인 탄닌, 산도, 알코올이 많아서 오랜 시간 보관해도 문제가 없다. 간혹 세월이 흐르면 더 좋은 퍼포먼스를 보이기도 한다.

대표적인 장기 숙성 와인에는 뭐가 있을까? 비싼 와인은 대부분 장기 숙성이 가능하다. 그런데 얼마라야 '비싼' 와인일까? 사실 얼마라고 딱 꼬집어서 말할 수는 없다. 장기 숙성 와인이라는 개념 자체가 모호할뿐더러 와이너리마다 가격 책정 원칙이 다르다. 결국 이에 대한 답은 사람마다 다를 수 있다. 프랑스 보르도 그랑 크뤼 클라세Grand Crus Classé의 1등급 와인인 샤토 무통 로칠드Château Mouton Rothschild, 샤토 라피트 로칠드Château Lafite Rothschild, 샤토 마고Château Margaux, 샤토 오브리옹Château Haut-Brion, 샤토 라투르Château Latour 같은 와인이 장기 숙성 와인이라는 데 동의하지 않을 사람은 없다. 또한 이탈리아의 바롤로Barolo나 바르바레스코Barbaresco도 그렇고, 할란Harlan이나 그랜지Grange 같은 신대륙의 컬트 와인의 경우도 의심할 여지가 없는 장기 숙성 와인이다. 지금 언급한 와이너리의 이름이 아직 낯설다면 품종, 와인 생산지, 생산자를 공부할 필요가 있다.

비싸게 주고 산 장기 숙성 와인은 언제 정점에 오를까? 그러니까 최적의 음용 상태에 이르렀는지 어떻게 알 수 있을까? 와인 초보자라도 쉽게 접근할 수 있는 방법이 있다. 바로 와인을 만든 사람, 즉 와인 메이커의 의견을 와이너리 홈페이지에서 확인하면 된다. 대부분의 와이너리는 영어 홈페이지를 운영하기 때문에 영어만 약간 할 수 있으면 된다.

다음 인포그래픽은 필자가 좋아하는 프랑스의 도마스 가삭Daumas Gassac 와이

MAS
DE
DAUMAS GASSAC

 EVOLUTION OF THE VINTAGES & TASTING ADVICE

Produced **from old non-cloned vines** and low yields, Daumas Gassac wines stand up to ageing as do no others.

Laid down **in a cool cellar (14°-16°C, 57-60°F)** even the oldest can happily wait with no problem for many years. However, being laid down in warmer temperatures will speed up the wines' maturity.

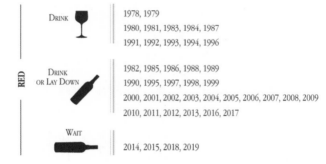

RED

DRINK

1978, 1979
1980, 1981, 1983, 1984, 1987
1991, 1992, 1993, 1994, 1996

DRINK OR LAY DOWN

1982, 1985, 1986, 1988, 1989
1990, 1995, 1997, 1998, 1999
2000, 2001, 2002, 2003, 2004, 2005, 2006, 2007, 2008, 2009
2010, 2011, 2012, 2013, 2016, 2017

WAIT

2014, 2015, 2018, 2019

WHITE

DRINK

1986, 1987, 1988, 1989
1990, 1991, 1993, 1997, 1999
2002, 2003, 2007

DRINK OR LAY DOWN

1992, 1994, 1995, 1996, 1998
2000, 2001, 2004, 2005, 2006, 2008, 2009
2010 à 2020

CAPTION

 Drink: This vintage is ready to drink.

 Drink or lay down: Drinks well today but will age well for another 5 – 10 years in a good cellar.

Wait: Wine currently closed so needs a bit of patience; can be drunk but should be decanted several hours in advance.

너리 홈페이지에 있는 자료다. 제목은 "도마스 가삭 와인의 빈티지의 진화와 시음 조언"이다. 여기서 중요한 단어가 바로 '조언'이다. 와이너리에서 제공하는 자료가 조언일 뿐이지 반드시 그렇다가 아니라는 말이다. 와이너리에서 출고된 와인은 전 세계로 유통이 되면서 각기 다른 환경에 놓인다. 그 과정에서 각각의 와인은 다른 변화를 겪으면서 당연히 세부 특징도 달라진다. 완전히 같은 와인이라도 말이다.

예를 들어, 유럽에서 만든 와인이 우리나라로 들어올 때는 지중해를 거쳐 이집트 수에즈운하를 지나 아라비아해로 내려온다. 이후 인도양에 들어서면 적도 근처를 타고 계속 동쪽으로 이동해 말레이시아 말라카해협을 거쳐 북동쪽으로 방향을 튼 뒤 비로소 국내에 들어온다. 보통 30~40일 걸리는 긴 여정이다. 가장 큰 문제는 수에즈운하를 지나자마자 만나는 아라비아해 지역의 온도가 50℃ 안팎에 달한다는 점이다. 밖의 온도가 그 정도이니 컨테이너 내부 온도는 훨씬 더 높다. 냉장 시설을 갖춘 리퍼 컨테이너reefer container가 있지만, 이를 이용하면 일반 운송보다 비용이 4~5배가 더 든다. 결과적으로 현지에서 마시는 와인과 국내에 수입이 된 와인은 분명 플레이버에 차이가 있을 수밖에 없다.

한국에 도착한 와인 또한 소비자의 손에 들어가기까지 긴 여행을 해야 한다. 먼저 와인 수입 통관을 거친다. 통관된 와인은 수입사 창고에 보관되었다가 도매상 창고를 거치거나 마트, 와인숍, 백화점 등 소매점에 진열된다. 비로소 소비자에게 선택될 준비를 갖춘다.

이 기나긴 과정에서 와인은 완벽한 환경에서 보관된 뒤 소비자의 손에 들어갈 수도 있고, 반대로 그렇지 않을 수도 있다. 심지어 소비자의 손에 들어간 뒤에도 와인이 잘 보관됐는지, 잘못 보관됐는지가 매우 중요하다. 이런 까닭에 고가의 와인을 구매하려는 와인 애호가들은 와인의 이력을 꼼꼼히 살펴보기도 한다.

다시 자료를 살펴보자. 재밌는 부분이 있는데, 보관 온도다. 와이너리에서는 와인을 눕혀서 14~16℃의 서늘한 장소에 보관하라고 권장한다. 만약 이보다 온도

1/ 와인 즐기기

가 높다면 숙성이 빨라질 수 있다고 경고한다. 높은 온도에서 보관된 와인은 와인 내부의 화학반응 속도가 빨라지면서 숙성이 빠르게 진행된다.

또 눈에 띄는 부분은 와인을 빈티지별로 세 카테고리로 나누는 점이다. 드링크, 드링크 혹은 레이 다운, 웨이트. 드링크는 지금 마셔도 되는 빈티지, 드링크 혹은 레이 다운은 지금 마셔도 괜찮지만 좋은 환경에서 보관한다면 5~10년 정도 숙성이 더 가능하다는 의미, 웨이트는 마시지 말고 기다리라는 의미다. 혹시 마셔야 할 상황이라면 미리 몇 시간 정도 디캔팅decanting(와인을 디캔터에 옮겨 담는 행위, 58쪽 참조)을 하라고 권장한다.

사실 이렇게 상세하게 자료를 제공하는 와이너리가 많지는 않다. 그래도 대부분의 와이너리에서는 시음 적기 등을 짧게나마 적은 와인 테이스팅 노트를 홈페이지에 올려놓는다. 이걸 참고하는 게 가장 좋다.

와이너리에서도 자료를 찾을 수 없다면, 인터넷에 해당 와인의 영문명을 넣어서 검색해보자. 한국에 유통되는 대부분의 와인은 인터넷 검색을 통해 정보를 찾을 수 있다. 유명 와인의 경우에는 빈티지별로 세계 유수의 와인 평론가들의 평점과 시음 후기 그리고 시음 적기를 확인할 수 있다.

그런데 만약 아무리 찾아도 정보가 없다면 어떻게 해야 할까? 그렇다면 와인을 구입한 곳의 전문가에게 물어보든지, 아니면 필자 부부의 SNS에 댓글을 남기면 의견을 줄 수 있다. 몇 번을 강조해도 부족함이 없지만, 의견일 뿐이다. 그 누구도 명확한 답을 얘기할 수 없는 게 와인의 시음 적기다.

마지막 포인트. 많은 와인 애호가가 공감하는 한 가지는, 어릴 때 맛이 없는 와인은 시간이 흘러도 나아지지 않는다. 즉, 좋은 와인은 숙성의 여부와 관계없이 늘 훌륭한 향과 맛을 낸다.

와인의 결함

　와인의 결함은 여러 이유에서 발생한다. 곰팡이나 세균에 오염된 포도가 문제가 될 수도 있지만, 대개는 와인을 만드는 과정에서 생긴다. 와인이 산소에 과도하게 노출되었거나, 발효통 같은 양조 기구가 세균에 감염됐을 때가 가장 흔한 원인이다. 또 와이너리에서 벗어난 와인이 배에 실려 한국에 오는 과정에서 변질될 수도 있다. 수입사나 도매상의 창고 혹은 소비자의 보관 문제로도 변질된다. 다행히도 변질된 와인이 건강에 해로운 건 아니다. 기본적으로 와인은 알코올음료이기 때문이다. 향과 맛이 변했을 뿐이다. 그래서 '부패'가 아닌 '변질'이라는 말을 쓴다.

　와인의 결함에 이처럼 많은 변수가 존재하다 보니 누구나 불쾌한 향과 맛이 나는 와인을 경험할 수 있다. 필자는 결함이 와인의 본질을 해치는 정도가 아니라면 문제 삼지 않고 마시는 편이다. 하지만 결함이 와인을 온전히 지배하고 있다면, 주저하지 말고 와인을 구매한 곳 혹은 담당 직원에게 정중하게 문제를 제기해야 한다. 경험상 대개 흔쾌히 교환해준다. 다만 향과 맛을 느낀다는 건 주관적일 수밖에 없다. 누군가는 결함이라고 확신하더라도 다른 누군가는 그러지 않을 수 있다. 뒤에 설명할 효모인 '브렛'이 대표적인 예다. 만약 와인의 향과 맛이 결함이라고 하기 애매한 정도라면 구매자가 감수해야 할 수도 있다. 와인 초보자의 경우에는 와인에서 느껴지는 불쾌함이 와인의 결함 탓인지 아니면 그 와인의 고유하고 독특한 플레이버인지 판단하기 어렵다.

와인에서 나타날 수 있는 대표적인 결함 몇 가지를 살펴보자. 만약 읽는 것만으로는 성에 안 찬다면, 와인 시향 세트인 'Le Nez du Vin'의 'Wine Fault'를 구매해도 좋다. 채소, 썩은 사과, 식초, 비누, 황 등 열두 가지 문제가 있는 향을 경험해볼 수 있다.

· 코르크 오염 CORK TAINT

코르크 오염은 가장 흔한 결함이다. 와인 매거진 《와인인수지애스트*Wine Enthusiast*》에 실린 2023년 기사에 따르면^{QR} 매년 코르크로 밀봉된 300억 병의 와인 가운데 약 3%인 대략 10억 병이 코르크 오염으로 피해를 본다. 다만 여기서 확실히 짚어야 할 것이 있다. '코르크 오염'이라고 해서 반드시 천연 코르크로 밀봉된 와인에서만 결함이 나타나는 건 아니다. 드문 예이지만, 스크루캡으로 밀봉된 와인에서도 코르크 오염의 증세가 나타날 수 있다. 왜 그럴까? 이를 이해하려면 이 '코르크 오염'이라는 결함이 어떻게 발생하는지 알아야 한다.

코르크 오염이 진행된 와인에서는 젖은 신문지, 축축한 지하실, 먼지 냄새 등을 느낄 수 있다. 이런 고약한 향과 불쾌한 맛은 2,4,6-TCAtrichloroanisole 혹은 2,4,6-TBAtribromoanisole라는 물질이 와인에 존재하기 때문이다. TBA보다는 TCA가 더 많이 알려져 있기 때문에 여기서는 TCA만 언급하도록 한다. TCA는 나노그램ng(1/10억 그램) 정도의 미량으로도 와인에 불쾌한 향과 맛을 줄 수 있다. 우리 인간은 TCA 오염에 매우 민감하게 반응한다. 연구 결과에 따르면, 2~5ppt(1/1조) 정도의 양도 감지할 수 있다고 한다. 쉽게 이야기해서, 올림픽 수영장 1000개 분량의 물에 섞인 1 티스푼의 불쾌한 맛을 식별할 수 있다는 말이다. 즉, 와인에 전혀 문외한이더라도 TCA에 오염된 와인은 무언가 불쾌한 향과 맛이 난다는 걸 직감적으로 느낄 수 있다.

그런데 왜 와인에 TCA가 존재할까? TCA는 자연적으로 생기는 물질이 아니다. 목재를 가공할 때 쓰는 살균제인 (염소 처리된) 페놀 화합물과 일부 곰팡이가 반응했을 때 만들어진다. 여기서 중요한 단어가 바로 '(염소 처리된) 페놀 화합물'이다. 페놀 화합물은 염소와 만나면 화학반응을 일으키면서 클로로페놀을 생성한다. 클로로페놀은 여러 유기체에 큰 독성을 띠기 때문에 세균, 곤충, 잡초 등을 없애는 용도로 오랫동안 유용하게 사용되었다.

다시 코르크 이야기로 돌아가 보자. 코르크는 코르크나무의 껍질을 가공해서 만든다. 과거에는 염소가 들어 있는 용액으로 최종 살균 처리를 했다. 이 때문에 나무의 껍질에 자연적으로 존재하는 페놀 화합물과 염소가 반응해 클로로페놀을 생성하고, 이게 곰팡이와 반응해 TCA를 생성하면서 와인에 결함을 유발한다.

코르크가 아닌 와이너리 내부가 TCA에 오염될 수도 있다. 오랜 시간 와이너리에서 염소가 함유된 용액으로 장비를 청소했을 경우다. 염소가 포함된 세제는 포도 자체에서 비롯한 각종 페놀 화합물은 물론, 와인을 발효하거나 저장하고 숙성하는 나무통의 페놀류와 결합해 클로로페놀을 생성한다. 이게 곰팡이와 반응해 최종적으로 TCA를 만들어낼 수 있다. 애초에 와이너리 전체가 TCA에 오염되어 있다면, 코르크로 밀봉하든 스크루캡으로 밀봉하든 상관없이 와인이 오염된다.

코르크 오염이 TCA 탓에 생긴다는 사실이 밝혀진 건 불과 20여 년 전이다.[QR] 1981년 스위스의 과학자 한스 태너Hans Tanner가 이 사실을 알아냈다. 코르크 오염은 와인을 직접 사 마시는 소비자는 물론, 와인 생산자에게도 큰 타격을 준다. 한 병의 오염이 해당 와인 브랜드의 심각한 이미지 하락으로 이어질 수 있기 때문이다. 한 예로 스페인의 전설적인 와이너리인 베가 시실리아Vega Sicilia는 1999년 시장에 출시한 자사 제품의 리콜을 발표했는데, 그 이유가 바로 와인의 TCA 오염 때문이었다. 조사 결과 와인의

TCA 오염이 베가 시실리아와 계약해 코르크를 납품하던 업체 때문이라는 사실이 알려지면서 계약이 해지되기도 했다. 또한 세계 곳곳의 와이너리에서 자사의 와인에서 발견된 TCA 오염이 와이너리 내부의 목재나 시설에서 비롯한다는 사실을 밝혀낸 뒤로 와이너리를 전면 보수하는 일도 있었다.

　TCA의 원인이 밝혀지고 실제 피해가 보고됨에 따라, 코르크나 와이너리의 장비를 세척하거나 살균할 때 염소가 포함된 화합물 사용을 배제하기 시작했다. 그러자 자연스럽게 이전에 비해 TCA 오염이 줄어들고 있다. 코르크 생산 업체는 염소 화합물 대신 과산화수소 용액으로 코르크를 세척하거나 더 진화된 방법인 마이크로파나 오존을 활용해 코르크를 소독한다. 와이너리 역시 무지 탓에 수십 년간 사용해온 염소 세제 사용을 중단하고 과산화수소 용액을 사용한다. 코르크 대신 스크루캡이나 비노락 등 오염에 비교적 더 안전한 마개도 적극 활용한다. 물론 코르크 자체가 지니는 낭만과 전통 때문에 코르크 마개가 없어지지는 않을 것이다. 다만 이런 노력이 지속된다면 언젠가는 TCA로부터 완전하게 자유를 얻는 날이 올 수 있지 않을까. 참고로 TCA가 불쾌한 향과 맛을 내긴 하지만 건강에 해롭지는 않다고 한다.

· 산화 OXIDATION

　와인의 산화는 말 그대로 와인이 공기 중의 산소와 과도하게 접촉한 경우를 말한다. 와인 메이킹에서는 포도에서 짜낸 즙을 최대한 산소와 접촉하지 않고 신속하게 발효·숙성하는 것이 가장 중요하다. 물론 이 과정에서 산소 노출을 100% 피하는 건 불가능에 가깝다. 하지만 와인이 산소에 지나치게 노출되면 병에 넣기도 전에 산화될 가능성이 크다. 와인 메이커는 주기적으로 오크통에 와인을 채워주는데, 이 작업은 이를 방지하기 위함이다. 오크통에 보관된 와인은 조금씩 증발하는 앤젤스 쉐어 현상을 보인다. 이렇게 증발하는 와인을 채워주지 않으면 와인에 잡균이 서식할 가능성이 있기에 (특별한 와인이 아닌 한) 와인을 가득 채워주는 작업을 주기적으로 해야 한다. 또한 코르크로 밀봉된 와인을 오랜 시간 세워서 보관하면 코르크가 기능을 상실해 산소 유입이 쉬워지면서 산화가 가속될 수 있다. 와인을 고객에게 서비스하는 업장의 경우에는 공기 노출이 잦은 글라스 와인도 이를 주의해야 한다.

　예외적으로 산화가 긍정적으로 작용하는 와인도 있다. 스페인의 셰리Sherry나 프랑스의 뱅 존Vin Jaune 같은 와인이다. 뱅 존의 경우 무려 6년 3개월 동안 오크통에서 숙성한다. 이 과정에서 조금씩 증발하는 와인을 채우지도 않는다. 와인 표면에 독특한 효모막이 뒤덮여 공기와의 접촉을 막긴 하지만 완벽하지는 않다. 그런데 효모막이 주는 독특한 견과류 향이 미세한 산화에서 비롯하는 산도와 어우러지면서 독특하면서도 긍정적인 향미를 지닌 와인을 만들어낸다.

　대개 산화된 와인은 색과 풍미에 활력이 없다. 화이트 와인의 경우 갈색으로 변하고, 레드 와인은 적갈색 혹은 주황빛을 띤다. 껍질을 벗긴 사과를 놔두면 갈변하는 것과 비슷하다. 또한 향과 맛이 식초처럼 톡 쏘는 게 특징이다. 산화는 레드 와인보다 화이트 와인에서 더 쉽게 일어날 수 있다. 화이트 와인은 산화를 방지하는 폴리페놀 화합물이 레드 와인보다 적기 때문이다. 그런데 와인이 산화됐다고 해도 와인을 그냥 버리지는 말자. 식초로 활용을 해도 좋고 요리 재료로 써도 그만이다.

· 황화합물 SULPHUR COMPOUNDS

현대 와인 메이킹의 아버지 에밀 페노는 "아황산염은 수학적으로 사용해야 한다"라고 말했다.* 아황산염이 지나치게 처리된 와인은 향과 맛 모두 불쾌한 느낌을 준다. 황화합물은 와인에서 썩은 계란, 성냥, 삶은 양배추 냄새를 낸다. 이유

아황산염

는 크게 세 가지다. 첫째, 포도 재배 과정에서 포도밭에 살포하는 황 살균제. 둘째, 와인 메이킹 과정에서 산소 부족으로 일어나는 환원 작용의 부산물. 셋째, 와인에 첨가되는 아황산염이다.

와인 레이블을 살펴보자. 아마 이런 문구를 볼 수 있을 것이다. 'CONTAINS SULFITES'. 와인에 아황산염sulfite이 첨가되었다는 의미다. 와인은 오로지 포도로만 만든다고 생각하는 이들은 배신감을 느낄 수 있겠지만, 사실 와인에는 여러 첨가제가 들어갈 수 있다. 아황산염이 가장 대표적이다. 아황산염은 식품 보존제로서 오랫동안 대체 불가능한 물질로 군림해왔다. 와인에 첨가되는 이유도 같은 맥락이다. 아황산염은 와인이 효과적으로 그리고 위생적으로 발효되는 데 도움을 준다. 레드 와인의 경우 포도껍질의 색과 폴리페놀 추출에 도움을 주기도 한다. 최

---

*   *Knowing and Making Wine*, Emile Peynaud·Alan Spencer, Houghton Mifflin Harcourt, 1984.

종적으로는 와인을 병에 넣을 때(병입) 아황산염을 소량 넣어서 산화를 방지한다. 또 와인을 만드는 과정에서 자연적으로 생기는 부산물이기도 하다. 결국 아황산염이 없는 와인을 만드는 것은 불가능하다. 설령 극단적인 내추럴 와인이라도 말이다. 다만 와인마다 함유량이 다를 뿐이다.

최근에는 양조 기술이 비약적으로 발전해 아황산염을 첨가하지 않고 와인을 만들 수도 있다. 물론 쉽지 않은 방법이다. 매우 건강한 포도로 위생적인 환경에서 와인을 만들지 않는 이상 아황산염은 와인 메이킹에 필수 불가결한 물질이다. 다만 와인에 아황산염을 과도하게 처리한 경우, 와인을 오픈했을 때 이를 감지할 수 있다. 흔히 썩은 계란 냄새나 성냥 냄새가 나기 때문이다. 이 경우에는 대개 디캔팅을 통해 산소에 와인을 노출하면 냄새가 사라진다. 하지만 황 냄새가 너무 심하다면 교환하는 편이 낫다.

· 브렛 BRETT

브렛은 브레타노미세스Brettanomyces의 약자로 자연에서 서식하는 효모이다. 이 효모는 좋게 말하면 시골에서 맡을 수 있는 구수한 향을 낸다. 그런데 과하면 와인을 압도하면서 젖은 양말 냄새 같은 악취로 변한다. 한마디로 호불호가 갈린다. 브렛은 포도밭은 물론, 양조장 어디에서나 서식한다. 이 효모가 활약하는 걸 원치 않는 와인 메이커는 와인에 아황산염을 처리한다. 어떤 변종 브렛은 악취가 덜하고 스모키 혹은 가죽과 같은 긍정적인 부케를 만들기도 한다. 이를 선호하는 와인 메이커나 애호가도 많다. 프랑스의 남부 론 지역에서는 브렛이 와인의 향미 프로파일에서 오랜 시간 중추적인 역할을 했다.

브렛은 양조 과정 중 4-Ethylphenol4-EP과 4-Ethylguaiacol4-EG이라는 방향족 화합물, 즉 향을 내는 물질을 내놓는다.**QR** 4-EP가 대체로 반창고나 거름 같은 향을 담당하고, 4-EG는 대개 기분 좋은 정향이나 향신료 향을 담당한다. 이 두 화합물은 포도껍질의 폴리페놀에 의해 합성된다. 폴리페놀은 화이트 와인보다 레드 와인에 훨씬 더 많기 때문에 브렛이라는 결함 아닌 결함은 레드 와인에서 더 자주 나타난다.

※기타 문제 있는 향들   기름 냄새, 퇴비 냄새, 곰팡내, 퀴퀴한 냄새, 소독용 알코올 냄새, 양배추 즙 냄새, 썩은 버터 냄새, 비누 냄새.

디캔팅

와인을 잘 모르더라도 '디캔터'라는 말을 한 번쯤은 듣거나 접한 사람이 많을 것이다. 물론, 와인 애호가가 아닌 이상 디캔터를 가지고 있는 경우는 드물다. 필자에게는 세 종류의 디캔터가 있지만, 어쩌다 한번 사용하려고 하면 뽀얗게 앉은 먼지부터 닦아내기 바쁘다. 와인업에 종사하다 보니까 디캔팅을 고려해야 하는 와인을 종종 마심에도 불구하고, 사용하고 난 뒤에 씻고 말리는 게 귀찮아서 디캔터에 손이 잘 안 간다. 어쩌면 요즈음에는 디캔터가 뽐내기 좋아하는 와인 애호가들의 특별한 물건처럼 여겨지는 듯하다.

아주 먼 과거에는 디캔터의 위상이 달랐다. 어린아이만 한 암포라amphora(항아리)에 와인을 담거나, 큰 나무통에 담긴 와인을 옮겨 마시기 위해서는 디캔터가 꼭 필요했다. 물론 당시에는 디캔터라고 부르지도 않았겠지만, 여하튼 그게 디캔터의 시초라고 할 수 있다. 유리를 다룰 줄 알았던 고대 로마인이 처음으로 유리로 만든 디캔터를 사용했다. 이후 한동안 대가 끊겼다가, 베네치아 사람들이 르네상스 시절 유리 디캔터를 다시 선보인 뒤로 발전을 거듭해 지금에 이르렀다.

필자는 디캔터의 역할이 네 가지라고 생각한다.

1. 와인의 침전물을 제거하기 위해서.
2. 산소와 접촉시켜 향과 맛을 더 올리기 위해서(브리딩).
3. 심미적으로 보기 좋아서.
4. 레이블에 대한 선입견을 없애기 위해서(블라인드 테이스팅).

어떤 이유이든, 어떤 와인이든 디캔터를 사용하고 안 하고는 개인의 몫이다. 디캔팅이 전혀 필요 없는 와인을 디캔팅해달라고 요구하면 소믈리에 입장에서는 곤욕스러울 수 있다. 하지만 고객 입장에서는 충분히 요구할 수 있다. 그럴 때 소믈리에에게 이유를 정확히 알려준다면 소믈리에는 기꺼이 서비스할 것이다. 단순히 심미적인 이유일지라도 말이다.

· 침전물 제거

요즘에는 찌꺼기가 있는 와인을 찾기가 더 힘들다. 와인을 병입하기 전 철저히 필터링하기 때문이다. 이런 와인은 디캔팅할 필요가 없다. 그런데 몇몇 와인에는 찌꺼기가 있기 때문에 디캔팅하는 게 좋다. 찌꺼기는 포도에서 비롯한 자연적인 것으로 인체에는 해가 없다. 그냥 마셔도 되지만 디캔팅을 하는 이유는 찌꺼기가 신맛이나 쓴맛을 내기도 하고 보기에도 안 좋기 때문이다.

찌꺼기가 있는 대표적인 와인이 포르투갈에서 생산하는 '빈티지 포트Vintage Port'다. 빈티지 포트는 필터링을 거치지 않은 채 병입된다. 병에서 오랜 시간 숙성

와인잔에 남은 찌꺼기

시킨 뒤 마셔야 하는 와인이기 때문에 병 내부에 찌꺼기가 많다. 이 때문에 디캔팅하고 마시는 게 좋다. 그 밖에도 필터링하지 않은 와인이 꽤 있다. 이들 와인은 대부분 고급이라는 점이 아이러니하다.

그러면 왜 일부러 필터링하지 않을까? 와인은 와인 메이커의 철학이 반영된 술이다. 어떤 와인 메이커는 지나친 필터링이 포도의 고유한 향과 맛을 없앤다고 여긴다. 그래서 필터링 과정을 생략하고 시장에 출시한다. 이런 와인은 레이블에 'UNFILTERED'라고 적혀 있다. 물론 적히지 않은 경우도 꽤 있어서, 와인을 열고 마셔보기 전에는 찌꺼기가 있는지 없는지 알 도리가 없다.

내추럴 와인도 필터링하지 않는 경우가 많다. 와인의 풍미를 높이고 자연 그대로 만들어진 와인을 소비자에게 맛보이기 위함이다. 진정한 내추럴 와인은 포도 하나만을 가지고 만든다. 따라서 필터링을 하면 순수함이 필터링될 수 있다. 내추럴 와인 메이커들이 종종 침전물까지 같이 마시기를 권장하는 이유가 여기에 있다. 하지만 와인은 기호 식품이기 때문에 원한다면 디캔팅을 해도 전혀 상관없다.

빈티지가 오래된 와인에도 찌꺼기가 존재할 가능성이 크다. 와인은 병 안에서 끊임없이 변화한다. 시간이 지나면 지날수록 와인의 여러 요소가 서로 반응하면서 병 안에 침전물을 만든다. 또 병 안에서 오랫동안 숙성되는 동안 이상한 냄새(이취)도 생긴다. 따라서 병에 오래 잠들어 있는 와인은 디캔팅해주는 편이 좋다.

· **브리딩 BREATHING**

와인을 산소와 접촉시키는 것을 '브리딩'이라 한다. 와인은 산소와 만나는 그 순간부터 산화하면서 변하기 시작한다. 다만, 브리딩을 통한 변화가 나쁜 쪽인지 좋은 쪽인지 쉽게 판단할 수 없다는 점이 문제다. 매우 개인적인 의견이지만, 브리딩을 목적으로 디캔터를 사용할 필요까지 있을까? 필자는 그냥 와인잔에 와인을 따르고 스월링하는 것으로 충분히 그 효과를 볼 수 있다고 생각한다.

반대로 브리딩이 디캔터가 존재하는 가장 중요한 이유라고 여기는 사람도 많다. 탄닌이나 산도가 풍부한 어린 빈티지의 와인은 디캔터를 사용하면 짧은 시간에 많은 산소와 접촉시킬 수 있어 마시기 수월해진다는 점은 사실이다.

과연, 어떤 와인을 브리딩하는 게 좋을까? 와인을 오픈했는데 불쾌한 향이 나거나, 탄닌이 많아서 입안에 텁텁한 느낌이 난다면 브리딩이 필요한 와인이다. 물론, 이 경우에도 반드시 디캔팅을 해야 하는 건 아니다. 와인 애호가에 따라서는 이런 와인을 잔에 따라놓고 변화를 관찰하는 것을 즐기기도 한다. 와인잔 자체가 디캔터 역할을 충분히 하기 때문이다. 아무튼 어디까지나 와인은 주관적인 결정과 평가가 중요하다.

· 심미적인 이유

대놓고 이런 이유로 디캔터를 사용한다 해도 전혀 문제될 것이 없다. 예쁜 디캔터에 와인이 담겨 있는 것만으로도 기분이 좋아진다. 기분이 좋아지면 와인 맛도 좋아지기 마련이다. 더 설명할 필요가 있을까?

· 블라인드 테이스팅 BLIND TASTING

수십 혹은 수백만 원 하는 와인을 마시면서 머릿속에서 와인의 가격을 떨쳐버리는 것은 쉽지 않다. '비싸니까 향과 맛이 좋겠지'라는 선입견을 품게 마련이다. 와인을 디캔터에 담아서 마시면 그런 선입견을 훌륭하게 없앨 수 있다. 오로지 와인에 집중할 수 있다. 그런데 직업이 소믈리에가 아닌 이상 디캔터로 블라인드 테이스팅까지 할 필요는 없다고 생각한다. 어떤 와인인지 레이블을 보여준 뒤 병을 치우고 디캔터에 담아 와인을 즐기는 편이 낫다.

✓ 세 가지 디캔터

소믈리에 등 전문가는 와인 스타일에 따라 다른 디캔터를 사용한다. 'ㄴ' 형태로 된 디캔터가 기본형이다. 기본형은 공기와의 접촉면을 넓혀주는 역할에 충실하다. 침전물을 걸러주는 역할과 함께 브리딩 목적이 크다. 넓은 면적에서 와인을 산소와 접촉시키면 와인잔으로 스월링하는 것보다 훨씬 빠르게 와인의 향과 맛을 끌어 올릴 수 있다.

기본형 리델 디캔터 울트라

두 번째는 올드 빈티지 와인에 적합한 디캔터다. 모양이 오리와 비슷하다고 해서 '오리 디캔터'라는 애칭으로 많이 부른다. 디캔터 모양이 이렇게 고안된 이유는 와인의 침전물을 걸러내고 안정적으로 서빙하기 위함이다. 기본형이 브리딩에 큰 목적을 두었다면, 오리 디캔터는 브리딩보다는 안정화에 더 큰 목적이 있다. 안정화가 필요한 와인이 바로 올드 빈티지 와인이다.

평범한 오리 디캔터

와인도 사람처럼 나이를 먹는다. 영 빈티지 와인은 사람으로 치면 20~30대 건강한 젊은이다. 그런데 와인은 영할 때만 마시진 않는다. 10년 혹은 20년 이상, 수십 년 동안 병에서 숙성된 와인을 마실 때도 있을 수 있다. 이런 와인은 노인과 같다. 만약 기본형 디캔터에 올드 빈티지 와인을 담는다면 노인에게 전력으로 뛰어보라는 것과 같다. 만약 노인이 달릴 마음을 먹었다고 해도 괜히 무리하게 움직였다가는 다칠 수 있다. 노인이 된 와인, 즉 올드 빈티지의 와인을 조심스럽게 다뤄야 할 때 바로 오리 디캔터를 사용한다.

일단 디캔터를 바닥에 고정하고 와인을 따른다. 디캔터 밑에는 고전적인 방법인 촛불을 이용하거나 빛을 비추어서 따라내는 와인의 침전물을 확인한다. 와인 침전물이 디캔터에 옮겨지지 않도록 와인의 95% 정도를 따랐다 싶으면 디캔팅을 멈춘다. 멈추기 전에 불빛으로 침전물이 딸려 가는지 지속해서 확인한다. 마지막으로 디캔터에 옮겨진 와인을 잔에 서빙할 때도 흔들림 없이 조심스럽게 서빙한다. 흔들림을 최소화하기 위해 디캔터 손잡이도 달려 있다.

마지막은 필자가 가장 많이 사용하는 디캔터다. 브리딩에 목적을 둔 디캔터이면서 심미적인 매력을 더한 스타일이다. 리델에서 출시한 제품인데, 앞에 설명한 기본형 디캔터보다 산소와의 접촉 면적은 적지만 목이 길어서 와인병에서 디캔터로 와인을 옮길 때 공기와 접촉되는 시간이 길어진다. 보기에도 아름답고 기능적으로도 더할 나위가 없다.

리델 한정 디캔터

사실 디캔터에 손이 잘 가지 않는 이유가 세척하기 까다롭기 때문이다. 손을 온전히 집어넣어서 닦을 수 없기 때문에 내부를 완벽하게 세척하기가 불가능하다. 와인 애호가들 사이에서는 부드럽게 휘어지는 긴 솔을 사용하는 방법이 널리 알려졌다. 그런데 이 방법으로는 구석구석 완벽하게 닦이는 느낌이 없다. 필자가 추천하는 제품은 보틀 클린저다.

보틀 클린저는 작고 귀여운 모양에, 안에는 작은 구슬이 수십 개가 들어 있다. 이 구슬을 디캔터에 집어넣고 미지근한 물을 부은 다음 흔든다. 구슬이 디캔터 바닥과 내부에 마찰을 일으키면서 세척을 해준다. 디캔터를 오래 사

보틀 클린저

용하다 보면 내부, 특히 바닥에 와인의 찌든 때가 끼기 마련이다. 이 구슬을 이용하면 찌든 때도 완벽에 가깝게 제거할 수 있다. 다만 구슬을 말리는 게 좀 귀찮고, 구슬이 너무 작아 자칫하다가 바닥에 떨어뜨리면 찾기 어렵다는 단점이 있다. 가격도 싸지는 않다.

빈티지

지인들이 가끔 '빈티지 와인'이라는 말을 쓴다. "어제 빈티지 와인을 마셨다"라든지, "그거 빈티지 와인이야?"라고 말이다. 그게 뭘 의미하는 건지 궁금해서 물어보면 "오래된 와인이 빈티지 와인이 아니냐"라고 반문한다. 아마 의류나 가구에서 빈티지가 '오래된' 혹은 '고전'이나 '전통 있는' 따위의 의미로 쓰여서 와인도 그럴 거라고 여기는 듯하다.

와인에서 빈티지의 의미는 다르다. 와인에서 빈티지는 해당 와인을 만든 포도를 수확한 해를 뜻한다. 만일 어떤 와인의 레이블에 '2015'라고 적혀 있다면, 그 와인은 '2015년에 수확한 포도로 만든 와인'이라는 뜻이다.

와인에서 빈티지라는 말은 15세기 초부터 쓰였다. '포도 수확'을 뜻하는 고대 프랑스 말인 'vendage'에서 유래했다. 오늘날에도 프랑스어로 포도 수확을 '방당주 vendange'라고 한다.

빈티지는 거의 모든 와인의 레이블에 표시되어 있다. 일부 예외도 있다. 여러 해의 와인을 섞어서 만든 저가의 테이블 와인의 경우 빈티지가 없는 것도 있다. 다만, 독특한 와인 가운데에는 일부러 여러 해의 와인을 섞어서 만드는 경우도 있다. 이

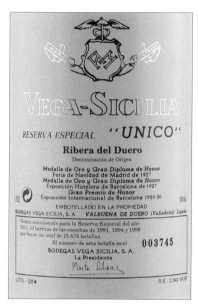

런 와인의 대표 주자가 포르투갈의 특산 와인인 포트, 스페인의 특산 와인인 세리 그리고 프랑스의 샴페인이다.

매우 드문 케이스이지만, 여러 빈티지를 섞은 프로젝트 와인을 선보이는 와이너리도 있다. 대표적인 곳이 스페인의 저명한 와이너리인 베가 시실리아(와인의 결함에서 예를 들었던 와이너리다)이다. 이 와이너리에서는 여러 해의 와인을 섞은 최고급 와인인 '우니코 레세르바 에스페시알Unico Reserva Especial'을 만들고 있다. 예를 들어, 우니코 레세르바 에스페시알 2022년 버전은 2008, 2010, 2011 빈티지 와인을 섞어서 시장에 출시했다. 역시 이 와인의 레이블에도 빈티지가 없다. 이처럼 어떤 이유에서이든지 간에 빈티지가 없는 와인을 두고 '논빈티지 와인non-vintage wine'이라고 한다.

그런데 와인을 구매할 때 빈티지가 중요할까? 결론부터 이야기하면 이렇다. 만약 와인을 수집이나 투자 목적으로 구매하는 경우에는 빈티지가 중요하다. 하지만 편하게 즐기는 데일리 와인을 구입할 때는 크게 신경 쓰지 않아도 좋다.

빈티지가 와인 구매에 중요한 척도라고 생각하는 이유는 무엇일까. 당장 서울 날씨만 해도 매년 들쑥날쑥하다는 걸 누구나 안다. 포도 재배도 결국 농사이다 보니, 그해의 날씨에 포도의 품질이 좌우지될 수밖에 없다. 결국 날씨는 최종 와인의 퀄리티에 영향을 미친다. 극단적인 예이지만, 최악의 자연재해인 대형 산불, 토네이도, 지진 등은 최종 생산된 와인에 영향을 크게 줄 수 있다. 예컨대 2010년 칠레를 강타한 대지진으로 칠레의 와인 산업은 2억 달러의 손해를 봤다고 추정됐다.^{QR} 산불의 경우에는 캘리포니아와 호주의 와인 산업에 큰 골칫거리다. 두 지역은 워낙 건조한 탓에 산불이 자주 발생한다. 산불이 포도밭을 태우기도 하지만 더 문제가 되는 건 연기다. 연기에 오염된 포도로 와인을 만들면 탄 고무 향과 마치 재떨이를 핥는 맛을 내기도 한다. 그 누구도 이런 와인을 구매하고 싶지는 않을 것이다.

그렇다면 빈티지가 좋다는 건 어떤 상태를 의미할까? 그해 사계절이 포도가 자라기에 이상적이었다는 의미다. 봄의 위협은 서리다. 서리는 포도나무꽃이 피기도 전에 싹을 죽여버린다. 한창 포도가 성장하는 여름에는 적당한 비가 필요하지만, 과도하면 농사를 망치는 곰팡이가 번식할 수 있다. 사계절 가운데 가장 중요한 시기는 바로 수확을 앞둔 가을이다. 만약 수확이 임박한 시기에 비가 많이 내리면 포도가 물을 흡수해 팽창하기 때문에 묽은 와인이 만들어진다. 이 때문에 포도 재배자는 수확 시기의 비 소식에 매우 민감하다. 매년 언제 포도를 수확해야 할지 고심한다. 잘못된 판단이 1년 동안 힘들게 지은 농사를 망칠 수 있다.

이처럼 빈티지는 중요한 요소임은 틀림없다. 하지만 상황에 따라 더 중요할 수도 있고, 덜 중요할 수도 있다.

전자의 경우는 기후를 예측하기 어려운 지역의 와인을 구매할 때다. 예를 들어 프랑스의 보르도·부르고뉴·샹파뉴 지역이나, 이탈리아 북부, 스페인 북부, 독일, 뉴질랜드, 오스트리아, 칠레 일부 지역의 경우에는 기후가 일정하지 않다. 따라서 빈티지가 중요하다.

한편 고가의 와인을 선물이나 투자 혹은 수집 목적으로 구매할 때도 지역을 막론하고 빈티지가 매우 중요하다. 고가의 와인이 되려면 잘 만들기도 해야 하지만, 반드시 재료 즉 포도의 상태가 최상이어야 한다. 최상의 포도는 껍질과 씨가 잘 여물어 충분한 폴리페놀 성분을 지니고 있고, 당과 산의 앙상블이 좋다. 이런 포도는 악천후에서는 절대 탄생할 수 없다. 이런 포도로 온갖 양조 스킬을 가미해서 만든

프리미엄 와인은 여러 해를 버틸 힘이 있다. 심지어 해가 지날수록 발전된 향과 맛을 보여주기도 한다. 이런 와인을 구매해서 잘 저장해놓는다면, 후에 비싼 값에 되팔 수도 있다. 와인 투자가나 수집가가 빈티지에 신경 쓰는 까닭이다.

이럴 때 유용하게 쓰이는 게 빈티지 차트다. 빈티지 차트는 국가별, 지역별로 그해 작황의 정도를 점수로 매긴 차트다. 인터넷에 'vintage chart'라고 검색하면 〈로버트 파커 와인 애드버킷Robert Parker Wine Advocate〉, 〈와인스펙테이터Wine Spectator〉, 〈와인인수지애스트Wine Enthusiast〉 등 빈티지 차트를 확인할 수 있다. 이외에도 더 있긴 하지만, 이 세 가지가 가장 공신력 있다. 필자는 〈로버트 파커 와인 애드버킷〉 빈티지 차트를 좋아한다. 한눈에 보기 편하고 디자인적으로도 완성도가 높다. 다만 빈티지 차트는 가이드라인일 뿐이니 참고만 할 뿐이다.

양조 기술이 미천했던 과거에는 그해의 기후가 와인의 품질을 결정짓는 절대적인 요인이었다. 지금은 작황이 좋지 않더라도 훌륭한 와인을 만들 수 있는 기술력이 있다. 그리고 와인을 마시는 건 결국 사람이라는 점을 잊으면 안 된다. 와인의 향과 맛의 평가는 매우 주관적이다. 누군가는 작황이 좋지 않은 해의 와인을 좋게 평가할 수도 있다. 작황이 좋지 않았던 해의 와인을 저평가했다가 나중에 재평가하는 와인 평론가도 종종 있다.

반대로 빈티지가 덜 중요한 상황은 무엇일까? 빈티지가 더 중요한 상황과 완전히 반대로 생각하면 된다. 연중 내내 기후가 온난한 곳, 그러니까 중부 스페인, 포르투갈, 아르헨티나, 호주, 캘리포니아, 이탈리아 남부 등의 와인을 구매할 때는 빈티지를 크게 고려하지 않아도 좋다. 이런 곳은 대규모 자연재해나 전쟁 등 최악의 악재만 없다면 매년 일관성 있는 와인을 생산한다.

데일리 와인을 구매할 때도 빈티지 따위는 가볍게 무시해도 좋다. 데일리 와인은 대개 대형 와이너리에서 내놓는 저렴한 와인이다. 와이너리에서 데일리 와인이란, 매년 일정한 품질을 보여야 하는 와이너리의 간판 와인이다. 이런 와인은 설사 그해 작황이 좀 안 좋았다고 해서 품질이 떨어진 채로 출시하는 경우는 드물다.

WINE ENTHUSIAST

A General Guide to the Quality & Drinkability of the World's Wines

RATINGS

98–100	Classic
94–97	Superb
90–93	Excellent
87–89	Very Good
83–86	Good
80–82	Acceptable
NV	Not Vintage Year
NR	Not Rated

MATURITY

- Hold
- Can drink, not yet at peak
- Ready, at peak maturity
- Can drink, may be past peak
- In decline, may be undrinkable
- Not a declared vintage/no data

2023 VINTAGE CHART

Hailstorms in France, wildfires in California, climate change globally. Such variables directly affect the quality of vintages around the world. Wine Enthusiast reviewers update the vintage chart annually to reflect such factors and indicate the average quality and drinkability of vintage-dated wines to help you know which to buy and when to enjoy them. The ratings are broad indications, however, so be aware that many wineries make excellent wines in lower-rated years. For specific reviews on current and past vintages, use the search function at winemag.com/ratings to find our top-scoring wines, including Hidden Gems, Best Buys, Editors' Choices and Cellar Selections.

United States

Region	Wine Variety	2021	2020	2019	2018	2017	2016	2015	2014	2013	2012	2011	2010	2009	2008	2007	2006	2005	2004	2003	2002	2001	2000	1999	1998	1997	1996
Napa	Chardonnay	93	91	92	93	90	94	90	92	91	91	87	87	88	87	90	86	86	85	85	90	90	88	88	87	94	90
Napa	Cabernet Sauvignon	94	88	94	94	90	95	95	95	95	95	89	89	92	95	90	95	90	90	93	98	85	93	85	96	93	
Napa	Zinfandel	93	90	90	90	89	93	93	93	93	92	89	89	89	89	94	87	87	90	88	86	91	85	90	85	89	88
Russian River Valley	Chardonnay	93	92	94	94	92	94	92	94	89	89	87	90	92	86	91	93	91	97	93	90	92	88	95	92		
Russian River Valley	Pinot Noir	94	93	94	94	92	95	92	94	95	95	89	91	90	92	96	87	95	93	90	89	90	89	91	85	91	90
Sonoma	Cabernet Sauvignon	92	89	91	92	90	94	93	93	88	87	87	90	92	87	89	87	89	88	93	84	91	90				
Sonoma	Pinot Noir	92	90	91	92	90	95	92	94	95	93	90	92	91	93	95	87	95	93	89	88	89	87	90	85	90	88
Sonoma	Zinfandel	92	90	91	92	89	93	93	92	92	89	89	89	88	93	86	90	90	88	91	86	90	86	88	90		
Carneros	Chardonnay	93	90	91	92	92	92	90	94	93	92	88	88	87	89	91	85	87	92	91	95	93	89	89	85	91	90
Carneros	Pinot Noir	93	90	90	91	92	91	92	91	93	94	93	87	90	89	90	94	88	93	91	85	87	85	87	83	85	86
Anderson Valley	Pinot Noir	95	91	91	95	90	92	94	92	93	95	90	91	93	93	92	95	88	94	90	90	87					
Santa Barbara	Chardonnay	93	92	93	93	93	93	92	93	93	93	92	92	90	89	92	92	94	90	90	87						
Santa Barbara	Pinot Noir	93	93	94	93	91	94	93	93	94	94	92	91	92	95	90	95	93	94	90	89	89	85	94	88		
Central Coast	Chardonnay	92	91	92	92	92	92	91	92	92	92	90	91	92	95	90	93	94	94	92	89	90	84	95	89		
Central Coast	Pinot Noir	93	93	93	92	92	91	93	92	92	88	93	89	89	94	88	92	93	95	91	88	89	86	93	87		
North Coast	Syrah	92	92	93	92	92	92	91	92	90	89	88	90	87	89	88	89	89	88	92	84	86	83				
South Coast	Syrah	89	89	89	89	89	88	88	88	88	88	87	90	90	88	94	91	87	89	91	89	92	85	88	83		
Paso Robles	Reds	92	91	92	92	91	91	91	92	91	90	90	91	90	89	90	89	88	88	86	87	85	84	86	85		
Sierra Foothills	Zinfandel	90	92	91	93	89	94	94	93	92	89	91	90	88	90	87	87	89	85	87	86	85	84	84	85		
Willamette Valley	Pinot Noir	93	85	91	92	93	91	95	93	92	93	91	87	91	92	86	94	94	92	86	89	89	91	94	92	84	87
Willamette Valley	Whites	91	91	92	92	93	92	93	93	92	89	88	92	94	86	91	90	93	86	88	89	90	83	90	85	87	
Southern Oregon	Reds	91	91	90	87	91	90	90	90	89	90	89	88	90	89	87	90	85	87	84	89	89	89	85	84	85	
Columbia Valley	Cabernet, Merlot	82	91	92	95	91	90	93	91	95	89	92	93	92	95	89	92	94	92	88	96	91	87	86			
Columbia Valley	Syrah	93	92	93	93	91	91	90	90	93	91	89	91	90	89	91	90	90	94	93	88	93	89	87	88		
Columbia Valley	Whites	91	92	93	91	91	90	91	91	89	90	91	90	91	90	92	88	90	91	89	89	87	90	88	87		
Finger Lakes	Reds	89	90	91	88	91	90	89	89	88	92	85	91	85	89	85	86	84	89	91	90	88	86	84			
Finger Lakes	Whites	88	91	94	88	91	90	90	89	89	90	88	90	88	89	90	88	91	90	93	89	92	90	86			
Long Island	Reds	89	91	94	88	90	90	90	90	92	92	84	92	85	89	87	90	84	85	90	87	86	93	89	86		
Long Island	Whites	88	89	92	89	90	89	89	89	89	86	90	86	90	88	87	91	88	90	90	88	89	93	90	88		

(Left margin vertical labels: CALIFORNIA, OR, WA, NY)

Southern Hemisphere

Region	Wine Variety	2021	2020	2019	2018	2017	2016	2015	2014	2013	2012	2011	2010	2009	2008	2007	2006	2005	2004	2003	2002	2001	2000	1999	1998	1997	1996
Barossa/McLaren Vale	Shiraz	95	92	93	95	92	92	91	90	93	96	83	95	91	87	89	91	95	94	87	94	93	87	89	93	87	93
Clare Valley	Riesling	93	93	94	96	97	96	96	90	92	93	87	95	93	89	91	93	89	88	88	87	91	93	88			
Coonawarra	Cabernet Sauvignon	95	93	95	94	90	90	90	90	93	94	83	93	90	88	88	94	94	92	88	87	93	91	89	94	88	91
Yarra Valley	Pinot Noir	93	95	91	91	96	91	94	88	93	95	92	86	89	90	91	92	86	89	89	90	91	87	91	93	91	
Western Australia	Cabernet/Chardonnay	90	92	95	95	91	92	91	93	93	94	94	95	94	94	95	88	90	94	88	91	91	87	88	90	90	91
Hunter Valley	Semillon	93		92	94	93	86	85	96	91	86	91	90	91	89	88	90	87	88	90	92	86	89				
Hawke's Bay	Reds	95	96	95	93	90	94	93	95	96	88	86	95	93	88	92	89	92	90	91	86	84	90	95			
Martinborough	Pinot Noir	95	96	95	89	90	93	91	90	93	89	94	91	92	88	93	88	93	87	88	91	88	87	91	90		
Marlborough	Sauvignon Blanc	93	95	94	84	89	92	93	89	93	90	90	92	92	88	92	91	93	88	92	91	90	89	88	90		
Central Otago	Pinot Noir	95	96	93	89	91	92	92	91	90	92	88	93	92	92	93	92	91	88	89	93	90	89	90	90		
South Africa	Reds			91	93	92	95	91	95	88	89	89	89	90	89	94	88	91	92	90	94	93	92	93	93	87	86
Maipo	Reds	88	85	86	92	86	83	90	90	90	88	89	88	88	89	95	88	94	90	93	86	92	89	91	90		
Casablanca/Coastal	Whites	87	87	87	90	87	85	94	88	85	90	90	86	88	93	90	92	90	85	92	87	91	81	90	90		
Colchagua	Reds	90	85	88	92	85	84	90	85	87	88	90	90	87	90	94	88	90	93	83	92	87	84	91	90		
Argentina/Mendoza	Reds	90	88	93	92	91	94	85	85	90	87	89	90	89	87	86	93	89	88	92	94	85	87	90	83	89	95

(Left margin vertical labels: AUSTRALIA, NZ, CHILE)

>>> Download the 2023 Vintage Chart at winemag.com/VintageChart

또 하나 중요한 사실은 과거와는 달리 양조 기술이 일취월장했다는 점이다. 와인을 만들 때는 갖가지 기술이 들어간다. 예를 들어, 와인의 알코올을 제거하는 역삼투압기라든지, 와인의 텍스처를 진하게 만드는 진공농축기 같은 장비를 생각보다 많은 와이너리에서 활용한다.

맷 크레이머의《와인력》에 따르면 세계 최고의 와이너리가 몰려 있는 보르도나 캘리포니아에도, 이름을 밝힐 수는 없지만, 수백 곳의 와이너리가 이와 같은 최첨단 장비를 사용하고 있다. 이런 최첨단 장비까지는 아니더라도 대부분의 와인 산지에서는 와인의 산이나 당 혹은 탄닌 등을 조절할 수 있는 첨가물을 와인에 넣도록 법으로 허용한다. 물론 국가나 지역마다 차이가 있으며, 허용 최대치 또한 정해져 있다.

결국, 중저가 와인을 구매할 때 허리케인이나 초대형 태풍 혹은 대형 산불 같은 최악의 재해가 와인 산지를 강타했다는 소식을 듣지 않은 이상 빈티지를 크게 신경 쓸 필요는 없다.

필자는 와인의 가장 흥미로운 점이 다양성이라고 생각한다. 좋은 빈티지의 와인을 마시고 싶은 마음은 누구나 마찬가지다. 하지만 세상에는 자연이 주는 시련을 겸허하게 받아들이고, 인위적인 간섭 없이 자연 그대로의 와인을 생산하는 생산자도 있다. 필자는 외려 이런 와인 생산자의 와인에 손이 간다. 이들에게는 '그레이트 빈티지'라는 건 의미가 없을지 모른다. 어쨌든 선택은 소비자의 몫이다.

와인을 보관하는 법

언제부터 포도로 와인을 만들어 마셨는지는 정확히 알 수 없다. 다만, 고고학 증거를 참고하면, 기원전 6000년에서 4000년 전 사이인 것으로 추정된다.^{QR} 조지아에서는 기원전 6000년경 유물로 추정되는 양조용 포도 품종의 씨앗이 발견되기도 했다. 이란의 자그로스산맥에서는 기원전 5400년에서 5000년 사이에 만들어진 것으로 추정되는 여섯 개의 토기에서 포도즙과 송진 찌꺼기가 발견되기도 했다. 단순히 포도를 저장했던 토기라고 하더라도, 포도는 자연스럽게 으깨질 수 있고, 그러면 자연스럽게 발효되기 때문에 우연이라도 와인을 마셨다고 볼 수 있다.

본격적으로 포도를 재배하기 시작한 때는 신석기시대다. 더 많은 포도를 수확하면서, 기원전 6000년경에는 와인을 보관하기에 가장 이상적인 도구인 도기가 등장했다. 흐물흐물한 점토로 그릇이나 사발 등을 빚기 시작한 신석기시대 사람들은 세워 두기 편하고 공기와의 접촉을 최소화할 수 있는 목이 좁은 항아리를 만들어 사용했다. 불에 구운 도기는 물이 스며들지 않아 와인을 담기에 안성맞춤이었다. 도기에 비하면 돌이나 나무는 비실용적이었다. 가죽은 쉽게 변질되어 수명

고대의 저장 용기 암포라

에 한계가 있었다. 이때부터 도기는 고대 그리스, 중동, 이집트 등 여러 지역에서 아주 요긴하게 쓰였다. 고대 이집트인은 포도즙을 단지 안에 넣고 뚜껑을 닫은 뒤 나일강의 진흙을 단지의 어깨 부분부터 원뿔 모양으로 쌓아 틈을 메워 공기의 유입을 방지했다.

도기는 비약적으로 발전해 그리스의 암포라에서 꽃을 피웠다. 나무통이 등장한 1세기 전까지, 암포라는 와인을 발효시키고 묵히고 저장하고 운반한 것은 물론 오일·올리브·곡물을 나를 때 가장 널리 쓰였다. 암포라는 크기와 용량이 다양했는데, 대부분 25ℓ에서 30ℓ 사이였다. 바닥은 뾰족하고 몸통은 위로 갈수록 넓어지며 손잡이는 두 개로, 와인을 가득 채우면 무게가 꽤 나가기 때문에 두 사람이 양쪽 손잡이를 잡고 옮길 수 있게 만들어졌다. 와인을 채운 암포라는 그대로 땅에 묻어서 보관했다. 땅의 차가운 온도가 와인의 변질을 어느 정도 막아줄 수 있었다.

이후 1세기에는 오랜 시간 동안 사용된 도기가 로마의 수출업자들이 도입한 나무통으로 대체되었다. 나무통은 20세기 들어 유리병이 확산되기 전까지 와인을 보관하고 운반하는 수단으로 널리 쓰였다. 암포라나 나무통은 와인의 변질을 완벽히 막기에는 무리가 있었기 때문에 과거에도 와인을 장기 보관하려는 다양한 노력

1/ 와인 즐기기

을 했다. 예를 들어 송진이나 꿀을 와인
에 첨가했다. 심지어 납, 향신료, 소금물,
밀랍 등을 와인에 첨가하기도 했다. 과연
효용이 있었는지는 의문이다.

오랜 시간 동안 인류가 끊임없이 고심
한 와인의 변질 문제는 17세기에 등장한
와인병 덕분에 많이 사라졌다. 와인병이
대중화된 때는 1900년대부터다. 초기 유

유리병 등장 이전까지 널리 쓰인 나무통

리병은 두께가 얇고 가볍고 바닥은 대개 정사각형이었다. 이후 발전
을 거듭한 유리병은 1821년에야 통일된 공정으로 인가를 받는다.

와인병의 탄생은 코르크 마개의 발견으로 이어졌다. 고대 그리스에서는 코르
크에 송진을 발라 암포라를 봉인했는데, 이 방식이 17세기에 코르크 마개로 부활
한 것이다. 코르크는 유연성이 뛰어나고 젖으면 팽창하기 때문에 공기를 완벽하
게 차단할 수 있다.

와인병과 코르크의 발명은 와인 보관의 역사에 새로운 장을 여는 사건이다. 이
획기적인 발명품이 와인의 장기 보관을 가능하게 했기 때문이다. 과거에 와인 생
산자는 나무통(훨씬 더 이전에는 암포라)에 와인을 담아 상인에게 유통했다. 상인은 나
무통에 담긴 와인을 다시 되파는 식이었다. 이 때문에 와인은 유통 과정에서 공
기와 접촉될 수밖에 없어, 쉽게 산화되거나 오염되었다. 심지어는 상인이 와인을
속여서 파는 일도 빈번했다. 하지만 와인병과 코르크의 대중화 덕분에 와인 생산
자가 직접 와인을 와인병에 담아 출시했고, 이를 보증하기 위해 레이블을 부착하
기 시작했다.

우리가 와인 레이블에서 볼 수 있는 'MIS EN BOUTEILLE AU CHÂTEAU'나
'Estate Bottled'는 와인을 생산한 '생산자가 직접 와인을 병에 넣었다'는 의미이
다. 이후 와이너리에서는 와인을 직접 병입하고 보관·숙성하기 위해 지하 셀러

'MIS EN BOUTEILLE AU CHÂTEAU'는 샤토 무통 로칠드에서 최초로 표기했다

를 만들었다. 더불어 과학 기술이 비약적으로 발전하면서 와인 보관은 한결 간편해졌다. 대부분의 와이너리는 소비자에게 최상의 품질을 지닌 와인을 제공하기 위해 숙성이 가능한 지하 셀러를 구축해, 안전하고 이상적으로 와인을 숙성할 수 있게 되었다. 또한 가정에도 와인 셀러가 보급되어 소비자는 원하는 기간만큼 와인을 보관하고 내킬 때 마실 수 있다. 질소 충전기, 스토퍼 등 혁신적인 와인 액세서리도 등장해 한결 수월하고 편하게 와인을 보관할 수 있다.

와인은 숙성했을 때 풍미가 향상될 수 있는 몇 안 되는 저장 식품이다. 와인을 보관하는 이유가 여기에 있다. 셀 수 없이 다양한 품종과 스타일의 와인 중에는 장기 보관에 적합하지 않은 와인이 있는가 하면, 반면 아직 마시기 이른 와인도 있다. 이러한 '어린' 와인은 와인 셀러나 지하 저장고에서 숙성시켰을 때 한결 나은 품질을 보이기도 한다.

먼 옛날 고대 로마 시대에도 오래된 와인을 좋은 와인으로 치켜세우는 풍습이 있었다. 당시에는 와인을 장기 보관하기가 매우 어려웠기 때문이다. 그런데 와인 병과 코르크의 발명으로 와인 장기 보관이 가능해진 지금은 와인 셀러에서 오랜 기간 숙성하기보다는 바로 마셔야 하는 신선한 와인이 많다. 현재 생산되는 거의 모든 화이트 와인과 로제 와인은 어릴 때 신선하게 마시도록 양조된다. 레드 와인 또한 대다수는 1년 이내에 소비하는 게 좋다. 장기 숙성에도 버틸 수 있거나 혹은 장기 숙성으로 품질이 나아지게 만들어진 일부 고급 와인만이 셀러에서 숙성해야 할 대상이다.

그러면 와인을 장기 보관할 때 고려해야 할 점은 무엇일까? 사실 와인 냉장고 하나만 구비하면 모든 게 해결된다. 그런데 그게 말처럼 쉽지는 않다. 와인을 보관할 때에는 습도·온도·진동·빛 등 신경 써야 할 요소가 많기 때문에, 와인 초보자 입장에서는 다소 혼란스러울 수 있다. 그럼 습도, 온도, 빛, 진동이 와인에 어떤 영향이 있는지 살펴보자.

· 습도

와인 보관에 적당한 습도가 70% 정도라는 말이 있다. 그런데 습도 70%가 도대체 어느 정도일까? 한여름 철 비가 올 때가 습도 80% 정도, 비가 오지 않을 때가 70% 정도다. 여름철의 끈적끈적하고 불쾌한 느낌을 연상하면 된다.

그런데 과연 습도가 와인 보관에 중요한 문제일까? 결론부터 이야기하면 크게 상관 없다. 물론 와인을 나무통에서 숙성하고 보관하는 와이너리에서는 중요하다. 병이 발명되기 이전에 와인이 나무통으로 거래되고, 심지어 술집에서도 나무통에서 와인을 직접 따라 주던 시대에는 습도 역시 고려해야 할 요소였다. 하지만 지금은 와인이 병에 담겨서 나오니까 상황이 많이 달라졌다.

오크통과 유리병의 차이는 크다. 유리와 달리 오크통에는 투과성이 있다. 습도가 높아야 오크통의 미세한 기공을 통한 와인 증발을 최대한 막을 수 있다. 그런데도 오크통 안에 들어 있는 와인은 1년에 약 5~10% 정도 증발한다.^{QR} 와이너리에서는 증발한 만큼 와인을 채워주는 작업도 진행한다. 이를 프랑스어로는 우이야주ouillage라고 한다.

오늘날에는 와인을 유리병에 담기에 외부의 습도가 내부의 와인에 거의 영향을 미치지 못한다. 다만 와인병을 막고 있는 마개의 종류에 따라서 외부의 환경, 특히 산소가 병 내부로 유입될 가능성이 있다. 이에 대해서는 아직 갑론을박이 진행

중이기는 하지만, 코르크로 밀봉된 와인의 경우 연간 약 1mg의 산소가 유입이 된다는 게 정설로 여겨진다.

물론 이에 대해서 반박하는 연구도 많다. 필자가 여러 차례 인용한 맷 크레이머의 《와인력》에 따르면, 영국의 롱 애슈턴 연구소에서 최소 2년간 눕혀서 저장한 와인과 세워서 저장한 와인을 비교 분석한 실험에서 뚜렷한 차이가 없었다. 다만 세워서 보관한 와인은 눕혀서 보관한 와인보다 코르크 마개를 빼기가 훨씬 어려웠다고 한다. 코르크가 바짝 말라버렸기 때문이다. 가끔 말라 있는 코르크를 빼다가 코르크가 부러지는 경험을 할 수 있다. 이 경우 와인을 장기간 세워서 보관했을 가능성이 있다.

코르크로 잠시 이야기가 샜는데, 만일 천연 코르크로 밀봉된 와인을 장기 보관한다면, 코르크가 마르지 않도록 습도에 신경을 좀 쓰는 편이 좋다.

· **온도**

필자는 와인 보관에 가장 중요한 요소가 온도라고 생각한다. 땅덩이가 좁은 우리나라는 아파트 생활이 일상화되어 있다. 아파트라는 공간은 보통 한겨울에도 따뜻하게 유지되기 때문에, 아파트에 산다면 와인 보관에 조금 더 신경을 써야 한다.

사실 가장 이상적인 와인 보관 장소는 와인 셀러다. 다만 와인 셀러를 구비하기가 부담스럽다면 와인을 서늘하고 일정한 온도를 유지할 수 있는 곳에 보관하는 게 좋다. 그런데 서늘하고 일정한 온도라는 게 도대체 몇 도를 말하는 걸까? 바로 12~15℃다. 왜 그럴까?

12~15℃는 인류가 아주 오랜 경험에서 얻어낸 수치다. 와인을 기원전부터 만들어온 유럽에서는 지하에서 와인을 보관하면 오랜 시간이 지나도 와인의 맛이 변하지 않거나 간혹 더 좋아진다는 사실을 체득했다. 그 온도가 12~15℃다. 과학적으로 접근하면, 온도는 와인의 병 숙성에 영향을 준다. 즉, 와인의 품질에 있어서 가장 큰 변수가 온도다. 특히 추위보다 열이 그렇다. 열은 와인이 오래 숙성된 것

같은 맛이 나게 만든다. 기본적으로 와인의 병 숙성은 내부의 화학반응으로 진행되기 때문이다.

1900년대에 노벨상을 받은 스웨덴의 화학자 아레니우스Arrhenius는 평균 10℃가 증가할 때 화학반응이 평균 두 배 증가한다는 사실을 밝혔다. 열은 병 안 와인을 구성하는 여러 분자의 활동 속도를 빠르게 만든다. 분자들은 서로 충돌하면서 에너지를 생성하고, 그 에너지가 다른 분자들과 반응을 일으킨다.QR 결국 장시간 고온에 노출된 와인에서는 마치 오랫동안 나무통에서 숙성한 듯한 풍미가 난다. 와인에서 기대한 신선함이나 과실 향과 맛을 찾을 수 없게 된다는 뜻이다. 와인 전문가나 애호가는 이런 와인을 '끓었다'고 표현한다. 만약 여름철 30~40℃의 불볕더위에 와인을 실온에서 장기간 보관한다면, 병 안에서의 화학반응이 세 배 정도 빨라지면서 와인은 푹 익은 듯한 맛을 낼 것이다. 와인의 피크가 지나버린 셈이다. 특히 21℃부터 화학반응은 놀라울 정도로 빨라진다.

그렇다면 12~15℃를 모든 와인에 똑같이 적용해야 할까? 연구 결과에 따르면, 화이트 와인이나 스파클링 와인은 레드 와인보다 낮은 온도에서 보관하는 것이 좋다.QR 화이트 와인에서 가장 중요한 신선한 과실 향과 맛이 낮은 온도에서 잘 유지되기 때문이다. 화이트 와인은 레드 와인에 풍부하게 들어 있는 천연 항산화제인 폴리페놀이 상대적으로 적어 화학반응에 민감하고, 화이트 와인의 향을 발산하는 에스테르라는 성분이 열과의 산화작용에 민감하기 때문에 더 신경을 써야 한다.

와인의 보관에 있어서 온도가 더욱 중요한 이유는 높은 열이 와인병 안에 존재하는 공기를 팽창시킬 수 있기 때문이다. 온도가 높으면 와인 내부의 공기가 팽창하고 와인을 막고 있던 코르크가 밀려 나올 수 있다. 그러면 외부의 산소가 코르크가 완전히 막혀 있을 때보다 많이 유입될 가능성이 높다. 이렇게 유입된 산소는 와인을 산화시킨다. 이는 와인이 장시간 고온에 노출되는 것이 문제가 될 수 있음을 의미한다. 특히 온도 변화가 잦은 곳에서 와인을 보관했을 때 더욱 문제가 될 수 있다. 와인 내부의 공기가 수축과 팽창을 거듭하면서 코르크가 마치 펌프질하듯 밀려나올 수 있기 때문이다. 가끔 와인병의 코르크가 살짝 부풀어 오른 듯 빠져나와 있는 것을 볼 수 있다. 이 경우 와인이 높은 온도에서 장시간 보관되었을 수 있다고 의심해봐야 한다.

· 빛

온도만큼 중요한 것이 빛이다. 결론부터 이야기하면 와인에 직접 비추는 직사광선만 조심하면 된다. 직사광선이 와인병을 투과해 와인에 직접 영향을 미치기 때문이다. 이에 관해서 수많은 연구가 진행되었는데, 그로부터 얻은 명백한 사실은 이러하다. '강한 햇빛을 받은 와인은 산화된다.'**QR**

이를 과학적으로 풀어보면, 와인의 리보플라빈과 판토텐산이 자외선과 반응하고, 이 반응이 일종의 촉매제가 되어 와인의 아미노산이 산화되면서 여러 휘발성 물질이 생성된다. 그 결과 와인의 색이 퇴색하는데, 레드 와인은 벽돌색으로, 화이트 와인은 갈색으로 변한다. 또한 와인에서 식초 냄새가 나고 풍미가 약해지면서 맛이 밋밋해진다. 이런 현상은 레드 와인보다 화이트 와인에서 더 뚜렷하다. 앞서 언급했듯이 화이트 와인이 레드 와인보다 페놀릭 컴파운드, 즉 항산화 물질이 적기 때문이다.

와인병은 색에 따라 햇빛 투과율이 다르다. 가장 걱정해야 할 것은 투명한 와인병이고, 그다음은 녹색, 가장 안전한 것이 갈색이다. 물론 색이 더 진하면 진할수록 안전하다. 그래프를 보면 이해하기 쉽다.

다음 그래프는 유리를 연구하는 기관인 GTS Glass Technology Services가 조사한 자료의 일부다. 빛의 파장이 높아질수록 내용물 보호가 어렵다는 점을 보여준다. 갈색 병이 확실히 병 내부로 자외선 유입을 차단하는 데 효과적임을 알 수 있다. 다시 이야기해서, 갈색 병은 파장이 500nm가 조금 안 되는 지점부터 빛이 투과하

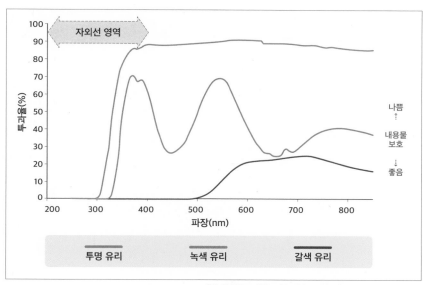

출처: The Effect of Ultraviolet Light on Wine Quality, Charleen Kelly, 2016

고, 녹색 병과 투명한 병은 이미 350nm가 안 되는 파장의 빛 즉, 자외선에 해당하는 부분부터 쉽게 통과한다. 특히 자외선의 끝부분인 375nm부터 그리고 가시광선의 초기에 속하는 440nm 사이의 빛이 와인에 가장 많은 영향을 미친다는 이 연구 결과를 토대로 한다면, 투명한 병과 녹색 병은 와인 보관에 있어서 그다지 신뢰할 수 없다는 결론이 나온다. 여기서 한 가지 질문이 생긴다. "그렇다면 와인병을 다 진한 색으로 만들면 되지 않을까?"

물론 가능하지만, 쉽지 않은 문제다. 왜냐하면 어떤 와인은 변질의 문제를 떠나서 외적인 아름다움을 마케팅 수단으로 중요하게 고려하기 때문이다. 샴페인이나 화이트, 로제 와인을 떠올려보자. 특히 이들 와인의 영롱하거나 아름다운 색이 어두운 병에 가려서 볼 수 없다면 이들 와인의 판매량은 급감할 수 있다. 희소식은 인공조명의 경우 와인에 별다른 영향을 미치지 않는다는 점이다. 쉽게 얘기해서 와인병에 직접 쏘이는 햇빛만 조심하면 된다. 그것도 투명한 병에 담긴 와인이라면 더더욱!

· 진동

진동 역시 전통적으로 와인 보관에 늘 위험 요소로 등장한다. 그런데 진동이 와인에 미치는 영향은 미미하다. 미국의 저명한 와인 대학인 캘리포니아 대학 데이비스UC DAVIS의 연구에 따르면, 적어도 공동현상에 이르기 전까지는 진동 작용만으로 와인에 어떤 영향도 끌어내지 못한다. 공동현상이란 극심한 진동 탓에 병 내부의 와인에 빈 공간이 형성되고 그 결과 와인이 쇠락하는 상태를 말한다. 사실 이런 현상은 일상생활에서 경험하기 힘들다. 다만 와인의 빈번한 이동은 한 가지 면에서 안 좋은 영향을 미칠 수 있다. 바로 와인의 침전물이 흩어지는 것.

이동과 진동은 분명 별개의 이야기긴 하지만, 와인을 움직이는 건 와인 내부의 미세한 입자들이 가라앉는 것을 방해한다. 혼탁한 와인은 와인 맛에 안 좋은 영향을 미칠 수 있다. 하지만 와인을 마시기 전에 안정을 취해주면 이 문제 역시 해결할 수 있다. 한편으로는 침전물이 꼭 나쁜 맛을 내는 것도 아니다. 그 맛을 즐기는 사람도 분명히 있다. 사실 이동에서 중요한 점은 와인을 흔드는 행위라기보다 그 과정에서 형성될 수 있는 불리한 환경에 있다. 온도 변화나 햇빛 말이다. 온도, 햇빛, 습도는 와인의 보관에 유의미한 영향을 줄 수도 있다고 얘기할 수 있지만, 진동은 크게 신경 쓰지 않아도 좋다.

종합하자면 와인을 보관할 때는 온도와 직사광선 정도만 조심하면 된다. 사계절 중에서 여름만 조심하면 된다. 즉, 한여름 트렁크에 와인을 장시간 넣어 놓는다든지, 직사광선이 비추는 한여름에 베란다에 와인을 보관하지 않으면 된다.

오픈한 와인의 생명력

필자 부부에게는 해당 사항이 없는 이야기지만, 생각보다 많은 사람이 와인 한 병을 온전히 비우지 못한다. 그런데 남은 와인을 언제까지 즐길 수 있을까? 결론부터 이야기하면 '와인마다 다르다'이다. 사실 여기서 이야기를 끝내도 무방하다. 와인은 종류와 스타일이 매우 다양하고, 오픈한 뒤에도 변화를 예측하기 매우 어렵다. 그 누구도 오픈된 와인을 '언제까지 마셔야 해'라고 단정할 수 없다. 다만 오픈한 와인을 보관할 때 지켜야 할 기본 원칙이 있다. 이건 와인의 스타일에 상관없이 동일하다.

첫째. 직사광선을 피하자.
둘째. 서늘한 온도에서 보관하자.
셋째. 공기와의 접촉을 최대한 피하자.

어디서 많이 본 내용일 텐데, 사실 오픈하지 않은 와인의 보관법과 다를 바 없다. 왜 직사광선을 피해야 하는 지, 왜 서늘한 온도에서 보관해야 하는지에 대해서는 앞서 설명했다. 셋째, 공기 중의 산소는 (와인의 오염에서 말했듯) 와인을 산화시키기 때문에 가장 조심해야 한다. 냉장고에 와인을 보관할 때는 가급적 세워놓는 것이 좋다. 미세한 차이이긴 하지만, 와인을 눕히면 병 내부의 공기와 접촉하는 와인의 표면적이 넓어져서 산화가 빨라진다. 남은 와인을 작은 병에 가득 차게 옮겨 담는 것도 좋다. 남은 와인의 양에 따라 용기의 사이즈가 달라지겠지만, 물을 담았던 용기를 추천한다. 그래야 와인에 다른 향이 배지 않는다. 필자는 투명한 병보다 색이 입혀진 병을 좋아해서 페리에 병을 활용한다.

요즘에는 오픈한 와인의 생명을 연장하는 도구가 많다. 이런 도구의 기능은 모두 같다. 병 내부의 산소를 최대한 없애는 것이다. 그중 가장 흔한 게 진공 펌프다. 와인 주둥이에 진공 펌프를 갖다 댄 다음에 펌프를 아래위로 움직이면 병 내부의 공기를 빼준다. 완벽하지는 않지만 그 나름대로 효과가 있다. 그다음 많이 활용하는 도구는 프라이빗 프리저브private preserve다. 얼핏 '에프킬라' 비슷하게 생겼는데, 안에 질소 가스가 충전되어 있다. 긴 막대를 본체와 연결해서 살충제를 쓰듯이 와인 내부에 질소 가스를 쏘면 된다. 참고로 산소의 원자번호는 8번, 질소는 7번으로 질소가 산소보다 가볍다. 이는 비중 차를 노린 것이 아니라, 병 내부의

진공 펌프(좌)와 프라이빗 프리저브

공기를 밀어내면서 산소를 희석하려는 목적
이다. 질소를 채운 와인병을 냉장고에 보관
하면 1~2주 정도는 본래의 향과 맛을 유지
할 수 있다.

이외에도 와인 마개 대용으로 쓸 수 있는
스토퍼가 많다. 개중에는 산소를 흡수하는
기능을 지닌 것도 있다. 애초에 코르크를 빼
지 않고 와인을 뽑아낼 수 있는 물건도 있
다. 바로 코라뱅coravin이다. 생긴 건 복잡하
지만 사용법은 정말 단순하다. 기구에 달린
바늘을 코르크에 깊숙이 찌른 다음에 버튼
을 누르면 와인이 졸졸 나온다. 코라뱅은 미
국에서 의료기기 사업가로 일하던 그렉 람
브레히트Greg Lambrecht라는 사람이 발명했
다. 그는 평소 와이프와 함께 와인을 즐기곤

코라뱅

했다. 그런데 아내가 임신하면서 혼자 와인을 마시는 날이 늘었고, 남는 와인의 컨
디션이 변하는 게 아쉬웠다. 그렉은 어떻게 하면 와인을 끝까지 신선한 상태로 마
실 수 있을지 고민하다가, 그가 소아 항암화학요법을 위해 개발했던 가느다란 주
사에서 아이디어를 얻는다. 아이디어가 코라뱅이라는 제품으로 현실화하기까지
는 8년이 걸렸다. 제품이 완성된 후에도 첫 제품을 유통하는 데 추가로 2년이 더
걸렸다고 한다. 코라뱅의 'cor'은 라틴어로 '심장'이라는 뜻이다. 'vin'은 '와인'. 처
음에 코라뱅은 광적인 와인 애호가를 위한 상품으로 타깃을 잡았다가 점차 와인바
나 레스토랑, 와이너리 등으로 수요가 확대되었다. 이제는 세계 곳곳에서 볼 수 있
는 인기 제품이다. 그러면 와인의 스타일에 따라 개봉 후 최적의 향과 맛을 언제까
지 유지할 수 있는지 알아보자.

오픈한 와인의 생명력

· 스파클링 와인

스파클링 와인은 땄으면 가급적 다 비우는 편이 좋다. 스파클링 와인은 기포가 생명인데, 오픈 직후부터 기포가 빠르게 감소하기 때문이다. '김빠진 콜라'처럼, 기포가 없는 스파클링 와인을 누가 마실까? 차라리 화이트 와인을 마시지. 물론 스파클링 전용 스토퍼를 사용한다면 조금 더 보관할 수는 있다.

스파클링 와인 전용 스토퍼는 일반 와인병보다 두껍게 디자인된 스파클링 와인병에 꼭 맞게 설계되어 있어서 기포가 손실되는 걸 최대한 막아준다. 스파클링 와인을 한 잔씩 서비스하는 레스토랑이나 와인바 혹은 와이너리에서 흔히 활용한다. 필자 생각으로는 100%는 아니지만 꽤 효과가 있다고 본다. 물론 갓 오픈했을 때의 왕성함과는 비교할 수 없다. 스파클링 와인은 막 따서 마신 첫 잔이 진리다.

프랑스의 샴페인처럼 2차 병 발효를 거쳐 만든 스파클링 와인이 오픈한 뒤에도 기포가 조금 더 오래가는 편이다. 이탈리아의 모스카토 다스티Moscato d'Asti처럼 2차 병 발효 없이 탱크에서 대량 생산된 스파클링 와인은 기포가 약한 편이다. 이런 와인은 땄다면 웬만하면 다 마시는 게 좋다. 혼자 마시기 어려우면 지인을 불러서 함께 마시자. 스파클링 와인만큼 혼자 마시기 외로운 술이 또 없다.

· 일반 레드, 로제, 화이트 와인

과실 향이 풍부하고 오크 숙성을 거치지 않은 라이트한 바디의 화이트 와인은 냉장고에서 일주일 정도는 버틴다. 오히려 오크 숙성을 거친 무거운 화이트 와인이 3~5일 정도로 짧은 편이다. 오크 숙성을 통해서 다채로운 플레이버가 이미 입혀진 상태이기 때문에 오픈 후에는 특유의 캐릭터가 변하게 될 가능성이 높다. 가진 게 많으면 잃을 것도 많은 셈이다.

레드 와인도 풀 바디한 화이트 와인과 비슷하게 3~5일 정도다. 레드 와인은 변수가 많기 때문에 숫자로 단정하기 매우 어렵다. 다만 탄닌과 산도가 풍부한 스타일의 레드 와인은 천천히 변한다. 피노 누아나 가메Gamay처럼 색이 밝은 레드 와인은 오픈한 뒤에는 좀 더 조심해야 한다. 카베르네 소비뇽이나 쉬라즈, 말벡Malbec처럼 색이 진한 와인은 캐릭터 변화가 천천히 진행된다. 드물지만 어떤 와인은 오히려 오픈한 뒤에 더 좋은 향과 맛을 보여주기도 한다. 병에서 10년 이상 저장된 올드 빈티지 와인은 공기와의 접촉을 더욱 조심해야 한다. 이미 병 안에서 화학작용이 진행될 대로 된 터라 여는 순간 빠르게 힘을 잃는다.

· 포티파이드 와인

알코올이 높은 포티파이드 와인은 냉장고에 두면 한 달까지도 큰 변화 없이 즐길 수 있다. 소주, 위스키, 브랜디처럼 알코올 도수가 높은 증류주를 실온에서 보관해도 상관없는 것과 마찬가지다. 물론 포티파이드 와인의 경우 알코

올 도수가 20% 정도로, 40%에 육박하는 증류주에 비하면 알코올 도수가 낮은 편이다. 이 점을 고려해야 한다. 전문가들은 대략 한 달 정도는 품질의 변화 없이 즐길 수 있다고 말한다. 대부분의 포티파이드 와인은 마개도 마치 위스키나 브랜디처럼 빼고 막기 쉽게 T자형으로 디자인되어 있기 때문에 오래 보관하기가 더욱 간편하다.

√ 남은 와인 활용법

남은 와인을 활용하는 가장 좋은 방법은 뱅쇼 Vin Chaud나 상그리아Sangria를 만드는 것이다. 뱅쇼는 프랑스어로 끓인 와인이라는 뜻이다. 와인에 여러 과일이나 향신료를 넣고 끓여서 만든 일종의 따뜻한 칵테일이다. 한겨울에 호호 불면서 마시면 몸을 따뜻하게 녹일 수 있어서 유럽에서는 겨울철 거리에서 파는 모습을 흔히 볼 수 있다. 상그리아는 반대로 여름철에 즐기기 좋은

차가운 와인 칵테일이다. 사과나 오렌지, 레몬 등 자기가 좋아하는 과일을 썰어서 통에 넣고 와인을 부어주면 끝이다. 단맛을 원하면 꿀이나 설탕을 넣으면 된다. 보통 하루 정도 숙성시키는데, 그냥 만들자마자 사이다나 탄산수를 섞어서 얼음 동동 띄우면 여름철에 마시기 정말 좋은 칵테일이 완성된다. 재료 섞는 것조차 귀찮다면 와인에 탄산수만 섞어도 스프리처Spritzer라는 칵테일로 탄생한다. 여기에 약간의 레몬즙이나 레몬 슬라이스만 넣어도 칵테일바 부럽지 않다.

남은 와인을 요리에 활용할 수도 있다. 소스를 만들어도 되고, 레드 와인으로는 고기를 재워도 좋고, 화이트 와인을 활용해서 생선의 비린내를 없앨 수 있다. 와인을 넣은 요리도 많다. 대표 요리가 뵈프 부르기뇽Boeuf Bourguignon이다. 고난도이긴 한데 홈메이드 와인 식초를 만들 수도 있다. 와인 한 병 분량인 750ml에 천연 식초를 1/10, 그러니까 75ml 정도를 넣어서 2~3주 정도 서늘한 곳에 보관하면 와인 식초가 된다. 오픈한 와인을 실온에서 그냥 방치하면 와인은 서서히 식초화된다. 와인 내부에 다른 이물질이 들어가지 않는 한 알코올음료인 와인이 상하지는 않는다. 실제로 와인을 생산하는 나라에서는 와인을 솜씨 좋게 산화해서 와인 식초를 만들고 있다. 물론 와인을 그냥 둔다고 좋은 식초가 되지는 않는다.

✓ **칵테일과 와인의 쿨한 랑데부**

와인 베이스 칵테일이라고 하면 왠지 거창한 것 같지만 차갑게 칠링한 와인 한 병이면 당신도 훌륭한 바텐더가 될 수 있다. 필자가 오래전 유명 바텐더에게 '전수' 받은 뒤로 여름에 종종 만들어 먹는 칵테일 네 종을 소개한다.

· **와인 스프리처** Wine Spritzer

· 재료　　　화이트 와인 70~80㎖

스프라이트 적당량

기호에 따라 시럽 적당량

오렌지 슬라이스 1개

레몬주스 2티스푼

· 만들기　　1. 준비한 잔에 얼음을 넣는다.

2. 차갑게 칠링한 잔에 화이트 와인과 레 몬주스를 넣고 젓는다.

3. 잔의 여분에 스프라이트와 시럽을 반반씩 넣고 섞는다.

4. 오렌지(기호에 따라 계절 과일)로 장식한다.

오스트리아 잘츠부르크에서 탄생한 와인 칵테일. 화이트 와인의 상큼함과 발랄함이 스프라이트의 청량한 기포와 섞여 입안에서 춤을 추듯 상쾌한 느낌이 일품이다. 특별한 재료 없이 누구나 간단하게 만들어 마실 수 있는 칵테일이다. 가니쉬는 취향에 따라 레몬이나 라임으로 바꿔도 좋다.

· **와인 벅** Wine Buck

· 재료　　　레드 와인 60㎖

레몬주스 15㎖

진저 에일 적당량(한 잔당 반 캔 정도)

라임 슬라이스 1개 또는 적포도

· 만들기   1. 준비한 잔에 얼음을 넣는다.

               2. 차갑게 칠링한 잔에 진저 에일을 넣는다.

               3. 준비한 레드 와인을 진저 에일 위에 모양을

                  내서 뿌린다.

               4. 라임으로 장식한다.

무더운 여름에 자주 찾는 청량음료와 같이 가볍고 상쾌한 맛을 원하는 이에게 안성맞춤. 잘 알려져 있는 진 벅Gin Buck을 응용해 진 대신 레드 와인을 넣는다. 진과 레몬주스만을 사용한 것을 진 레몬이라고 하는데, 여기에 진저 에일을 첨가하면 벅이 된다. 즉, 술과 레몬주스와 진저 에일이 혼합된 음료를 벅이라고 한다. 더운 여름날이나 일을 끝마친 후에 시원하게 마시기에 최적이다.

· **그라니타 Granita**

  · 재료   레드(화이트) 와인 60㎖

              패션프루트(화이트 와인일 경우 망고)

              생과일이나 퓨레 그리고 시럽 추가

  · 만들기   1. 모든 재료를 핸드 블렌더 등을 이용해

                 잘 혼합한 뒤 용기에 넣고 얼린다.

               2. 적당히 얼었을 때 포크나 칼 등으로 뒤적여 부스러지는 듯한 질감을

                 만들어 다시 얼린다.

               3. 먹기 전 용기에 담아 서브한다.

'석영'이라는 뜻의 그라니타는 본래 이탈리아 시칠리아의 전통적인 얼음 디저트를 변형하여 레드나 화이트 와인으로 만든 칵테일. 팥빙수를 연상시키지만, 외관으로 보나 맛으로 보나 칵테일을 좋아하는 사람에게는 그야말로 최고의 디저트로 손색이 없다. 입안을 시원하게 자극하는 얼음과 은은하게 배어 있는 와인의 풍미는 무더운 여름 미각과 원기를 회복하기에 안성맞춤이다.

· 와인 모히토 Wine Mojito

- · 재료　　　보드카 30㎖

　　　　　　화이트 와인 60㎖

　　　　　　샴페인(혹은 스파클링 와인) 60㎖

　　　　　　라임 1/2

　　　　　　청포도 3~4개

　　　　　　설탕 1tsp

　　　　　　민트 잎 6~7장

- · 만들기　　1. 차갑게 칠링한 잔에 라임, 청포도, 설탕, 민트 잎을 넣고 으깬다.

　　　　　　2. 보드카와 화이트 와인을 잔에 함께 넣고 채운다. 만약 낮은 도수의 칵테일을 원한다면 보드카는 생략해도 좋다.

　　　　　　3. 잘게 부순 얼음과 샴페인을 함께 잔에 채우고 마무리한다.

작가 어니스트 헤밍웨이가 사랑한 칵테일 모히토. 헤밍웨이가 "나의 모히토는 라 보데기타 델 메디오La Bodeguita del Medio에 있다"라는 말을 남겨 더욱 유명해졌다. 이곳은 이제 여행객이 찾는 유명 관광지가 됐다. 민트와 신선한 라임이 어우러져 더운 여름철에 한 잔 마시면 갈증이 해소되는 모히토의 와인 버전이다.

와인의 칼로리

　와인의 칼로리를 본격적으로 이야기하기 전에, 알코올의 칼로리를 먼저 짚고 넘어가자. 와인도 결국 마시면 취하는 알코올음료다. 술, 그러니까 알코올에도 칼로리가 있다. 그램g당 7kcal다. 쉬운 예로 소주 한 병은 403kcal의 열량을 낸다. 밥 한 그릇이 300kcal 정도이니 알코올이 꽤 많은 열량을 내는 셈이다. 다만 알코올은 3대 영양소인 탄수화물, 단백질, 지방과는 조금 다르다. 3대 영양소는 열량으로 소비되고 남은 것은 몸에 저장되고 천천히 산화한다. 하지만 알코올은 대부분 저장되지 않는다.

　그러면 술만 마시면 살이 찌지 않을까? 물론 알코올 중독이라면 그럴 수도 있겠지만, 대개는 술을 마실 때 안주든 밥이든 무언가를 함께 먹는다. 우리 몸은 독소인 알코올을 우선적으로 분해한다. 알코올은 체내에 들어오면 알코올 탈수소효소라 불리는 ADH에 의해 아세트알데하이드라는 물질로 변한다. 이게 다시 알코올 분해효소인 ALDH의 작용으로 초산이 되었다가, 최종적으로 물과 탄산가스로 분해되어 체외로 배출된다. 즉 알코올은 우리 몸이 즉각적으로 분해해서 배출해야 하는 '노폐물'로 인식하는 셈이다.

알코올을 분해하는 과정에서 생기는 아세트알데하이드는 분해 과정에서 많은 독성을 배출한다. 이 때문에 인체 내에서 여러 장애를 유발한다. 머리가 아프고 얼굴이 빨개지거나 맥박과 호흡이 빨라지는 등의 증상이다. 심하면 토하기도 하고 인사불성이 되기도 한다. 문제는 알코올이 분해되는 과정에서 음식에서 비롯한 탄수화물, 단백질, 지방의 대사가 지연된다는 점이다. 즉 같이 먹은 음식이 열량으로 소비되지 못하고 그대로 흡수된다. 또한 알코올의 대사 산물인 아세트알데하이드는 지방 분해를 방해한다. 알코올로 섭취한 칼로리만큼 우리 몸에서 원래 타야 할 지방이 타지 않는다는 뜻이다. 쉽게 말해서 술과 함께 먹은 음식은 고스란히 지방으로 쌓인다. 심하면 알코올성 지방간이 된다.

이제 와인의 칼로리를 살펴보자. 기본적으로 와인의 칼로리는 두 가지에서 비롯한다. 알코올과 잔여당. 둘 다 와인 스타일에 따라 편차가 있다. 알코올의 경우 모스카토 다스티처럼 5.5% 정도인 것에서부터 20%가 넘는 포티파이드 와인까지 다양하다.

잔여당은 와인을 마실 때 '달다'라고 느끼게 해주는 요소를 말한다. 와인은 포도즙이 효모에 의해 발효돼서 만들어지는 술이다. 어떤 이유로든 효모가 미처 발효하지 못한 당이 와인에 남게 되면 잔여당이 존재한다. 포도의 당은 대부분 포도당과 과당이고, 포도당은 그램당 4kcal, 과당은 포도당보다 살짝 적은 열량을 낸다.QR 잔여당은 알코올과는 달리 영양학적인 가치가 있기 때문에 체내에 흡수돼서 축적될 수 있다. 당연한 이야기지만, 달콤한 와인은 그렇지 않은 와인보다 칼로리가 높다. 또한 드라이한 와인도 느끼지 못할 뿐이지 소량의 잔여당이 있는 경우가 많다.

일반적으로, 테이블 와인의 경우 100ml당 칼로리를 약 80~85kcal 정도 함유하고 있다. 와인 한 잔(150ml) 기준으로는 약 120~130kcal 정도다. 레드 와인과 화이트 와인의 칼로리 차이는 크지 않지만, 앞서 이야기했듯, 잔당이 함유된 스위트 와인이나 알코올 도수가 상대적으로 높은 포티파이드 와인의 경우 이보다 더 많은 칼로리를 가지고 있다고 생각하면 쉽다. 간혹 와인의 백 레이블에는 해당 와인의 칼로리가 표기되어 있는 경우도 있으니, 참고하자.

코르크와 와인병 마개

시중에 판매되는 와인의 약 30% 이상이 코르크가 아닌 마개로 밀봉된다. 오랜 시간 와인병의 단짝으로 와인의 오염을 막아준 코르크 마개는 과거에는 대체할 것이 없었다. 그러나 현대에는 여러 마개가 등장하면서 점차 자리를 내주고 있다. 사실 코르크 마개는 만들기 까다롭고 인력 소모가 심한 노동집약적 산업이다. 또한 코르크 참나무의 껍질로 마개를 만들기 때문에 자원의 한계성도 분명히 존재한다. 심지어 아무리 잘 만든다고 해도 그 자체가 나무에서 온 천연 물질이기 때문에 TCA 위험에서 완전히 벗어날 수 없다. 이런 이유로, 코르크 마개를 대체하는 마개들이 등장하고 있다. 이들은 천연 코르크 마개와 비교해 TCA 오염에서 안전한 편이며, 심지어 밀봉력도 우수하다.

물론 그렇다고 코르크 마개가 완전히 사라질 거라고 생각하지는 않는다. 코르크 마개가 지닌 전통성이라든지, 말로 표현하기 힘든 일종의 감수성은 소비자에게 여전히 유효하다. 생각해보자. 한 병에 수백만 원 하는 와인이 스크루캡으로 밀봉되어 있을 때 어떤 생각이 드는지. 혹은 매우 전통적이고 역사적인 와이너리인 샤토 마고Château Margaux가 하루아침에 그들이 생산하는 모든 와인을 스크루캡으

로 밀봉한다고 선언한다면? 아마 많은 와인 소비자가 쉽사리 납득하기 어려울 것이다. 코르크는 단순히 실리만 따지기에 너무나 긴 시간 쓰여왔고, 그 시간 동안 축적된 역사가 있다.

이 챕터에서는 아직은 가장 흔하게 볼 수 있는 코르크 마개에 관해 살펴보고 이를 대체하는 마개들도 간단히 소개한다.

코르크 마개

한때 코르크는 와인을 밀봉하는 데 가장 효과적이며 유일한 수단이었다. 코르크는 조직 자체의 탄력성과 내부 밀집도 덕분에 와인과 공기의 접촉을 거의 완벽하게 막을 수 있다.

코르크 마개는 와인만큼이나 온도와 습도에 민감하다. 그래서 좋은 품질의 코르크로 마개를 만들어야 한다. 코르크를 현미경으로 관찰하면 벌집 모양의 다각형 조직 세포 수십만 개가 꽉 차 있는 걸 볼 수 있다. 다각형 세포 내부는 다량의 질소가 포함된 가스로 차 있기 때문에 무게가 매우 가볍다. 일반적으로 병을 막기 전의 코르크 마개는 직경이 24mm 정도로 와인 병목의 직경보다 더 크다. 이는 코르크 마개를 병목에 끼워 넣었을 때 코르크의 탄성을 이용해 입구를 완전히 밀폐하기 위함이다. 또한 코르크는 열전도율이 낮은 데다 잘 썩지 않는 특성도 있다.

코르크는 코르크참나무에서 얻는다. 코르크참나무는 부피 생장, 즉 형성층의 세포분열에 의해 줄기가 굵어진다. 이때 줄기를 보호하는 보호조직(껍질)이 코르크 마개를 만드는 재료가 된다. 좋은 코르크를 만들기 위해서는 이 껍질이 성장할 수 있는 시간, 즉 적어도 45년의 세월이 필요하다.

코르크참나무는 지중해 서쪽 지방을 중심으로 분포한다. 대표적인 곳이 전 세계 생산량의 50% 이상을 차지하는 포르투갈과 스페인이다.^{QR} 이외에도 알제리, 모로코, 튀니지, 프랑스 등에 분포한다. 코르크참나무가 잘 성장하려면 연간 강수량 400~600mm, 풍족한 일조량과 습도, 온화한 기온이 필수적이다. 학자들에 따르면 -5℃ 이하에서는 성장이 저하된다.

오로지 코르크참나무의 껍질로만 만들던 코르크 마개는 이제 합성 코르크나 인조 코르크가 그 자리를 대신한다. 굳이 비싼 천연 코르크 마개를 사용하지 않아도 충분히 와인을 안전하게 밀봉할 수 있다. 그런데도 코르크참나무에서 얻은 최고급 코르크 마개가 세계 최고 와인의 마개로 쓰인다. 와인 매거진 《와인스펙테이터》는 매해 세계 최고의 와인 100가지를 꼽는데, 2016년에 뽑은 세계 100대 와인 중 89종이 천연 코르크 마개를 사용했다고 밝혔다. 여전히 가장 가치 있는 와인의 마개로 최고급 코르크 마개가 꼽히는 셈이다.

최고급 코르크 마개가 어떻게 만들어지는지 간단히 살펴보자.

· 수확

코르크참나무에서 껍질을 벗겨내는 게 시작이다. 좋은 시기는 6월 중순부터

껍질을 벗긴 코르크참나무

코르크참나무 껍질

8월 중순인데, 이때 수액이 덜 나오기 때문이다. 좋은 와인을 만들기 위해 포도 수확에 만전을 기하듯, 만약 적기에 껍질을 벗겨내지 못하면 달갑지 않은 나무 향이 나거나 코르크 조직이 무르는 등 양질의 코르크를 얻기 어렵다.

코르크참나무 수령이 25~30년 이상이 되면 지름이 25cm가 되어 비로소 껍질을 벗겨낼 수 있다. 그런데 이 껍질은 사실 별로 가치가 없다. 최고급 코르크를 만들기 위해서는 세 번째로 벗겨낸 껍질이 필요하다. 두 번까지 벗겨낸 껍질은 알갱이로 부수거나 가루를 내 저렴한 코르크 마개를 만들거나 집의 단열재 등의 용도로 쓰인다. 1년에 약 4mm 정도 성장하는 코르크나무는 벗겨내기를 한 뒤 9~15년 정도 지나야 다시 껍질을 벗겨낼 수 있다. 즉, 첫 번째 벗겨내기 후 최소 20년이 지나야 비로소 세 번째로 껍질을 벗겨낼 수 있고, 이걸로 최고급 코르크가 탄생한다.

· 건조와 끓이기

벗겨낸 코르크 껍질은 통풍이 잘되는 곳에서 겨울이 지날 때까지 약 6~12개월 정도 건조한다. 중요한 건 내부가 아닌 외부에서 건조하는 것이다. 이때 코르크 껍질은 비, 바람, 햇빛을 그대로 맞으면서 안 좋은 플레이버가 날아가고 조직의 결이 단단해진다.

건조된 코르크 껍질은 45~90분 동안 끓는 물 속에 넣는다. 이를 부이야주 bouillage라고 한다. 전문가의 판단에 따라 두 번 끓이기도 한다. 부이야주는 코르크의 탄력성과 유연성을 개선하고, 코르크 조직 내에 남아 있을 수 있는 수용성 페

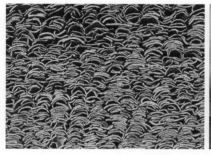

건조 중인 코르크 껍질(좌)과 부이야주

놀 성분을 제거하는 효과가 있다. 부이야주가 끝난 코르크 껍질은 2~4주 동안 습도가 조절되는 공간에서 안정화 과정을 거친다. 비로소 자르기 좋은 평평한 모양의 판 상태가 된다.

· **자르기와 소독**

건조가 끝난 코르크판은 우선 등급을 매기고 작업하기 좋게 절단한다. 그다음 우리가 아는 코르크 마개의 둥그런 형태로 자른다. 자르기는 수작업과 기계 작업을 병행한다. 당연하지만 수작업으로 만든 것들이 고급 와인에 쓰인다. 자르기는 신중해야 하는 작업이다. 어떤 방향으로 어떻게 자르느냐가 코르크판의 조직을 잘 이용할 수 있는 중요한 포인트다. 특히 나

자르기

무껍질이 코르크에 들어가지 않도록 세심하게 주의해야 한다. 둥글고 길쭉한 형태로 잘린 코르크에는, 이미 끓는 물에 소독했지만, 미생물이 번식할 수 있는 많은 위험 요소가 있다. 이를 방지하기 위해 살균 처리가 필수이다. 과거와 달리 많은 곳에서 TCA 위험을 피하고자 마이크로웨이브,

오존, 스팀 추출 등 여러 기술을 활용한다.

· 건조와 선별

코르크는 본래 나무에서 온 천연 재료이다 보니, 습도가 높은 환경에서는 곰팡이나 세균 감염의 위험이 있다. 그래서 소독을 빠르게 진행하고 원심분리기나 열 혹은 자연 태양열에 건조한다. 건조된 코르크는 자동 선별 기술을 통해 결함이 있는 코르크를 제거한다. 1차 선별 작업을 통과한 코르크도 품질에 따라 수작업으로 재선별하는 작업이 또 필요하다.

· 코르크 인장과 파라핀(실리콘) 입히기

최고급 코르크는 와이너리의 요청이나 코르크 회사 자체의 로고 등을 새겨 넣어서 다른 코르크와 차별점을 둔다. 인장은 잉크로 저렴하게 새길 수도 있고 열을 이용할 수도 있다. 물론 후자가 보기에는 좋지만 시간과 인건비가 많이 든다. 인장을 마치면 비로소 파라핀이나 실리콘을 입힌다. 갓 만든 코르크 마개의 거친 표면을 우리가 아는 매끄럽고 부드러운 촉감으로 만들기 위한 처리다. 파라핀이 전통적인 방법이지만, 실리콘이 파라핀에 비해 열처리 과정에서 더 안정적이기 때문에 점점 더 늘고 있다. 드디어 완성된 코르크 마개는 몇 가지 검사 후에 비로소 출하한다. 실로 복잡하고 오랜 시간이 걸려야 수십 년 동안 와인을 보호해주는 최고급 코르크 마개가 탄생한다.

스파클링 와인 마개

기포가 있는 와인인 스파클링 와인은 병 내 기압이 일반 와인에 비해서 높다. 특별히 두꺼운 병을 쓰는 동시에 마개도 특별히 고안된 스파클링 전용 마개를 써

야 한다. 18세기에 루이 15세는 샴페인의 병입
에 관한 칙령을 발표하고 이를 문서화했다. 당
시 샴페인을 만드는 와이너리의 노동자들은 코
르크 마개를 손으로 눌러서 병을 막은 후 노끈으
로 허술하게 고정했다. 그러다가 병 내 압력에
밀려 튀어나온 코르크 마개에 맞아 실명하는 경
우도 있었다. 그래서 지하 셀러에서 일하는 노동
자들은 얼굴을 보호하기 위해 철사로 만들어진
마스크를 착용했다. 이 작업에 기계가 도입된 때
는 20세기가 되어서다.

　스파클링 와인을 한 번이라도 오픈해봤으면 버섯 모양의 코르크 마개를 떠올릴
수 있을 것이다. 사람들은 흔히 스파클링 와인 마개가 원래부터 버섯 모양이라고
오해한다. 사실 스파클링 와인 코르크도 일반 코르크처럼 일자 형태다. 다만 끼워
넣는 과정에서 아랫부분이 수축하는데, 오랜 시간 그 상태로 보관이 되기 때문에
빼낸 직후에 버섯 모양이 된다. 이 버섯 모양의 코르크는, 매우 장기간 끼워져 있
지 않는 한, 빼낸 뒤 일정 시간이 지나면 대개 원래의 원통형 모양으로 돌아온다.
스파클링 와인 마개의 직경은 31mm이며, 병에 끼워지면 18mm까지 줄어든다.
끼워진 뒤에도 계속해서 본래의 형태를 되찾으려는 성질이 있기 때문에 스파클링
와인을 완벽하게 밀봉할 수 있다.

　스파클링 와인 코르크는 크게 두 섹션으로 이루어졌다. 마개의 바닥 부분은 두
개의 천연 코르크가 서로 겹쳐 있다. 와인과 지속해서 접촉하는 바닥을 미러라고
부른다. 머리 부분은 코르크 알갱이를 접착해서 붙인 접착 코르크다. 코르크 알갱
이를 접착할 때 쓰는 접착제는 FDA 승인을 받은 것만 사용할 수 있다.

리코르킹 RECORKING

리코르킹은 말 그대로 코르크 마개를 교체하는 걸 말한다. 물론 리코르킹하는 와인은 매우 드물다. 최고급 와인에 해당하기 때문이다.

와인은 시간이 지날수록 코르크의 미세한 틈새로 수분이 증발하기 때문에 양이 줄어든다. 와인병 속에 공기가 들어찬 부분을 얼리지ullage라고 하는데, 시간이 지날수록 얼리지가 점점 늘어난다. 이는 그만큼 공기가 유입된 것으로 와인이 산화될 확률이 높다는 의미다. 전문가들은 코르크와 코르크를 싸고 있는 알루미늄 호일의 상태와 얼리지를 보고 와인의 상태를 짐작한다.

리코르킹이 결정되면 코르크 마개를 연다. 와인이 공기에 노출되는 시간을 최소화하기 위해 와인병에 질소 가스를 뿌려 산소를 희석한다. 그다음 테이스팅에 필요한 소량만 잔에 따른 후 임시 마개를 씌운다. 와인이 아직 더 숙성할 만큼 상태가 좋다고 판단되면 해당 와인과 동일한 와인 중 가장 최근에 출시된 빈티지 혹은 같은 와인의 동일 빈티지 와인을 채운다. 새 코르크로 병을 막고 밀봉한다. 전문가의 서명과 리코르킹 날짜가 적힌 새 레이블을 붙여 마무리한다.

리코르킹을 반대하는 와인 애호가도 있다. 이들은 병을 오픈하면 이미 그 와인은 오리지널 와인으로 볼 수 없다고 여긴다. 특히 얼리지를 채우기 위해 다른 와인을 넣으면 본래의 와인 맛을 잃는다며, 오리지널 상태 그대로 보관하기를 선호한다.

√ 대체 마개

  시중에서 쉽게 찾아볼 수 있는 대체 마개는 합성 코르크와 스크루캡이다. 합성 코르크는 이름에 '코르크'가 있지만 천연 코르크가 1%도 섞이지 않았다. 천연 코르크처럼 작용하도록 설계된 플라스틱 화합물이다. '합성'이라고 해니 안 좋은 느낌이 들지만, 와인에 어떤 영향도 미치지 않는다. 외려 재활용이 가능하고 TCA 오염에서 천연 코르크보다 훨씬 자유롭기 때문에 많은 와인 생산자가 선호한다.

  돌려 따는 마개인 스크루캡은 저렴한 가격과 안정성 때문에 전 세계에서 매우 활발하게 쓰인다. 특히 뉴질랜드의 경우 생산되는 와인

의 90%를 스크루캡으로 밀봉한다.^{QR} 일부

와인 전문가는 스크루캡으로 밀봉한 와인의 장기 숙성에 의문을 표하지만, 여러 연구에 따르면 전혀 문제가 없거나 오히려 발전된 모습을 보여준다. 뉴질랜드의 대표 와이너리인 빌라 마리아Villa Maria는 2002년부터 지금까지 20년 넘게 모든 와인에 스크루캡만 사용해왔다. 빌라 마리아의 연구진은 스크루캡과 코르크로 밀봉해 숙성한 와인을 수없이 많이 비교했다. 이들은 스크루캡은 코르크가 지닌 모든 변수에 대해서 걱정할 필요가 없다고 강조한다.

  마지막으로 유리로 만든 비노락이 있다. 재질이 유리이기 때문에 와인의 향과 맛에 전혀 영향을 주지 않는다. 또 재활용이 가능하고 완벽하게 병 입구에 맞춰 설계되기 때문에 산소 유입 걱정이 없다. 남은 와인을 보관할 때 쉽게 끼워서 보관할 수도 있어 점점 더 많은 소비자가 선호한다. 비노락

의 유일한 문제는 일반 와인병에 맞지 않는다는 점이다. 이 때문에 비노락을 쓰려면 병 디자인을 바꿔야 한다. 쉽게 얘기해서 가격이 비싸다. 유일한 문제이지만, 가장 큰 문제이기도 하다.

와인 레이블

레이블 없이 와인의 정보를 유추하는 것은 불가능에 가깝다. 어느 상품이든 마찬가지겠지만, 특히 와인은 헤아릴 수 없을 만큼 종류가 많다. 레이블은 와인의 메시지를 전달하는 이력서이자 와인을 표현하는 얼굴이다. 고대에는 토기에 와인을 담은 뒤 뚜껑을 막기 위해 진흙으로 밀봉했다. 그 위에 와인 정보를 간단히 새겼다. 와인 레이블의 시초인 셈이다.

이후 토기에서 암포라로 다시 나무통으로 저장 수단이 변했지만, 레이블 즉 와인의 정보를 표기하는 방식에는 거의 변화가 없었다. 파거나 새기거나 둘 중 하나였다. 하지만 유리병이라는 인류 최대의 발명품이 세상에 빛을 보고 대중화하면서 와인 레이블도 서서히 변화를 겪는다.

18세기 전까지 가장 대중적인 레이블의 형태라면 와인 병목에 양피지를 줄로 엮어서 만든 것이다. 기록에 따르면, 가장 오래된 양피지는 샴페인의 창시자로 알려진 동 페리뇽Dom Pérignon 수사가 관리하던 와인병에서 발견되었다. 포도 재배, 와인 양조와 보관에 열정을 보인 그는 와인 창고에서 와인을 구분하기 위해 와인 정보를 양피지에 적어 병목에 달아놓았다.^{QR}

최초의 상업적 레이블을 탄생시킨 사람은 프랑스 보르도 유력 가문의 수장인 아르노 드 퐁탁Arnaud de Pontac으로 알려졌다. 그는 이미 17세기부터 와인에 포도 품종과 생산지를 분명히 밝혔다. 보르도 최고 법원을 이끄는 귀족이었던 퐁탁 가家는 아르노 드 퐁탁의 할아버지가 16세기에 '오브리옹'이라는 성을 지어놓은 그라브 지방에 무려 38만 제곱미터에 달하는 포도밭을 가지고 있었다. 바로 지금의 샤토 오브리옹이다. 당시 아르노 드 퐁탁은 재산이 넉넉했던 만큼 좋은 포도만 골라서 와인을 빚거나, 한 번 사용한 통을 재활용하지 않는 방식으로 와인의 질을 높일 수 있었다. 그런데 정작 그가 관심을 기울인 부분은 마케팅이었다. 그는 그라브의 포도밭에서 생산된 와인에는 '오브리옹'이라는 이름을, 그 외 지방에서 생산된 와인에는 '퐁탁'라는 이름을 기록한 레이블을 만들어 고급

샤토 오브리옹

제품에 민감한 런던의 와인 시장을 공략했다. 이는 일시에 성공을 거두었다고 한다. 근대 와인 산업에 있어서 와인 원산지 명칭을 가장 먼저 실행했다는 점과 그것을 와인병에 표현해 마케팅의 한 수단으로 발전시킨 퐁탁가의 시도는 와인 레이블의 역사에 인상적인 발자취를 남겼다.

와인 레이블 역사에서의 진정한 혁신은 1798년에 일어났다. 체코슬로바키아인이었던 알로이즈 제네펠더Aloys Senefelder가 석판 인쇄술을 발명한 것이다. 본래 그는 뮌헨에서 법학을 공부했지만, 아버지가 세상을 떠나자 가족을 부양하기 위해 아버지의 뒤를 이어 연극배우와 극작가의 길로 들어선다. 당

알로이즈 제네펠더

시에는 극을 무대에 올리려면 여러 권의 극본이 필요했는데, 나중에는 극본을 써도 돈이 없어서 인쇄하지 못하는 지경에 이르렀다. 방법을 고심한 그는 기름 성분으로 된 빨리 지워지지 않는 잉크를 개발하고 이것으로 석판 인쇄를 시도했다. 이때 석판은 글씨를 새기기 용이한 석회암을 사용했다. 이것이 바로 평판 인쇄술의 시초다. 그는 출판사와 협력해 인쇄 기술을 개선했고 화학적 공정도 도입한다. 그는 이를 '화학적 인쇄'라고 불렀으나, 후에는 프랑스어인 '리소그래피 lithography'가 더욱 잘 알려지게 되었다.

리소그래피는 20세기 초반까지 유럽 전역에서 폭넓게 사용되었다. 와인 레이블도 예외가 아니었다. 무엇보다 리소그래피는 와인 레이블의 대량 생산을 가능하게 했다. 평판 인쇄술이 널리 퍼지면서, 와인 생산자들은 다양한 정보를 담을 수 있는 직사각형 와인 레이블을 사용했다. 얼마 지나지 않아 다양한 품종으로 빚어지는 다채로운 와인의 특징을 소비자에게 알리기 위한 레이블은 필수 사항이 되었다.

전 세계를 강타한 필록세라phylloxera 또한 와인 레이블에 큰 영향을 미친 사건이다. 와인의 사기와 위조 행위가 만연해지자 포도 재배업자들이 받는 고통 또한 심해졌다. 잦은 폭동과 시위 탓에 정부에서는 와인 원산지를 보호하기 위해 규제 장치를 마련하고 법률을 제정하기에 이르렀다. 그 결과 20세기 초 프랑스, 이탈리아 등 선진 와인 생산국에서는 잇따라 '원산지 통제 명칭 제도'를 확립했다. 와인 레이블에 표기되는 글자와 명칭 등에도 까다로운 조건이 붙은 것이다. 이를 어길 시 그 와인을 판매할 수 없게 되었다.

기술과 과학이 급격하게 발전함에 따라 와인 품질이 어느 정도 평준화되면서 소비자는 더 이상 와인 사기와 위조를 걱정할 필요가 없어졌다. 현재 와인 산업은 순풍에 돛을 단 배처럼 하루가 다르게 발전한다. 생산업자들은 와인 품질에 한층 주의를 기울이는 등 와인에 대한 관심은 과거 그 어느 때보다도 높다고 할 수 있다. 최근의 소비자들은 복잡하고 알기 어려운 레이블보다는 한눈에 품종과 원산지를 확인할 수 있는 간단명료한 스타일을 선호하는 추세다. 구대륙보다 규제가 느슨한

1/ 와인 즐기기

유명 아티스트 레이블 와인인 퐁데자르Pont des Arts의 아티스트 컬렉션

신대륙의 와인 생산자들은 그들의 철학과 미적 감각을 표현하는 인상적인 레이블로 쉽게 소비자들의 마음을 사로잡을 수 있었다. 구대륙의 와인 생산자들도 이런 소비자들의 요구에 맞추어 와인의 특징을 한눈에 표현할 수 있는 디자인으로 레이블의 변화를 꾀하는 중이다. 단순히 와인 정보만을 제공하던 레이블이 이제는 와인 생산자의 철학을 담은 예술 작품으로 승화되는 시대가 열린 것이다.

현대의 와인 레이블은 크게 두 가지로 나뉜다. 포도 품종 이름이 적힌 것과 그렇지 않은 것. 미국, 호주, 뉴질랜드, 칠레, 아르헨티나 등 신대륙의 와인 생산국은 대개 와인 레이블에 품종을 적는다. 반대로 유럽의 와인은 품종을 레이블에 적는 경우가 드물다. 현대의 와인 소비자들에게 품종이 적힌 레이블은 그렇지 않은 레이블보다 해당 와인의 특징을 유추하기가 한결 편하다.

여기서 중요한 단어가 바로 '유추'다. 품종이 적혔다고 하더라도 그 품종이 재배된 지역의 특징, 양조 방법에 따라서 최종 와인의 캐릭터가 달라질 수 있기 때문이다. 또한 품종이 적힌 레이블을 대할 때 한 가지 더 유념해야 할 사실은 레이블에

전통적인 이탈리아 와인 레이블(좌)과 미국 캘리포니아 와인 산업을 대변하는 나파 밸리 와인의 레이블

적힌 품종만 가지고 그 와인을 만들지 않았을 수도 있다는 가능성이다. 예컨대 미국 와인인데 레이블에 'Pinot Noir(피노 누아)'라는 품종이 적혔다면 이 와인은 피노 누아 100%로 만들지 않았을 수도 있다. 물론 100%일 수도 있다. 미국이라는 방대한 나라는 주마다 와인 법이 다르다. 그래서 캘리포니아주의 경우 피노 누아가 75% 이상 사용이 됐다는 뜻이고, 오리건주라면 피노 누아가 반드시 90% 이상 사용이 됐다는 의미다. 그러니 품종이 적힌 와인이더라도 국가가 어디인지, 국가 안에서도 지역이 어디인지를 파악해야 한다.

75%   미국(90%를 요구하는 오리건주 제외)

80%   아르헨티나

85%   이탈리아, 프랑스, 독일, 오스트리아, 포르투갈, 뉴질랜드, 남아프리카공화국, 호주, 영국

유럽의 경우 품종 이름을 레이블에 적는 경우가 드물다. 유럽의 와인 생산자들은 과거에나 지금이나 대개 한 품종으로만 와인을 만들기보다 여러 품종을 섞어서 만드는 경우가 많기 때문이다. 이들은 포도 재배지의 환경 즉, 테루아르가 와인 품질에 가장 중요하다고 믿는다. 즉 레이블에 해당 와인을 만든 포도보다 재배된 장

소를 적는 것이 그 와인의 성격을 표현할 수 있다고 생각한다. 당연하지만, 와인을 잘 모르는 초보자들에게는 불친절한 레이블이다.

예를 들면 프랑스에서는 독일과 인접한 알자스를 제외하고 대부

프랑스 내에서 꽤나 적극적으로 품종을 레이블에 적는 알자스 지역의 와인 레이블

분의 지역에서 품종이 아닌 원산지를 레이블에 넣는다. 그래서 유럽 와인을 제대로 이해하려면 해당 지역에서 어떤 포도 품종이 주로 재배되는지를 반드시 알아야 한다. 어떤 레드 와인의 레이블에 'BORDEUAX'라고 적혀 있다면 '보르도' 지역에서 레드 와인을 만드는 데 사용할 수 있는 품종인 카베르네 소비뇽, 메를로Merlot, 카베르네 프랑Cabernet Franc, 카르메네르Carmenere, 프티 베르도Petit Verdot, 말벡이 쓰였을 가능성이 있다. 물론 이 가운데 어떤 품종이 쓰였고, 어떤 비율로 쓰였는지는 레이블에 적혀 있지 않을 가능성이 높다. 만약 앞 레이블에 없다면 백레이블을 살펴보자. 거기에도 없다면 해당 와이너리의 홈페이지에서 확인해야 한다. 결국 유럽 와인 한 병을 온전히 이해한다는 건 그 와인을 만든 지역의 와인 문화를 이해해야 한다는 의미와 같다.

물론 유럽의 와인 생산자들도 자신들의 레이블이 소비자들에게 불친절하다는 사실을 잘 안다. 점차 변화하는 모습을 보이고도 있다. 매우 전통적인 와인 생산지인 보르도에서조차 이제는 큰 글씨로 품종 이름을 레이블에 적은 와인을 찾아볼 수 있다. 프랑스에서 가장 혁신적인 와인 생산지로 잘 알려진 랑그독의 경우 레이블에 적힌 품종이 이제 그리 낯설지 않다.

· 아티스트 레이블

보기에 좋은 떡이 먹기에도 좋은 법이다. 와인도 같다. 진열장을 가득 메운 와인 중 레이블이 아름답거나 예쁘거나 독특한 와인에 눈길이라도 한 번 더 가기 마련이다. 과거에는 와인을 잘 만드는 게 가장 중요했다. 지금은 전 세계 와인의 품질이 상향 평준화되다 보니, 소비자의 눈을 사로잡을 수 있는 레이블로 와인을 치장하는 일도 꽤 중요해졌다. 이 사실을 일찍이 깨닫고 전 세계 최초로 '아티스트 레이블'을 만든 와이너리가 그 유명한 샤토 무통 로칠드다.

샤토 무통 로칠드가 만든 최초의 아티스트 레이블은 1924년산으로, 당시 유명한 디자이너였던 장 카를뤼Jean Carlu를 고용해서 레이블을 디자인하도록 했다. 다만 이후로 20년간은 아티스트 레이블을 만들지 않았다. 그러다 1945년 제2차 세계대전 종전을 기념해 레이블에 승리Victory의 'V'를 새겨 넣은 레이블을 제작하면서 아티스트 레이블의 전통을 되살렸다. 이후로는 지금까지 매해 세계적인 아티스트에게 의뢰한 레이블을 만들어 와인을 출시한다. 유명한 작가로는 미로Joan Miro, 샤갈Marc Chagall, 브라크Georges Braque, 피카소Pablo Ruiz y Picasso, 워홀Andy Warhol, 베이컨Francis Bacon, 발튀스Balthus 등이 있다.

한국의 이우환 작가의 작품이 2013년 샤토 무통 로칠드의 레이블에 실리기도 했다. 세계적인 와인의 레이블에 한국 화가의 그림이 실린 것은 이우환 작가가 처음이 아니다. '물방울의 화가'라고 불리는 김창렬 화백이 이탈리아의 와인 명가인 카사누오바 디 니타르디Casanuova di Nittardi의 2011년 빈티지 레이블에 작품을 장식한 것이 최초라고 알려져 있다.

이탈리아 토스카나 지방의 유명 와이너리인 카사누오바 디 니타르디는 16세기 이탈리아의 천재 예술가였던 미켈란젤로Michelangelo Buonarroti가 소유했던 곳으로, 그에게 경의를 표하기 위해 아티스트 레이블을 제작하기 시작했다. 여기에는 예술품 수집가이며, 독일 명품 화랑인 '디에 갤러리Die Galerie'의 오너이자, 와이너리의 오너 피터 펨퍼트Peter Femfert의 예술 사랑도 큰 몫을 했다. 이 프로젝트는

1981년부터 시작되었다. 노벨문학상을 받았으며 소설《양철북Die Blechtrommel》으로 유명한 독일의 작가 귄터 그라스Günter Grass, 프랑스의 화가이자 조각가인 로베르 콩바Robert Combas, 프랑스의 일러스트레이터 토미 웅게러Tomi Ungerer, 존 레넌John Lennon의 부인이자 일본의 설치 미술가인 오노 요코小野洋子 등이 이 프로젝트에 참여했다.

샤토 무통 로칠드가 아티스트 레이블의 신호탄을 쏘아 올렸다면, 그들의 성공을 벤치마킹해 이후 수많은 와인이 예술가의 혼이 담긴 레이블을 들고 소비자의 시선을 사로잡고 있다. 대개 세계적으로 유명한 와이너리에서는 모든 와인은 아니더라도, 플래그십 와인에는 아티스트 레이블을 제작하는 경우가 꽤 많다. 이탈리아의 유명 와이너리인 오르넬라이아Ornellaia 같은 경우도 2006년 빈티지부터 컨템퍼러리 아티스트들과 협업해 아티스트 레이블을 만들고 있다. 독일의 예술가인 레베카 호른Rebecca Horn이 디자인한 2008년 빈티지 오르넬라이아 컬 렉션은 13만 유로에 판매되기도 했다.^{QR}

와인 레이블 읽기

우리가 와인을 공부하는 가장 큰 이유 중 하나가 와인 레이블을 읽고 이해하기 위함이다. 와인 레이블은 사람으로 따지면 마치 신분을 확인하는 주민등록증과 같다. 와인 병의 앞 뒤를 장식하고 있는 레이블 정보만 잘 파악해도 해당 와인의 기초적인 특징은 어느 정도 이해할 수 있다. 그런데 와인은 전 세계 곳곳에서 생산이 되며, 각 와인 생산국은 각자의 언어와 레이블 법으로 와인 레이블을 꾸민다. 결국 와인의 레이블을 읽을 줄 알고 이해한다는 것은 해당 국가의 언어와 레이블 표기법, 더 깊게는 그들의 와인 문화까지 이해한다는 것과 일맥상통한다.

당연한 이야기지만, 모든 와인 생산국의 와인 레이블 정보를 한 권의 책에 풀어 내기에는 지면이 협소하다. 여기서는 대표적인 와인 생산국인 프랑스, 그리고 그 안에서도 프랑스를 대표하는 와인 생산지인 보르도와 부르고뉴의 와인 레이블을 파헤쳐 본다. 이 두 지역의 와인 레이블 시스템만 이해할 수 있다면, 대부분의 와인 생산국의 레이블도 쉽게 간파할 수 있을 것이다. 왜냐하면 보르도와 부르고뉴 와인은 모든 면에서, 심지어 와인 법이나 레이블 구성에서도 오랫동안 전 세계 와인 생산국과 생산자들의 롤 모델이었기 때문이다.

· 보르도 와인 레이블 읽기

다음 레이블은 세계에서 가장 유명한 보르도 와인 중 하나인 샤토 마고의 옛 레이블이다. 현재는 좀 바뀌었는데, 예전 레이블이 자료로는 더 적합하기에 일부러 골랐다. 보르도 와인 레이블의 정석을 보여주기 때문이다. 가장 먼저 이야기하고

싫은 것은 대부분의 보르도 와인이 품종명을 레이블에 적지 않는다는 점이다. 그래서 이 와인이 어떤 품종으로 만들었는지 정확히 알려면 백레이블을 확인하거나, 그마저 없다면 와이너리의 홈페이지에서 찾아야 한다.

물론 와인을 사러 갈 때마다 일일이 홈페이지에 들어가서 품종을 확인하기는 어렵다. 보르도처럼 품종을 표기하지 않은 와인은 와인이 탄생한 지역명을 참고해서 품종을 유추할 수밖에 없다. 이 부분이 와인을 공부할 때 가장 까다롭다.

❶ MIS EN BOUTEILLE AU CHÂTEAU

미-정 부테이유 오 샤토. '샤토(와이너리)에서 와인을 병입했다'는 뜻이다. (지금도 그런 와인들이 있지만) 과거에는 와인을 만들면 오크통에 담아서 벌크로 네고시앙(와인 중개상)에게 넘기는 일이 많았다. 평소 시장의 트렌드를 유심히 살피는 네고시앙은 소비자가 선호하는 와인 맛을 창조하기 위해 다른 지역, 심지어 다른 나라의 와인을 섞어서 판매하는 경우가 비일비재했다. 당연히 와인을 힘들게 만든 몇몇 고급 와인 생산자의 눈에는 좋지 않게 보였다. 이들의 행위에 반발해 최초로 샤토에 병입 시설을 갖추고 위 문구를 레이블에 표기했던 곳이 전설적인 샤토 무통 로칠드다. 그야말로 혁신이었다. 샤토 무통 로칠드는 심혈을 기울여 만든 와인의 향과 맛이 소비자에게 온전하게 전달되기를 원했다.

그런데 왜 직접 안 하고 네고시앙에 의지했을까? 영세한 와인 생산자들은 병입이나 마케팅과 판매에 투자할 인력이나 자금이 없기 때문이다. 지금도 영세한 와이너리는 네고시앙이나 브로커에 의지해서 해외에 와인을 홍보하거나 수출하는 경우가 많다. 달라진 점은 최근에는 병입만큼은 자기가 직접 혹은 와이너리의 관리하에 하는 일이 많아졌다. 병입 시설을 갖추려면 꽤 많은 돈이 들기 때문에 이 문구가 적혀 있다면 어느 정도 규모를 갖춘 와이너리라고 봐도 무방하다.

❷ CHÂTEAU MARGAUX

샤토 마고. 와인의 이름이자 이 와인을 만든 와이너리의 이름이다. 보르도에는 특히 이 '샤토château'라는 단어가 들어간 와인이 많다. 물론 이 단어가 와인의 품질을 결정짓는 것은 절대로 아니다. 오늘날에는 이 단어가 고급 와인의 대명사처럼 되어서 너도 나도 다 붙이지만, 19세기까지만 해도 본래 '성城'이라는 의미를 가진 '샤토'를 와이너리에 붙이는 경우가 매우 드물었다. '샤토' 수식어를 단 슈퍼 프리미엄 보르도 와인들이 전 세계적으로 히트를 치자, 이를 따라하는 과정에서 샤토 물결이 인 것이다.

❸ GRAND VIN

그랑 뱅. 영어로는 'Great Wine'이다. '좋은 (혹은 위대한) 와인' 정도로 이해하면 된다. 샤토 마고가 위대한 와인임을 부정할 사람이 없겠지만, 사실 이 문구는 수많은 보르도 와인에 적혀 있다. 그러니까 이 문구가 적혀 있다고 해서 무조건 '위대한 와인'이라고 믿으면 안 된다. '그랑 뱅'은 대개 '해당 와이너리에서 가장 뛰어난 와인' 정도로 이해하는 편이 좋다.

❹ 1996

빈티지다. '1996'이라 적혀 있다면 그 와인을 1996년에 수확한 포도로 만들었다는 뜻이다. 포도재배도 농사이니 그 해의 작황이 이슈가 될 수밖에 없다. 사실 시중에 파는 저렴한 와인들은 대부분 빈티지가 그리 중요하지는 않다. 그러나 샤토 마고처럼 수십만 원에서 수백만 원에 거래되는 와인은 이야기가 다르다. 빈티지를 다룬 부분에 자세하게 이야기했으니, 참고하시라.

❺ PREMIER GRAND CRU CLASSE

프르미에 그랑 크뤼 클라세. 간단히 '1등급'이라는 뜻이다. 어디의 무슨 1등급이냐를 설명하려면 보르도의 와인 등급 제도를 알아야 한다. 프랑스인은 등급 매기기를 참 좋아한다. 그 어떤 곳보다 먼저 세계 최고의 와인 생산지로 군림해온 보르도에는 1855년 정부가 인증하는 공식 등급제가 처음 탄생했다. 이후에 여러 등급제가 잇달아 등장했다. 현재 보르도에는 네 가지의 독특한 와인 등급제가 있다. 보르도에 위치한 수많은 와이너리 중 과거부터 특별히 인정받는 와이너리들을 따로 분류해놓은 것인데, 다음과 같다.

① 1855 보르도 그랑 크뤼 클라세Bordeaux Grand Cru Classés

② 1955 생테밀리옹 그랑 크뤼 클라세Saint-Émilion Grand Cru Classés

③ 1959 그라브 그랑 크뤼 클라세Grave Grand Cru Classés

④ 크뤼 부르주아Cru Bourgeois

숫자는 해당 등급제가 생긴 연도다. '생테밀리옹'이나 '그라브'는 보르도에 속한 세부 와인 지역 이름이다. 최초로 생겨난 1855년 등급제도에는 메독과 소테른(두 곳 모두 보르도의 세부 와인 산지) 근방의 와이너리만 해당됐다. 생테밀리옹과 그라브의 와이너리들은 빠져 있다가 후에 따로 분류됐다. ④는 ①에 속하지 못했던 메독 지역의 와이너리(대략 250여 개)를 분류한 등급이다. 가격 대비 밸류 와인이 많이 포함된다.

샤토 마고 레이블에서 '1등급'을 뜻하는 'PREMIER CRU CLASSÉ'는 '1855 보르도 그랑 크뤼 클라세'에 해당한다. 여기에 속한 61개의 샤토 중 다섯 곳만이 현재 1등급으로 지정되어 있는데, 그중 하나다. 레이블만을 보고 해당 보르도 와인이 어느 등급제에 속하고, 그 안에서도 몇 등급인지 파악하려면 많은 공부가 필요한 것이 사실이다.

❻ APPELLATION MARGAUX CONTRÔLÉE

프랑스 정부는 프랑스 곳곳의 와인 생산 지역의 지리적 범위를 명확히 구분해 놓았다. 이 시스템을 원산지 호칭 통제Appellation d'Origine Contrôlée라고 한다. 줄여서 AOC. 참고로 'CONTRÔLÉE'는 현재 'PROTÉGÉE'로 바뀌었다. 소비자 입장에서 AOC나 AOP나 거의 같은 의미이니, 단어만 바뀌었다고 생각해도 무방하다. 'Appellation'이 '호칭'이나 '명칭', 'Origine'은 '원산지', 'Contrôlée(혹은 Protégée)'는 '통제(보호)'라는 뜻이다. 이 가운데 주목할 단어가 바로 'Origine'이다. 이 자리

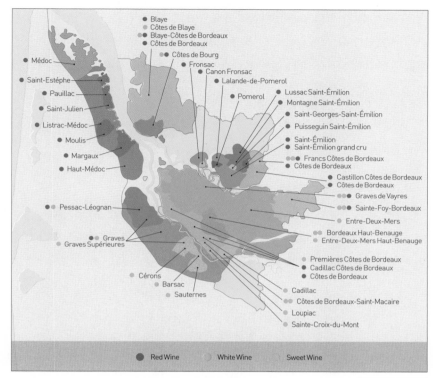

Blaye
Côtes de Blaye
Blaye-Côtes de Bordeaux
Côtes de Bordeaux
Côtes de Bourg
Médoc
Fronsac
Saint-Estéphe
Canon Fronsac
Lalande-de-Pomerol
Pauillac
Pomerol
Lussac Saint-Émilion
Saint-Julien
Montagne Saint-Émilion
Saint-Georges-Saint-Émilion
Listrac-Médoc
Puisseguin Saint-Émilion
Moulis
Saint-Émilion
Saint-Émilion grand cru
Margaux
Francs Côtes de Bordeaux
Haut-Médoc
Côtes de Bordeaux
Castillon Côtes de Bordeaux
Côtes de Bordeaux
Graves de Vayres
Pessac-Léognan
Sainte-Foy-Bordeaux
Entre-Deux-Mers
Bordeaux Haut-Benauge
Graves
Entre-Deux-Mers Haut-Benauge
Graves Supérieures
Premières Côtes de Bordeaux
Cadillac Côtes de Bordeaux
Cérons
Côtes de Bordeaux
Barsac
Cadillac
Sauternes
Côtes de Bordeaux-Saint-Macaire
Loupiac
Sainte-Croix-du-Mont

● Red Wine   ○ White Wine   ● Sweet Wine

보르도 와인 생산 지도

에 포도가 재배된 지역 이름이 들어간다. 결국 샤토 마고 와인은 'MARGAUX(마고)' 지역의 포도로 만든 와인이라는 것을 정부에서 보증한다는 의미다.

위 지도를 보면, 보르도에는 와인을 생산할 수 있도록 지정된 수십 곳의 소구역이 있다. 이 지역들이 'Origine'에 들어갈 수 있는 세부 와인 산지다. 다시 말해 수십 가지 스타일의 보르도 와인이 탄생할 수 있다는 말이다. 보르도 와인을 정확히 파악하려면 레이블에서 가장 먼저 'Origine'에 어떤 이름이 적혀 있는지 살펴보고, 그 구역의 세부 특징(토양, 미세기후, 재배 품종, 양조 스타일 등)을 파악해야 한다. 그리고 'AOC(P)'가 적혀 있는지 없는지도 살펴야 한다. 먼 과거에는 와인의 위조와 사기가 만연했다. AOC(P)는 정직하게 포도를 재배하고 와인을 생산하는 이들을 보호하기 위해 만들어졌다. 현재 프랑스 와인의 품질을 책임지는 역할을 하고 있는 중요한 제도다.

❼ 12.5%

알코올 도수다. 보르도 와인은 대부분이 12~13% 사이의 알코올 도수를 지닌다. 간혹 기후가 너무 좋을 때는 알코올이 그 이상으로 나오는 경우도 있다. 최근에는 여러 기술적인 방법으로 알코올 도수를 높이는 듯하다. 알코올 도수가 높으면 아무래도 와인의 풍미가 살아나는 경향이 있기 때문에 모든 조건이 같다면 높은 편이 좋다.

❽ 75cl

750ml라는 뜻으로, 와인의 용량을 의미한다.

· 부르고뉴 와인 레이블 읽기

부르고뉴는 적포도인 피노 누아와 청포도인 샤르도네, 두 품종으로 세계 최고의 레드 와인과 화이트 와인을 생산한다. 물론 위 두 품종만 재배하는 것은 아니지만, 거의 대부분의 와인이 피노 누아 100%와 샤르도네 100%로 만들어진다. 쉽게 이야기해서, 부르고뉴 와인인데 레드 와인이면 피노 누아로, 화이트 와인이면 샤르도네로 만들었다고 생각하면 된다. 보르도에서 두 가지 이상의 품종을 블렌딩blending해서 와인을 만드는 것과 다르다. 부르고뉴 와인은 품종에 있어서만큼은 단순해서 쉽다.

하지만 부르고뉴 와인을 이해하기 어렵게 만드는 것이 하나 있다. 바로 와인 등급제다. 보르도의 와인 등급제와는 다른 시스템으로 와인 초보자를 혼란의 도가니에 빠뜨린다. 부르고뉴의 대표적인 레이블을 보면서 하나하나 살펴보자.

❶ MIS EN BOUTEILLE AU DOMAINE

이 부분은 보르도 와인의 레이블에서는 'Mis en Bouteille au Château'라고 적혀 있었다. 와인을 와이너리에서 직접 병입했다는 의미다. 'DOMAINE(도멘)'은 프랑스어로 '영지' '영토'라는 뜻인데 편하게 '와이너리'라고 이해하면 쉽다.

❷ GRAND VIN DE BOURGOGNE

'부르고뉴의 위대한 와인'이라는 뜻이다. 보르도의 'Grand Vin'과 비슷한 의미다. 이렇게 적혀 있다고 해서 이 와인이 반드시 위대한 와인이라는 뜻은 아니니까 심각하게 생각할 필요가 없다. 그냥 미사여구다.

❸ CLOS VOUGEOT

'클로 부조'라고 발음한다. 포도밭 이름이다. 부르고뉴에는 세계적으로 유명한 포도밭이 꽤 많다. '클로 부조'도 그중 하나다.

❹ APPELLATION CLOS VOUGEOT CONTRÔLÉE

프랑스에서는 와인이 굉장히 중요한 산업이라 국가가 직접 관여해 포도밭의 지리 범위를 법으로 설정하고 보호한다. 이를 AOC(현재는 AOP)라고 한다. 예로 든 와인은 'Origine' 자리에 'Clos Vougeot'가 들어갔으니, '클로 부조'라는 곳에서 재배된 포도로 만들었다. 그런데 클로 부조는 포도밭 이름이다. 'Origine' 자리에는 대개 지역이나 마을 단위의 명칭이 들어가지, 포도밭 이름이 들어가는 경우는 매우 드물다. 부르고뉴를 제외하고는 거의 찾아보기가 힘들다.

❺ GRAND CRU

보르도처럼 부르고뉴에서도 와인을 등급에 따라 분류한다.

①그랑 크뤼Grand Cru
②코뮈날+프르미에 크뤼Communal with Premier Cru
③코뮈날Communal

④ 레지오날Regional

부르고뉴 와인은 위의 네 등급에 속한다. ④부터 역순으로 살펴보자.

④ 레지오날

'레지오날'은 '지역의'라는 의미
이다. 부르고뉴 와인 가운데 가장
낮은 등급으로 그나마 저렴한 와
인이 레지오날 등급에 속한다. 레
이블에 'Appellation Bourgogne
Contrôlée'라고 적힌 와인이 대표
적이다. 'Bourgogne'라는 광대
한 지역에서 재배된 포도라면 어

떤 것이든 상관없이 와인을 만드는 데 쓰였을 수 있다는 뜻이다.

이외에도 다양한 지역명이 'Origine'에 들어간다. 그 목록은 부르고뉴 와인 공
식 사이트(www.bourgogne-wines.com)에서 확인하기 바란다. 참고로 'Bourgogne
Aligoté'나, 'Bourgogne Hautes Côtes de Beaune', 'Bourgogne Hautes
Côtes de Nuits', 'Crémant de Bourgogne'처럼 대부분 명칭에 'Bourgogne'가
들어가는 게 특징이다.

③ 코뮈날

레지오날보다 한 단계 더 높은 등급이다. 우리나라로 치면 '시·읍·면' 정도를
말하는데, 쉽게 생각해서 마을 이름이 'Origine' 자리에 들어간다. 즉, 지역보다
는 단위가 작은 것이 포인트다. 예를 들어 'Appellation Gevrey-Chambertin
Contrôlée'라고 레이블에 적혀 있다면, 이 와인은 주브레 샹베르탱Gevrey-

Chambertin 마을(과 그 일대)에서 재배한 포도로 만들었다는 의미다. 단위가 작아질수록 고급 와인이고, 가격도 비싸다.

레지오날과 마찬가지로 부르고뉴에는 수십 가지의 마을급 명칭이 있다. 이 역시 부르고뉴 와인 공식 홈페이지에서 확인할 수 있다.

②코뮈날+프르미에 크뤼

③보다 한 단계 더 업그레이드 된 명칭이다. 코뮈날급 와인이 마을에 국한된다면, 이 등급은 해당 마을 안에서도 '프르미에 크뤼'로 지정된 특별한 포도밭에서 재배된 포도로 와인을 만들었음을 증명한다.

레이블에 'Appellation Gevrey -Chambertin Premier Cru Cont rôlée'라고 적혀 있다. 주브레 샹베르탱 마을에서도 'Premier Cru'로 지정된 포도밭의 포도로 이 와인을 만들었다는 의미다. 'Les Cazetiers'가 바로 그 프르미에 포도밭 이름이다. 대개는 밭 이름이 레이블에 기재되지만, 여러 프르미에 밭의 포도를 섞어서 만들었을 경우 적지 않은 경우도 있다.

단위가 작아질수록 고급 와인이고 가격 또한 비싸다고 말했다. 여기서부터는 기본 10만 원을 깔고 거기에 생산자의 명성이나 포도밭의 명성이 더해져서 수십 만 원으로 가격이 치솟는다. 프르미에 크뤼로 지정된 포도밭은 부르고뉴 내에 수백

개가 있다. 마찬가지로 부르고뉴 와인 공식 사이트에서 확인할 수 있다.

①그랑 크뤼

부르고뉴 최고의 포도밭에만 붙는 호칭이 그랑 크뤼다. 세계의 모든 와인 애호가가 우러러보는 꿈의 와인이라 할 수 있다. 그랑 크뤼 포도밭은 다른 곳보다 특별히 입지가 뛰어나 아주 오랜 시간 동안 꾸준히 최상급 포도를 생산해왔다. 이 포

도밭에서 만들어지는 와인은 전체 부르고뉴 와인 생산량의 겨우 1%에 불과하다. 최소 수십 만 원에서 일부 희귀한 와인의 경우 경매에서 억 단위로 올라가기도 한다. 대표적인 그랑 크뤼 와인의 레이블을 살펴보자.

세계에서 가장 유명한 와인 중 하나인 로마네 콩티Romanée-Conti가 대표적이다. 레이블에는 'Appellation Romanée-Conti Controlée'라고 적혀 있다. 그랑 크뤼 등급부터는 포도밭의 이름이 그대로 'Origine' 자리에 적혔다. 이는 부르고뉴를 제외하고는 보기 드물다. 그 자체로 품질 보증수표이며 가문의 영광이다. 그랑 크뤼로 지정된 포도밭 명칭 또한 부르고뉴 와인 공식 홈페이지에서 확인할 수 있다.

마지막으로 부르고뉴 지도를 살펴보자. 다음 페이지의 지도를 보면 부르고뉴의 포도밭이 어떻게 구성되는지 정확히 이해할 수 있다. 짙은 빨간색이 그랑 크뤼 포도밭이다. 짙은 주황색은 프르미에 크뤼 포도밭이다. 포도밭마다 선으로 구역이 정해져 있다. 해당 구역의 포도밭에서 수확한 포도로 만들어야 레이블에 포도밭 이름을 적을 수 있다. 오렌지색으로 칠해진 포도밭에서 수확한 포도는 ③의 등급인 코뮈날이다.

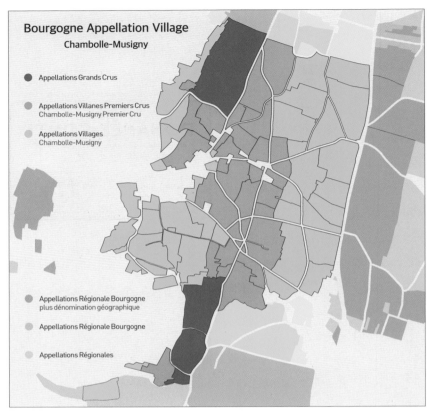

Bourgogne Appellation Village
Chambolle-Musigny

- Appellations Grands Crus
- Appellations Villanes Premiers Crus
  Chambolle-Musigny Premier Cru
- Appellations Villages
  Chambolle-Musigny
- Appellations Régionale Bourgogne
  plus dénomination géographique
- Appellations Régionale Bourgogne
- Appellations Régionales

부르고뉴 와인 생산 지도

❻ 2004

　빈티지다. 2004라 적혀 있으니, 2004년에 수확한 포도로 만들었다. 레지오날 등급의 경우 빈티지가 그렇게 중요하지 않을 수 있다. 그런데, 프르미에 크뤼나 그랑 크뤼의 경우는 병당 가격이 수십 만 원을 호가하기 때문에 아무래도 와인을 사는 사람의 입장에서 빈티지를 따지지 않을 수가 없다. 특히 부르고뉴는 프랑스 내

류에 위치한 곳으로 기후가 약간 들쑥날쑥하다. 우박이나 서리도 자주 내린다. 빈
티지에 따라서 작황에 차이가 있는 편이다.

❼ DOMAINE DANIEL RION & FILS

와이너리(와인 생산자)의 이름이다. 보르도에서는 '샤토'라는 말을 붙였다면, 부르
고뉴에서는 '도멘'이라는 말이 붙는다. 얘기했듯 '와이너리'라고 생각하면 된다.
부르고뉴에서는 와이너리 이름에 해당 와인을 만든 생산자 이름을 많이 붙이는 편
이다. 'DANIEL RION'이 바로 이 와이너리의 주인이자 이 와인을 생산하는(혹은
설립자) 사람의 이름이다. 'FILS'는 프랑스어로 '아들'이라는 뜻이다. 부르고뉴 와이
너리는 대부분 규모가 작아서, 가족 경영으로 운영되는 곳이 많다. 그래서 '& FILS'
라는 표현을 자주 볼 수 있다.

❽ ALC. 14% BY VOL.

❾ 750㎖

알코올 도수와 와인 용량이다.

√ 와인 용어의 허와 실

많은 생산자가 자신의 와인의 특별함을 강조하기 위해 여러 수식어를 붙이곤 한다. 와인 레이블에서 쉽게 찾아볼 수 있는 'Reserve'나 'Old Vine'이 대표적이다. 이런 수식어는 분명 와인의 품질을 어느 정도 보증하는 역할도 하지만, 이를 무조건 맹신하기 전에 그 단어가 지닌 의미를 한번 되짚어볼 일이다.

· 오래된 포도나무 Old Vine

와인 산업에 쓰이는 수많은 애매모호한 수식어 가운데 'OLD VINE(올드 바인)' 즉 '오래된 포도나무'는 논란이 많다. 우선 포도나무의 수령이 어느 정도 되어야 그렇게 부를 수 있는지 애매하다. 국가마다 다르고 생산자마다 차이가 있다. 예를 들어, 스페인·칠레·호주·아르헨티나 등에서는 60~100년 혹은 그 이상 된 수령의 포도나무를 '올드 바인'이라고 여긴다. 반면, 미국 오리건이나 뉴질랜드 같은 곳에서는 주변에 그보다 어린 포도나무가 허다하기 때문에 25년만 되어도 이미 '올드 바인'의 범주에 들었다고 여기기도 한다.

또 다른 논란거리는 수령에 따른 '효과'의 문제다. 100년 된 포도나무가 50년 수령의 포도나무보다 과연 두 배의 특별함을 보인다고 할 수 있을까? 이탈리아 피에몬테에서 세계가 인정하는 바롤로 와인을 생산하는 한 생산자는 "40년 수령의 포도나무야말로 깊은 뿌리, 알맞은 수확량, 이상적인 품종의 표현력에서 삼위일체를 이루는 이상적인 포도나무"라고 말한다. 그의 말을 따른다면 100년 수령의 고목은 노쇠했다고 여기면 될까?

'올드 바인 논란'을 더욱 복잡하게 하는 것은 접붙이기에 있다. 이와 관련해서는 클론을 다룬 챕터를 참고하기 바란다. 미국 최고의 진판델 와인을 생산하는 한 와이너리는 1880년에 심어진 올드 바인의 대목에 어린 포도나무를 접붙였다. 그럼 이 포도나무는 그렇다면 올드 바인일까, 아닐까?

이러한 불확실성이 있지만, 많은 와인 생산자가 올드 바인을 고집하는 데에는 포도재배학적으로 분명한 장점이 있기 때문이다. 올드 바인은 빈티지와 관계없이 일정한 퀄리티의 와인을 생산할 수 있다. 워낙 뿌리가 깊게 내렸기 때문에 홍수가 나도 심각한 타격을 입지 않는다. 가뭄이 들어도 땅 아래 깊숙이 저장된 물을 활용할 수 있다는 점 또한 부인할 수 없는 사실이다. 더불어 제한된 수확량에서 만들어지는 올드 바인 와인이 좀 더 집중된 풍미와 부드러운 질감을 보인다는 점은 와인 전문가 대부분이 인정하는 바이다. 이들은 모든 조건이 같다면(드문 일이지만) 올드 바인 와인을 선택할 것이라고 얘기한다. 결국 올드 바인 와인을 구매할 것이냐 아니냐는 소비자의 몫이다.

· 손수확 Handpicked

와인 메이커가 흔히 강조하는 것 하나가 바로 손수확이다. 레이블에도 적는가 하면, 대부분의 와인 테이스팅 노트에도 이 단어가 거의 빠지지 않고 등장한다. 이처럼 손수확은 흔히 '퀄리티' 와인을 생산하는 데 가장 기초 단계인 듯 여겨진다. 하지만 손수확 와인이 곧 고급이라거나, 기계 수확 와인이 저급이라고 보장할 수 없다. 더 나은 퀄리티를 얻기 위해 기계로 수확하는 와이너리들도 있다.

세계에서 가장 좋은 화이트 와인을 만드는 곳 중 하나인 프랑스 샤블리의 한 와인 생산자는, 적정 수확기에 최대한 빠른 속도로 모든 포도를 수확하기 위해서는 기계를 이용하는 것이 효과적이라고 이야기한다. 섬세하지만 느리게 진행되는 손수확 과정에서 포도가 산도를 잃는 것보다는 수확 시간을 단축시키는 편이 더 훌륭한 와인을 만들 수 있는 조건이라고 보기 때문이다. 비슷한 이유에서, 날씨가 너무 더운 지역일 경우 밤에 수확을 함으로써 포도가 산도를 잃는 것을 최소화할 수 있다. 이 경우에도 기계 수확이 유리하다.

손수확의 장점은, 인간의 손이 훨씬 더 섬세하기 때문에 충분히 익지 않았거나 손상된 포도를 가려낼 수 있다는 데에 있다. 또 기계 수확을 하고 싶어도 손수확을 할 수밖에 없는 곳도 있다. 프랑스 북부 론은 많은 포도밭이 가파른 경사지에 놓여 있어 기계의 접근이 불가능하다. 이곳은 선택의 여지가 없이 모든 포도를 손으로 수확해야 한다. 마찬가지로 포도나무가 심어진 열이 너무 좁을 때도 손수확밖에 답이 없다.

손수확해 만든 와인이 퀄리티 와인임은 분명 부정할 수 없는 사실이다. 그러나 처해진 상황에 따라 어쩔 수 없이 손수확을 하거나 기계 수확을 겸해야 하는 경우가 있다는 점도 참고해야 한다.

· 리저브 Reserve

와인 레이블에 리저브Reserve/Reserva 혹은 그란 레세르바Gran Reserva가 적혀 있다면 그 와인은 고급 와인일까? 결론부터 말하자면, 그럴 수도 있고 아닐 수도 있다. 이 단어가 전 세계 와인 생산국에서 다양하게 활용되기 때문이다.

구대륙에서는 이탈리아와 스페인에서 법적으로 이 용어를 규정한다. 이탈리아의 경우 가장 일반적으로 키안티 클라시코 지역에서 '리제르바Riserva'를 사용한다. 이 경우 키안티 클라시코Chianti Classico 와인을 오크통에서 최소 2년 숙성(병에서 최소 3개월 이상 숙성 포함)해야 붙일 수 있다. 또 엄선한 포도밭에서 수확한 포도만 사용하고 최상급 빈티지에만 생산되는 와인에 붙인다.

구대륙 중 가장 빈번하게 '리저브' 용어를 쓰는 곳이 스페인이다. '레세르바Reserva'가 붙은 와인은 레드 와인은 최소 3년 이상 숙성하며, 그중 1년 이상은 오크통을 사용한다. '그란 레세르바'가 붙은 레드 와인은 최소 5년을 숙성하며 이 중 18개월(리오하는 2년)은 오크통, 3년은 병에서 숙성한다.

이처럼 구대륙에서는 어느 정도 '리저브'를 분명하게 정의 내린다. 반면, 신대륙의 와인 생산국은 딱히 제한이 없다. 쉽게 얘기해 와인 생산자의 마음이다. 다만 '리저브'라는 단어가 붙었다면, 동일 와이너리의 붙지 않은 와인보다 특별한 가치가 있다. 가령, 가장 좋은 포도밭에서 재배된 포도를 사용했다든지, 아주 좋은 빈티지의 와인이라든지, 평균 숙성 기간보다 더 오래 숙성했다든지 등등. 그런데 문제는 일반 와인보다 뛰어나서 레세르바나 리저브를 붙였는지, 그저 상술의 일종인지를 병만 보고는 판단할 수 있는 방법이 없다는 데 있다. 이를 판단하기 위해서는 소비자가 와인 생산자를 미리 '공부'해야 한다.

· 단일 포도밭 Single Vineyard

'싱글 빈야드' 즉, '단일 포도밭'이라는 뜻의 이 단어도 와인 레이블에 붙는 단골손님이다. 실제로 많은 와인이 싱글 빈야드라고 설명되는 포도밭에서 만들어진다. 많은 와인 생산자가 다른 포도밭보다 재배 환경이 뛰어나다고 생각되는 포도밭의 포도로 만든 와인에 싱글 빈야드라는 타이틀을 자랑스럽게 붙인다. 그래서 흔히 싱글 빈야드 와인이라면 평범한 와인에 비해 뛰어난 와인으로 여겨진다. 물론 틀린 말은 아니다. 하지만 그 와인들 모두가 품질이 보증된 와인이라고 볼 수는 없다. 싱글 빈야드는 규정된 법규에 따라 정해지는 것이 아니라 와인 생산자가 주관적으로 선택한 것이기 때문이다.

다른 문제도 있다. 흔히 싱글 빈야드 포도밭은 작게는 몇 헥타르$_{ha}$에서 크게는 수십 헥타르에 이른다. 그럼 이 싱글 빈야드의 모든 포도나무가 좋은 포도를 생산할까? 그러지 않을 가능성이 높다. 하지만 생산자는 그가 지정한 포도밭에서 나온 모든 포도로 와인을 생산하고, 이를 싱글 빈야드 와인이라 부르며 특별한 와인임을 강조할 것이다.

물론 정직한 생산자도 있다. 오랜 시간 동안 지켜보고 과학적으로 증명된 아주 작은 크기의 포도밭에서 프리미엄 와인을 소량 생산하는 경우가 그런 예이다. 이런 와인은 분명 다른 와인과는 차별된다. 포도밭이 가진 고유의 캐릭터를 와인에 고스란히 담고 있다는 점에서 특별하다. 정리하자면, 레이블 또는 와인 설명서에 '싱글 빈야드'라는 표현이 있다면 구매하기에 앞서 생산자, 지역, 포도 품종 등 와인 정보를 알아보아야 한다.

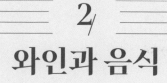

2
와인과 음식

와인과 어울리는 음식

많은 사람이 와인과 음식은 떼려야 뗄 수 없는 불가분의 관계라고 이야기한다. 물론 와인만 그런 건 아니다. 삼겹살을 구울 때 소주가 생각나고, 치킨을 보면 자연스럽게 손이 맥주로 향하듯, 모든 술에는 곁들이는 음식이 중요하다. 진지한 애주가, 특히 위스키나 브랜디 같은 고도주 애주가는 동의하지 않을 수도 있겠다. 하지만 술은 음식을 더 맛있게 먹기 위해 존재한다. 술과 음식은 상호보완적이라 할 수 있지만, 술 없이는 살아도 음식 없이는 살 수 없기 때문이다. 개인의 체질을 고려한 적당한 음주가 인생의 작은 즐거움이 될 수 있다는 점을 이 책을 읽는 사람이라면 동의하리라 믿는다. 필자 부부에게도 좋은 음식에 곁들인 한 잔의 술은 큰 즐거움이다. 게다가 다른 어떤 술보다 다채로운 종류를 자랑하는 와인은 본고장인 유럽 각국의 음식은 물론이고, 전 세계의 음식과 아울러 어울린다. 물론 한식과도 잘 어울린다.

간혹 한식과 와인이 영 별로라고 여기는 사람도 있다. 필자는 전혀 그렇게 생각하지 않는다. 물론 한식을 매콤한 국물 요리나 김치 같은 걸로 한정한다면 매칭의 난이도가 상승하겠다. 하지만 이 마저도 불가능하지는 않다. 몇 가지 예외가 있지만 오히려 한식은 매우 와인 친화적이다. 국민 음식인 삼겹살이나 치킨은 물론이고, 불고기 같은 간장 양념을 베이스로 한 고기 요리, 흔하게 식탁에 올리는 생선구이도 와인의 훌륭한 동반자다.

다만 한국의 식문화는 보는 것만으로도 마음이 넉넉하고 푸짐한 한상차림이 기본이다. 맛있는 음식이 잔뜩 올라온 한상차림은 절로 우리를 미소 짓게 만든다. 반면 한 번에 푸짐하게 깔린 다양한 음식에 어떤 와인을 마셔야 할지 난감할 수밖에 없다. 코스 요리가 발달한 외국은 한 번에 하나의 음식만 서빙되기 때문에 와인 매칭이 한결 쉽다. 서양에서 와인이 발전할 수 있었던 이유 가운데 하나도 음식 덕분이다. 지중해 연안에 거주하던 고대인은 우리처럼 곡물을 주식으로 삼았다. 고대 로마의 경우, 처음에는 엠머밀로 죽을 만들어 먹었다. 특히 밀을 거칠게 빻은 밀가루를 물로 끓여서 만든 일종의 오트밀로 하루를 시작했다. 그러다가 제빵 기술이 발전하면서 빵이 주식으로 자리 잡았다. 촉촉한 주식에서 퍽퍽한 주식으로 넘어가면서 입을 적셔줄 무언가가 필요했고, 와인이 그 자리를 차지했다. 우리로 따지면 밥에 국을 먹는 것과 같은 이치다.

어쨌든 서양의 음식 문화는 한 번에 하나의 음식만 먹는 코스 요리가 기본이다. 이런 코스 요리가 다채로운 와인을 경험하기에 더 좋긴 하다. 스파클링 와인과 식욕을 돋우는 애피타이저를 먹고, 스프 또는 샐러드와 함께 화이트 와인을 마신 뒤, 메인 요리의 식재료와 소스에 맞춰 바디감 있는 화이트 와인 또는 레드 와인을 선택해서 매칭한다. 마지막으로 디저트에 달콤한 스위트 와인을 마신다. 물론 와인을 마실 때마다 이렇게 긴 순서의 음식 코스를 선택할 필요는 없다. 그러나 지금

먹고 있는 음식 또는 지금 마시려는 와인에 어울리는 것을 생각할 필요는 있다. 만약 옳은 선택을 했다면 1만 원대의 저렴한 와인이 10만 원을 능가할 것 같은 좋은 와인으로 느껴지는 마법을 경험할 수 있다.

그렇다면 와인과 음식은 어떤 기준으로 매칭할까? 매칭의 기준은 수학 공식만큼 명확하지는 않다. 많은 사람이 생선은 화이트 와인, 육류는 레드 와인과 마시면 잘 어울린다고 말한다. 맞는 말이다. 그러나 식재료의 종류, 조리 방법, 소스 등 많은 변수가 존재한다. 그러니 '육류에는 화이트 와인은 아니다'라는 생각은 틀렸다. 예를 들어 육회를 먹는다고 가정해보자. 질감이 묵직한 레드 와인을 마실 것인가 아니면 저렴하더라도 산뜻한 스파클링 와인이나 화이트 와인을 마실 것인가. 필자는 뒤도 안 돌아보고 후자를 선택할 것이다. 실제로 샴페인의 본고장인 프랑스 샹파뉴 지방에서는 비프타르타르(육회)에 샴페인을 즐겨 마신다. 이처럼 와인과 음식의 매칭은 먼저 식재료부터 시작하지만, 이외에도 여러 변수가 존재하기 때문에 수많은 와인이 제 짝을 찾아가듯 좋은 '궁합'을 보일 음식을 기다리고 있다.

와인과 음식을 매칭하는 기준은 크게 두 가지다. 첫째, 와인을 기준으로 음식을 선택한다. 둘째, 음식을 기준으로 와인을 선택한다. 말장난처럼 들릴 수도 있겠지만, 와인을 기준으로 음식을 선택하면 한 종의 와인에 여러 음식이 대안이 될 것이고, 음식을 기준으로 와인을 선택할 경우 한 가지의 음식에 여러 와인이 대안이 될 것이다. 이 책은 음식이 주가 아닌 와인이 주이기 때문에, 와인의 스타일에 따라 어떤 음식을 매칭하면 좋을지 살펴보겠다.

with 스파클링 와인

스파클링 와인은 영화의 단골 아이템이다. 성대한 파티에서 근사한 미소를 지은 주인공의 손에 스파클링 와인이 들려 있는 장면을 아마 하나쯤은 기억할 수 있을 것이다. 이 때문인지 모르겠는데, 스 파클링 와인 하면 자연스럽게 파티가 떠 오른다. 물론 스파클링 와인은 이런 자 리에 더할 나위 없이 잘 어울린다. 그리 고 미슐랭 같은 수준 높은 레스토랑에 서 식사할 경우, 자리에 앉자마자 기다 렸다는 듯이 소믈리에가 다가와 스파클 링 와인을 권한다. 이처럼 스파클링 와 인은 파티나 모임의 훌륭한 동반자이자 식사의 시작을 알리는 와인으로 잘 알려 져 있다.

식전주의 하나로만 기능한다고 생각하는 스파클링 와인은 사실 광범위한 음식 을 모두 소화할 수 있는 팔방미인이다. 필자의 의견이지만, 카나페는 물론 산뜻한 전채요리부터 기름진 요리는 물론 디저트까지 모든 음식에 스파클링 와인이 나온 다고 해도 전혀 이상하거나 놀랍지 않다. 아니, 오히려 그런 레스토랑이 하나쯤은 있었으면 하는 소망이다. 필자 부부가 스파클링 와인을 유독 사랑해서가 아니라 스파클링 와인이 가진 성향이 그렇다는 말이다.

스파클링 와인은 스타일에 따라 단맛이 없는 드라이한 것에서부터 달콤한 것까 지 종류가 다양하다. 하지만 전천후로 어울리는 것은 드라이한 스파클링 와인이 다. 왜 그런지는, 밥 먹기 전에 달콤한 사탕을 먹지 못하게 한 부모님의 조언을 떠 올리면 이해가 빠를 것이다. 또 디저트에는 스위트한 와인이 어울린다고들 하지 만 필자의 입맛에는 드라이한 스타일이 더 좋다. 단맛에 단맛을 더하면 과하다는 생각이 든달까?

스파클링 와인의 통통 튀는 기포는 바삭하고 고소한 질감의 음식과 궁합이 좋 다. 비스킷이나 얇게 잘라 구운 빵 위에 다양한 재료를 올린 식전 카나페와 스파클

링 와인을 마시는 것도 이 때문이다. 필자는 주변에서 쉽게 접할 수 있는 바삭한 튀김 요리에 스파클링 와인을 마셔보기를 추천한다. 새우튀김, 고구마튀김, 감자튀김, 프라이드치킨, 채소튀김, 두릅튀김 등 모든 튀김 요리에 스파클링 와인은 훌륭한 동반자가 된다.

스파클링 와인의 뼈대를 이루는 상큼한 산도에는 신선한 치즈와 계절 채소가 어우러진 샐러드가 연상된다. 햇살 좋은 봄날 카페 테라스에 앉아 샐러드와 함께 스파클링 와인을 마시는 시간을 상상해보자. 저절로 기분이 좋아질 것이다. 필자는 고소한 견과류와 신선한 채소가 곁들여진 부라타 치즈 샐러드를 가장 좋아한다. 한식으로는 싱싱한 계절 회가 잔뜩 비벼진 비빔회도 추천한다.

스파클링 와인의 산도는 짠맛이 있는 음식과도 훌륭한 조합을 이룬다. 전통적으로 서양에서는 샴페인에 철갑상어의 알인 캐비어를 곁들였다. 이 조합은 영화에서도 꽤 자주 등장한다. 스파클링 와인의 산도가 캐비어의 비릿하고 짠맛을 말끔하게 씻어주기 때문이다. 그런데 캐비어는 비싸고 구하기도 힘드니, 우리 주변에서 쉽게 구할 수 있는 젓갈도 대안이 될 수 있다. 필자는 명란을 추천한다. 신선한 명란을 겉만 살짝 구워서 오이와 마요네즈를 곁들인 요리를 좋아한다. 이외에도 연어알, 청어알, 성게 등 생식할 수 있는 알이라면 이를 활용한 어떤 요리에도 스파클링 와인이 잘 어울린다.

스파클링 와인의 기포와 산도는 음식의 기름기를 잡아주는 역할을 한다. 버터에 구운 관자 또는 새우 요리, 각종 전과도 매우 잘 어울린다. 물론 삼겹살이나 치킨도 좋고 매콤한 순대나 곱창에도 잘 맞는다. 입안에 남은 매운 맛을 차가운 스파클링 와인 한잔으로 진정시킬 수 있다.

다시 말하지만 스파클링 와인은 완벽한 전천후 와인이다. 간혹 병에서 오래 숙성한 고급 스파클링 와인을 마실 기회가 있을 수 있다. 이런 스파클링 와인은 고소한 비스킷과 견과류 향이 특징적이어서 숙성 치즈나 스모키한 그릴 요리와 조합이 좋다.

with 화이트 와인

· 라이트 바디의 화이트 와인에는

와인에 '파삭하다'는 표현이 어색할 수 있는데, 와인이 매우 가볍고 신선할 경우 마치 입안에서 마른 낙엽이나 비스킷이 부서지는 듯한 느낌을 말한다. 쉽게 얘기해서 와인의 바디감이 라이트하다는 의미다. 라이트 바디의 화이트 와인은 과일 향과 더불어 산도가 중요하다. 산도가 잘 느껴지는 가벼운 화이트 와인은 충분히 차가운 온도에서 시음하면 와인이 가진 파삭한 질감이 더욱 살아난다. 라이트 바디의 화이트 와인은 시장에 출시된 뒤 1년 이내에 마시는 게 좋다. 그래야 그 와인을 만든 품종의 특징을 오롯이 느낄 수 있다. 여러 번 말하지만, 오래 묵혀서 맛있는 와인은 따로 있다.

가볍고 파삭한 라이트 바디의 화이트 와인을 생각하면 프랑스의 중저가 샤블리Chablis나 이탈리아의 피노 그리지오Pinot Grigio로 만든 저렴한 화이트 와인, '영young한' 빈티지의 이탈리아 소아베Soave 혹은 프랑스 루아르의 뮈스카데Muscadet 와인이 떠오른다. 넷 모두 바디가 가볍고 와인에 생기가 넘치는 게 특징이다. 와인 메이킹에 따라 조금씩 달라지겠지만, 대개 청사과를 비롯해 레몬류의 시트러스한 향, 감귤류의 향, 때로는 허브 향과 미네랄의 뉘앙스를 느낄 수 있다.

가볍고 파삭한 라이트 바디의 와인은 음식 매칭이 스파클링 와인과 크게 다르지 않다. 다만, 버블이 없고 쨍한 산미가 주된 특징이기 때문에 신선한 해산물과 함께 먹으면 좋다. 신선한 회나 해산물 찜 혹은 해산물 구이 등과 함께하면, 와인

의 생동감 있는 산도가 입안에 남아 있는 해산물의 비린내를 완벽히 잡아주기 때문에 음식을 더 맛있게 즐길 수 있다. 필자는 평소에 새우나 오징어를 잔뜩 넣어서 만든 해산물 파스타를 즐겨 먹는다. 이때마다 화이트 와인 한 잔을 곁들인다. 이외에도 마트에서 쉽게 구할 수 있는 홍합이나 가리비 등으로 찜이나 탕을 만들어서 매칭해도 좋다. 한겨울에 싸게 구할 수 있는 봉지 굴도 화이트 와인의 베스트 프렌드다. 요리하기가 귀찮다면 브리나 카망베르 같은 부드러운 소프트 치즈도 좋다.

· 미디엄 바디의 화이트 와인에는

'주시juicy하다'는 것은 포도 과즙에서 나오는 과일의 향과 맛이 와인에서 풍부하게 느껴진다는 의미다. 이런 와인은 복숭아나 리치를 비롯한 다양한 과실 향과 꽃 향이 복합적으로 올라온다. 입안에서 느껴지는 질감도 마냥 가볍지만은 않다. 주시한 와인은 기본적으로 차가운 온도에서 시음하지만, 라이트 바디의 화이트 와인보다는 온도를 살짝 높여도 좋다. 그래야 향을 좀 더 잘 느낄 수 있다. 또한 미디엄 바디의 화이트 와인은 숙성 잠재력이 높은 품종이라든지 아니면 애초에 장기 숙성을 목표로 만들어진 와인을 제외하고는 보통 2년에서 5년 이내에 마시는 것이 좋다.

미디엄 바디의 화이트 와인은 정말 많다. 필자는 프랑스 루아르 지방의 상세르Sancerre나 푸이 퓌메Pouilly-Fumé 지역의 와인이 떠오른다. 둘 다 소비뇽 블랑으로 만들어진다. 싱그러운 풀 향과 품종 특유의 톡 쏘는 향, 청사과, 감귤, 구즈베리의 향이 특징적이다. 살구·배·건포도 향이 특징적인 프랑스 알자스 지방의 피노 그리Pinot Gris나, 파인애플·감귤·복숭아 향에 등유 같은 독특한 기름 향이 느껴지는 영한 리슬링Riesling, 달콤한 과실 향과 반전을 주는 드라이한 맛이 매력인 게뷔르츠트라미너도 미디엄 바디 화이트 와인이다.

개인적으로 미디엄 바디의 주시한 화이트 와인은 한식을 비롯한 아시아 음식에 잘 어울린다고 생각한다. 아시아 음식은 국가마다 고유한 향신료를 음식에 쓰기 때문에 각기 다른 독특한 향과 맛을 지녔다. 한식도 된장, 고추장, 간장 같은 숙성한 재료가 여러 요리에 활용되는 개성이 강한 음식이다.

양념은 와인 페어링에 있어서 가장 중요한 포인트다. 같은 재료라도 어떤 양념

을 활용했는지에 따라 매칭하는 와인의 스타일이 달라질 수 있다. 다채로운 허브 향과 과실 향, 꽃 향을 풍부하게 느낄 수 있는 미디엄 바디 화이트 와인은 강한 향신료와 진한 소스가 가미된 음식과도 잘 어울린다. 예를 들어 여름에 종종 찾는 초계국수는 알싸한 겨자 향과 맛이 특징인데, 여기에 스파이시한 뉘앙스로 표현되는 게뷔르츠트라미너 와인을 곁들이면 더할 나위가 없다. 이런 맥락에서 냉면은 화이트 와인과 매칭이 가능하다. 된장을 풀어서 구수하게 삶은 수육에는 가벼운 레드 와인도 좋지만, 향긋한 미디엄 바디의 화이트 와인이 더 잘 어울리는 듯하다. 특히 리슬링을 추천한다. 이외에도 집에서도 누구나 쉽게 해 먹을 수 있는 비빔밥이라든지 군만두, 닭강정 같은 음식에 스스럼없이 화이트 와인을 매칭할 수 있다.

· 풀 바디 화이트 와인에는

화려한 과실 풍미와 더불어 견고하고 좋은 구조감과 질감의 풀 바디 화이트 와인에서는 잘 익은 사과, 살구, 복숭아, 망고, 꿀 등 진하고 뚜렷한 과실 향과 농밀한 질감을 느낄 수 있다. 특히 말로락틱 전환MLC(젖산전환)와 오크 숙성을 거친 와인은 구수한 너트, 토스트, 버터, 크리미, 바닐라 향도 추가로 느껴진다. 이처럼 풍성한 향과 맛의 풀 바디 화이트 와인은 와인이 가진 복합적인 플레이버를 더 잘 느끼기 위해 좀 더 온도를 높여서 즐겨도 상관없다. 풀 바디 와인은 장기 숙성에 적합하기 때문에 병입한 뒤에도 어느 정도 풍미가 진화할 수 있다. 한 예로 프랑스 부르고뉴의 특급 화이트 와인은 10년 이상 숙성하기도 한다.

풀 바디 화이트 와인의 대표적인 예가 바로 프랑스 론 지방의 최상급 화이트 와인인 콩드리외Condrieu다. 살구, 망고, 리치, 복숭아를 비롯한 달콤한 과실 향과 헤이즐넛 향이 매우 매력적인 와인이다. 이외에도 알자스 지방의 최고급 게뷔르츠트라미너도 풀 바디한 면모를 보인다. 화사한 꽃 향과 리치, 파인애플, 아몬드 향이 특징이다. 미국 캘리포니아에서 찬란한 햇살을 가득 머금은 크리미하고 진한 최고급 샤르도네도 빼놓을 수 없다. 사과, 파인애플, 복숭아 같은 달콤한 과실 향이 폭발적으로 느껴지고, 오크 숙성을 거친 와인의 경우에는 바닐라, 버터의 강렬한 향이 인상적이다.

풀 바디 화이트 와인은 개성이 뚜렷하기 때문에 이와 어울리는 음식을 고르는 게 와인과 음식 모두에 좋다. 필자는 버터에 지글지글 구운 육즙 가득한 스테이크나, 강렬한 플레이버를 자랑하는 트러플을 가미한 요리가 어울리는 듯하다. 지갑 사정이 좋다면 고급 식재료인 버터 랍스터도 더할 나위 없다. 반대라면 버터와 향신료를 껍질에 발라서 오븐에 구운 통닭 요리를 매칭해도 좋다. 요리에 자신이 없다면 오래 숙성한 하드 치즈도 좋은 선택이다.

with 로제 와인

로제 와인은 따스한 해가 비추는 오후의 창가, 꽃들이 만발한 테라스, 빵과 치즈가 올려진 아름다운 식탁 같은 것을 떠올리게 한다. 전통적으로 로제 와인으로 유명한 곳은 프랑스의 타벨과 프로방스 지역이다. 특히 프로방스는 전체 와인 생산량의 90% 이상이 로제 와인으로 탄생한다. 그야말로 로제 와인의 천국이다. 여기서는 가볍고 저렴한 로제 와인에서부터 세계의 와인 애호가를 홀리는 프리미엄 로제 와인까지 고루고루 만날 수 있다. 대개 달지 않은 드라이한 스타일이 대부분이다. 물론 프랑스가 아니더라도 로제 와인은 어디서나 만들고 있다. 다만 아직 좋은 로제 와인을 맛보지 못했다면 프로방스의 로제 와인을 먼저 접해보기를 바란다. 와인의 아름다운 색도 그렇고, 향이나 맛도 유유자적한 남프랑스의 아름다움

이 연상될 것이다.

로제 와인의 색이 화이트와 레드의 중간에 있는 것처럼, 음식도 화이트 와인에 어울리는 것들과 레드 와인에 어울리는 것들의 경계를 넘나든다. 필자가 가장 추천하는 음식은 연어다. 연어는 특유의 향과 맛이 있어서 와인을 매칭하기가 은근히 까다로운 편이다. 로제 와인은 연어와 색도 어울리고 마리아주mariage(음식과 와인의 조합)도 괜찮은 편이다. 스모키한 연어 그대로 먹어도 되고, 샌드위치를 만들어서 매칭해도 참 잘 어울린다. 이외에도 토핑에 상관없이 대부분의 피자나 파스타에 잘 어울린다. 부드러운 치즈나 샤퀴테리도 추천한다. 필자는 디저트에 어울리는 와인이 스위트 와인보다는 드라이한 로제 와인이라고 생각한다. 달콤한 디저트 한 입에 드라이한 로제 한 모금이면 입안을 깔끔하게 정리할 수 있다.

with 레드 와인

· 라이트한 레드 와인에는

과실 향이 많고 생기 있는 라이트 바디의 레드 와인은 레드 와인의 무거운 바디감이나 탄닌을 부담스럽게 생각하는 사람들에게 어필할 수 있다. 이런 와인은 적포도의 과육에서 과즙의 풍미를 최대한 끌어내면서 껍질의 탄닌을 최소한으로 제한해서 만들기 때문에 맛이 싱그럽다. 피노 누아처럼 껍질이 얇은 품종은 천성적으로 탄닌이나 바디감이 라이트한 와인을 만든다. 라이트 바디의 레드 와인은 풀 바디한 화이트 와인을 마실 때 와 같이 약간 차가운 온도에서 마시는 것 이 좋다. 와인이 지닌 생동감 있는 산도 와 더불어 과실의 풍미를 더 향긋하게 느 낄 수 있다.

라이트한 레드 와인의 가장 좋은 예는, 방금 언급했듯 피노 누아 와인이다. 피노 누아는 껍질이 얇기 때문에 와인으로 만 들어졌을 때 대개 색이 옅고 바디감이 라 이트하다. 보통 체리, 딸기, 라즈베리, 허 브, 후추, 흙 등의 향을 느낄 수 있다. 이 외에도 가메도 라이트한 와인을 주로 생산한다. 이 품종으로 만든 대중적인 와인 은 탄산가스침용이라는 독특한 양조 방식을 거친다. 따로 포도를 압착하지 않고 발효통에 포도송이를 통째로 넣어 그 무게를 이용해 즙을 내는 방식이다. 포도 전 체를 짓누르는 압착이 아니기 때문에 껍질에서 탄닌이 과도하게 추출되지 않아 신 선하고 향긋한 레드 와인으로 탄생한다. 제비꽃을 비롯한 섬세한 꽃 향, 후추와 레 드 베리류의 향이 특징적이다.

이밖에 이탈리아 토스카나의 키안티 지역의 와인이나, 피에몬테 지역에서 돌체 토Dolcetto나 바르베라Barbera 품종으로 만든 레드 와인도 추천한다. 셋 모두 부드 럽고 산미가 뛰어난 레드 와인이다. 완전한 라이트 바디 와인이라 할 수는 없고 라 이트와 미디엄 사이에 있다고 보면 된다. 돌체토의 경우 자두, 블랙베리, 코코아, 후추, 제비꽃 향이 특징적이다. 바르베라는 체리, 감초, 블랙베리, 말린 허브, 후추 향이 주도적이다. 병입 후 2년 이내에 신선한 상태에서 마시는 것이 좋다.

라이트 바디 레드 와인은 점심 식사 시간에 가볍게 한 잔 정도 곁들이거나, 햇 살 좋은 날 야외에서 샌드위치, 프라이드치킨, 소시지, 스낵류와 함께 살짝 칠링

해서 마시면 더할 나위 없이 좋다. 필자는 집에서 자주 해 먹는 토마토 파스타에 라이트 바디 레드 와인을 즐겨 매칭한다. 같은 맥락에서 신선한 토마토페이스트와 살라미 등을 함께 얹은 피자도 어울린다. 고기 요리에서 고르자면, 오랜 시간 부드럽게 익힌 담백한 수육이나 닭가슴살 스테이크가 좋다. 또 프랑스에 가면 맛볼 수 있는 달팽이 요리나 라자냐 혹은 퐁듀에도 상당히 좋은 조합을 보여준다.

· **미디엄 바디의 레드 와인에는**

　필자가 가장 좋아하는 와인 스타일이다. 적당한 산도와 바디감 그리고 잘 익은 탄닌을 가진 미디엄 바디 와인은 실로 다채로운 음식과 좋은 궁합을 이룬다. 기본적으로 상온(18℃)에서 마시며, 스타일에 따라 1~2℃ 정도 온도를 달리해 과실 향에 집중하거나 바디감에 무게를 두고 마셔도 좋다. 3~5년 이내에 시음하는 것이 이상적이긴 하지만, 좋은 와인은 수년을 묵혔다가 마셔도 된다.

　이런 스타일에 가장 부합하는 와인은 프랑스 생테밀리옹이나 포므롤 지역의 레드 와인이다. 이들 와인은 마치 양복을 입은 댄디한 신사를 떠올리게 한다. 조밀한 구조감을 갖춘 고급 와인이 많고, 진하고 원숙한 과실 향과 벨벳같이 부드럽고 풍성한 질감을 느낄 수 있다. 작은 레드 베리류, 자두, 삼나무, 훈연 향, 향신료, 가죽 향이 느껴진다.

　이탈리아의 경우, 토스카나의 브루넬로 디 몬탈치노Brunello di Montalcino나 비노 노빌레 디 몬테풀치아노Vino Nobile di Montepulciano를 추천한다. 둘 모두 이탈리아 국가 대표 품종인 산지오베제Sangiovese로 만드는 우아한 스타일의 명품 와인이다. 생산자나 와인 메이킹에 따라 풀 바디 스타일로도 만들어지지만, 필자 생각에 이 둘은 미디엄에서 풀 바디 사이인 듯하다. 체리 향과 향신료·나무·흙 향을 느낄 수 있으며, 다채로운 이탈리아 음식과 환상적으로 어울린다. 이외에도 라이트 바디의 레드 와인에서 추천한 키안티Chianti, 바르베라, 돌체토의 경우도 양조 방법에 따라 미디엄 바디 와인으로 만들어진다. 또한 피에몬테 지역의 고급 레드 품종인 네비올로Nebbiolo로 만든 와인도 강력하게 추천한다. 체리, 장미, 가죽, 아니스, 흙 향의 우아한 풍미를 자랑한다.

스페인에서는 국가 대표 품종인 템프라니요Tempranillo로 만든 와인이 미디엄 바디에 해당한다. 스페인에서 가장 유명한 와인 산지인 리오하에서 생산된 와인이 대표적이다. 숙성 여부에 따라 일반Génerico, 크리안사Crianza, 레세르바Reserva, 그란 레세르바Gran Reserva로 나뉜다. 뒤로 갈수록 더 오래 숙성한 고급 와인으로 그란 레세르바의 경우 최소 5년 숙성에 이 가운데 최소 2년은 오크 숙성을 해서 그윽하고 부드러운 풍미를 자랑한다. 영한 와인은 과실 향이 강조되는 신선한 스타일이고, 오래 숙성할수록 커피·초콜릿·자두·말린 과일 향과 담배·감초 향이 느껴진다.

미디엄 바디의 레드 와인은 실로 여러 음식과 매칭할 수 있다. 간장 소스가 베이스가 된 한식 요리, 예를 들어 맵지 않은 닭갈비라든지, 불고기, 소갈비찜과 함께하면 더할 나위가 없다. 이외에도 스파이시하면서도 너무 맵지 않은 아시아 음식과도 좋은 마리아주를 보여준다. 요리가 버겁다면 각종 샤퀴테리나 꼬릿한 향이 좀 덜한 경질 치즈도 추천한다.

· 풀 바디 레드 와인에는

묵직한 바디와 농밀한 과실 향 그리고 파워풀한 향미가 돋보이는 스타일이다. 풀 바디 와인은 와인 자체가 가진 요소가 다채롭다. 그래서 병에서도 오랜 시간을 버티며, 어느 시점까지는 오히려 진화한다. 대개 병입 후 5년 이상 숙성됐을 때 와인이 가진 특징이 잘 느껴지고, 와인 스타일에 따라 10년에서 길게는 30년까지 기다렸다가 마시기도 한다.

프랑스의 경우, 국가 대표 와인이 몰려 있는 보르도의 노른자위인 오메독의 슈퍼 프리미엄 와인이 풀 바디 와인의 전형이라 할 수 있다. 장기 숙성에 유리한 품종인 카베르네 소비뇽을 기본으로 메를로, 카베르네 프랑, 프티 베르도, 말벡이 블렌딩된다. 블랙커런트, 블랙베리, 다크 체리, 바닐라, 커피, 감초, 삼나무, 가죽, 향신료 향을 느낄 수 있다.

미국 고급 와인의 본산지인 나파 밸리의 프리미엄 와인도 대표적인 풀 바디 와

인이다. 특히 카베르네 소비뇽을 베이스로 해서 여러 품종을 블렌딩하거나, 혹은 카베르네 소비뇽 100%로 탄생하는 나파 밸리의 와인은 풀 바디 와인이란 이런 모습이야라고 외치는 듯하다. 이곳 와인은 강건하고 농밀한 질감과 파워풀한 탄닌을 자랑한다. 좋은 와인은 마치 실크처럼 부드러운 질감과 조화로움까지 갖췄고, 블랙커런트, 가죽, 커피, 초콜릿의 향이 느껴진다.

다음은 아르헨티나 멘도사의 프리미엄 와인이다. 특히 아르헨티나 대

표 품종인 말벡으로 만든 슈퍼 프리미엄 와인은 마치 잉크처럼 진한 색에 입안을 압도하는 질감과 긴 여운을 자랑한다. 아르헨티나 국가 대표 와이너리인 카테나 자파타Catena Zapata의 프리미엄 말벡을 마셔보면 어떤 느낌인지 바로 알 수 있다. 가죽, 자두, 커피, 향신료의 향이 주도적이다.

이외에도 이탈리아의 3대 명품 와인 중 하나인 아마로네Amarone도 풀 바디 와인의 대열에 합류할 수 있다. 몇 주에서 수개월 이상을 말려서 성분을 농축한 포도로 만든 아마로네는 포도로 만들 수 있는 최대치의 농밀함을 가지고 있다. 예를 들어 이 분야의 최정상급 와이너리인 달 포르노 로마노Dal Forno Romano의 아마로네는 농축된 과실 향이 특징적인데, 특히 건자두·건포도·잼·담배·나무·흙·스모키·시가·가죽·원두·블랙페퍼·정향·감초·말린 감·오크·스위트 스파이시 향이 폭발적으로 올라온다. 파워풀하게 입안을 압도하는 힘 있는 탄닌과 빈틈없는 묵직한 질감을 자랑한다.

풀 바디 와인에 어울리는 음식은 정해져 있다. 음식의 풍미가 약하면 와인에 압도당하기 때문이다. 진한 소스를 끼얹은 스테이크라든지 그릴에 구워서 훈제 향이 가득한 고기 요리가 가장 좋은 마리아주다. 이외에도 오래 숙성한 치즈나 고급스러운 샤퀴테리도 추천한다. 의외라고 생각할 수 있는데, 필자는 디저트 음식에 풀 바디 레드 와인을 마시는 걸 좋아한다. 생각보다 잘 어울린다.

with 스위트 와인

와인을 식사의 일부로 여기는 유럽 국가에서는 식사 마무리에 달콤한 디저트 와인을 즐기는 경우가 많다. 우리가 사탕, 과일, 식혜, 수정과를 즐기는 맥락과 비슷하다. 필자는 스위트 와인과 디저트 와인을 구분해 설명하는 편이다. 스위트 와인이 단맛이 있는 와인을 총칭한다면, 디저트 와인은 그중에서도 단맛이 세서 식후에 디저트로 즐기는 와인을 말한다. 국내에서도 인기가 많은 모스카토 다스티가 스위트 와인이라면, 뒤에서 설명할 귀부貴腐 와인은 디저트 와인이라 볼 수 있다. 여기서는 둘 모두를 통칭해서 스위트 와인이라고 부르자.

스위트 와인은 종류가 다양하다. 싸구려 단맛만 느껴지는 것에서부터 당도와 산도가 절묘하게 앙상블을 이루는 것도 있다. 고급 스위트 와인을 대표하는 와인이 바로 프랑스 보르도의 소테른 지방에서 생산하는 귀부 와인이다. 이 지역에서 주로 재배되는 청포도인 세미용Semillon과 소비뇽 블랑으로 만든다. 보트리티스 시네레아Botrytis Cinerea라 불리는 이로운 곰팡이균에 감염된 포도를 사용한다. 이 곰팡이에 감염이 되면 포도의 수분이 손실되며 포도의 당과 산이 강하게 농축된다. 이렇게 농축된 즙을 짜내서 오랜 시간 발효시켜 만든 게 귀부 와인이다.

말그대로 '귀한' 와인인 귀부 와인은 꿀처럼 달콤하지만 포도의 천연 산이 잘 어우러져 질리지 않는다. 소테른 외에도 독일의 베렌아우스레제Beerenauslese, 트로켄베렌아우스레제Trockenbeerenauslese, 헝가리의 국보급 와인인 토카이 아수Tokaji Aszu도 추천한다. 이런 최고급 스위트 와인은 와인 자체로 매우 훌륭한 디저트라고 생각되지만, 이와 맞는 음식을 더했을 때 그 가치를 제대로 느낄 수 있다.

귀부 와인에 어울리는 음식은 많지 않다. 대개 스위트 와인에는 달콤한 음식을 매칭해야 한다는데, 필자는 따로 추천하지 않는다. 달콤함에 달콤함이 더해지는 건 과하지 않은가? 입안이 얼얼한 느낌이랄까? 전통적으로 귀부 와인에 크리미한 질감이 일품인 푸아그라나 꼬리끼리한 플레이버가 인상적인 블루치즈를 매칭한

다. 구관이 명관이라는 말이 있듯 이 조합이 매
우 이상적이다. 아직 경험해보지 못했다면 꼭
한 번 해보기를 바란다.

with 포티파이드 와인

높은 도수의 순수한 주정이 가미돼 알코올 도수가 일반 와인보다 높은 포티파
이드 와인은 달콤한 스타일에서부터 드라이한 스타일까지 다양하다. 또한 국가나
지역에 따라 청포도 품종으로 만들기도 하고 적포도 품종으로 만들기도 한다. 청
포도 품종으로 만든 포티파이드 와인은 스페인의 셰리나, 포르투갈의 마데이라
Madeira가 대표적이고, 레드 버전으로는 포르투갈의 포트나, 프랑스의 뱅 두 나투
렐Vin Doux Naturels을 들 수 있다.

포티파이드 와인은 알코올이 높다는 공통점을 제외하면 스타일이 매우 다양해
서 여러 음식과 어울릴 수 있다. 달콤한 포티파이드 와인은 식사 마지막 코스에 고
급 치즈나 말린 과일, 견과류, 짭짤한 올리브 등과 함께 마신다. 드라이한 스타일
은 차갑게 해서 식전주로 즐기거나 아니면 얼음이 담긴 큰 잔에 와인과 토닉을 반
씩 섞고 신선한 민트 잎을 띄워서 칵테일로 마신다. 만약 수십 년을 숙성한 포티
파이드 와인이라면 견과류를 얹은 진한 콩테 치즈나 숙성된 페코리노 치즈와 멋
진 조화를 이룬다. 포티파이드 와인의 최종 보스라고 할 만한 빈티지 포트는 블루
치즈나 호두가 들어간 요리와 특별한 매칭을 보인다. 필자는 살구나 무화과 같은
말린 과일과 즐기는 편이다. 정말 잘 숙성된 빈티지 포트는 굳이 음식과 함께하지
않아도, 와인만의 풍부하고 복합적인 풍미를 명상하듯 즐길 수 있다. 정말 좋은 포
트는 그 자체로 완벽하다.

와인과 치즈

치즈는 누가 처음 만들어 먹었을까? 사실 아무도 모른다. 까마득히 먼 옛날 으깨진 포도에서 와인이 우연히 만들어졌으리라 추측하듯, 치즈도 동물의 젖이 특수한 환경에 놓였을 때 우연히 만들어졌을 가능성이 높다. 그 특수한 환경은 인류가 가축을 사육하면서부터 조성됐다. 가축의 가죽은 의류로 쓰였고, 고기와 젖은 훌륭한 단백질 공급원이었다. 내장 특히 신축성이 좋은 위는 다양한 식품을 저장하는 용기로 활용됐다. 아마도 거기에 짜낸 젖을 저장했을 때 치즈가 자연스럽게 만들어졌을 것이다. 위에 존재하는 렌넷이 젖을 커드와 유청으로 분리하는 능력이 있기 때문이다. 커드는 우유에서 분리된 단백질 덩어리로 치즈를 만드는 기초 재료로 쓰인다.

와인도 그렇지만, 유명한 치즈는 대개 유럽에 몰려 있다. 오랜 시간 소(혹은 물소)나 양 따위를 드넓은 초원에서 방목한 유럽인은 남은 우유로 치즈를 만들어 먹었다. 특히 고대 로마인에게 치즈는 없어서는 안 될 중요한 식재료였다. 유럽 대부분을 지배한 고대 로마인이 수준 높은 와인 문화를 유럽 곳곳에 전파했다. 치즈 역시 마찬가지였다. 고대 로마의 유명한 작가 콜루멜라Lucius Junius Moderatus Columella

는 그의 저서《농업론*De Re Rustica*》에서 렌넷을 통한 우유의 응고, 커드의 압착, 치즈의 염장과 숙성 등 치즈 제조 과정을 자세히 설명한다. 사실 우유에서 갓 분리한 커드는 신선하기는 하지만 저장성이 높지 않기 때문에 사람들은 어떻게 하면 치즈를 오랜 시간 두고 먹을 수 있을지 고민했다. 이러한 노력은 고대부터 수십 세기를 거쳐 지금에 이른다.

이렇듯 오랜 시간 인류에게 널리 사랑받은 치즈는, 마찬가지로 오랜 역사를 지닌 와인의 훌륭한 동반자다. 하지만 와인도 치즈도 종류가 생각보다 많기 때문에 서로의 특성을 잘 살펴서 매칭해야 실패하지 않는다. 예를 들자면, 프랑스 최고의 소비뇽 블랑 와인의 생산지인 푸이 퓌메에서는 오랜 시간 지역에서 기른 염소의 젖으로 치즈를 만들어 먹었다. 화이트 와인인 소비뇽 블랑 특유의 미네랄, 허브, 주시함이 염소 치즈의 크리미한 질감과 다소 고약한 플레이버를 효과적으로 씻어 낼 수 있기 때문이다. 유럽에는 셀 수 없이 많은 치즈가 생산되고 있고, 치즈가 있는 곳에는 이와 어울리는 와인(혹은 맥주)이 있다.

와인과 치즈 매칭의 기본은 이렇다. 레드 와인은 탄닌을 적든 많든 함유하기 때문에 대부분의 치즈와 잘 어울린다. 치즈의 단백질이 와인의 탄닌으로부터 입안을 보호하고 떫은맛을 상쇄하기 때문이다. 이 과정에서 오히려 치즈의 고소함이 배가 될 수 있다. 영국인이 탄닌이 풍부한 홍차에 우유를 타서 부드럽게 즐기는 것과 같은 이치다. 한 연구진이 치즈를 와인에 넣고 변화를 관찰했는데, 와인의 맛이 부드러워지고 치즈가 와인의 탄닌을 흡수하면서 보라색으로 변하는 걸 확인했다.

다만 신선함이 강조된 어린 치즈의 경우에는 탄닌이 너무 많은 레드 와인과 매칭하면 간혹 금속성 맛을 느낄 수 있기 때문에 유의해야 한다. 이 때문에 브리나 카망베르처럼 크리미하고 신선한 치즈의 경우 가볍고 과일 향과 맛이 두드러진 가벼운 화이트 와인이나 가벼운 레드 와인이 잘 어울린다. 그런데 화이트 와인에는 탄닌이 거의 없는데 어떻게 치즈와 어울린다고 할 수 있을까? 이는 화이트 와인의 골격인 산도에서 답을 찾을 수 있다. 치즈의 크리미한 단백질과 지방의 느끼함을 화이트 와인의 산미가 깔끔하게 정리하기 때문이다. 그래서 화이트 와인은 숙성 치즈보다는 갓 만든 신선하고 크리미한 치즈와 궁합이 좋다. 물론 풀 바디한 화이트 와인이라면 다르겠지만 말이다.

국내에서도 세계 곳곳에서 생산되는 각양각색의 치즈를 만날 수 있다. 여기에서는 시중에서 쉽게 구할 수 있는 치즈들과 어울리는 와인을 살펴보자.

2/ 와인과 음식

√ 알아두면 좋은 치즈 용어

연질 치즈   질감이 부드럽고 촉촉한 치즈를 말한다. 수분 함량이 50~70% 정도로, 카망베르가 대표적인 연질 치즈다. 연질 치즈 중에서도 숙성을 거치지 않은 치즈의 경우, 수분 함량이 80% 정도로 높기 때문에 입에서 크림처럼 부드러운 질감을 지녔다. 리코타 치즈를 생각하면 된다.

경질 치즈   연질 치즈와 반대로 질감이 단단하고 힘을 주면 부서지는 치즈를 말한다. 연질 치즈를 오랜 시간 숙성하면 경질 치즈가 되는데, 연질 치즈에서 느낄 수 없는 복합적인 플레이버를 보인다. 수분 함량은 30~40%로, 흔히 가루를 내서 양념처럼 뿌려 먹는 그라나 파다노가 대표적이다.

저온 살균   치즈를 만드는 데 사용되는 우유는 갓 짜냈을 때 균이 존재하기 때문에 대부분 살균을 거친다. 다만 우유에는 고온 가열하면 변성, 분해되는 비타민과 단백질이 들어 있다. 이 때문에 저온에서 살균해서 고유의 플레이버를 살리면서 일부 균을 제거한다. 대개 63~65℃에서 30분 이상, 72~75℃에서 15초 이상 혹은 이와 같은 살균력이 있는 방법으로 살균한다. 유럽의 경우 비살균 우유로 만든 치즈가 상당히 많이 생산된다. 업계 관계자에 따르면 비살균 치즈를 숙성하는 동안 미생물이 죽거나 생겨나는 등 다양한 변화가 일어나는데, 2도 이상에서 60일 이상 숙성하면 유해한 미생물이 죽어서 안전성을 확보할 수 있다고 한다. 최고급 치즈 중에는 비살균 치즈가 많으며, 오래전부터 비살균 치즈가 슈퍼 푸드라는 인식이 강해지면서 국내 치즈 수입업체의 비살균 치즈의 수입 허가 요청이 이어졌다. 국내의 경우 2016년 법안이 개정되어 몇 가지 조건을 충족한 유럽의 비살균 치즈가 수입되고 있다.

렌넷   젖을 소화하는 효소 복합체로, 포유류의 위장에 있다. 렌넷은 우유를 응고시키는 단백질 가수 분해 효소가 있기 때문에 우유를 고체와 액체로 분리할 수 있다. 이를 이용해 치즈를 만든다.

커드   응유라고도 하며, 렌넷이나 치즈 스타터 혹은 레몬즙이나 식초에 의해 우유가 응고된 걸 말한다. 우유의 주요 단백질인 카세인과 지방이 주성분이다.

훼이   유청이라고도 하며, 커드가 분리되고 남은 투명하고 황록색을 띤 용액을 말한다. 수용성 단백질과 비타민, 무기질로 이루어져 있다. 황록색을 띠는 이유는 유청에 풍부한 리보플라빈(비타민 B2) 때문이다.

치즈 스타터   치즈를 만들기 위해 우유에 넣는 미생물의 배양물. 치즈의 독특한 풍미를 주기 위해 첨가하며, 가장 많이 쓰는 게 젖산균이다. 젖산균에도 여러 종류가 있기 때문에 선택 접종한다. 예를 들어 치즈 안에 구멍을 만들려면 'Propionibacterium shermanii'라는 젖산균을 활용해야 한다. 대개 지방을 없앤 탈지유 혹은 유청에 우선 접종해서 배양한 뒤에 활용한다.

· 고다 GOUDA

네덜란드의 국가대표 치즈로, 치
즈 세계의 슈퍼스타다. 버터처럼
선명한 노란색을 띤다. 고다는 네
덜란드 남부의 도시 이름으로, 네
덜란드어로는 '하우다'라고 발음한
다. 고다에서 만든 치즈라서 고다
치즈라고 부르는 게 아니고, 과거부
터 네덜란드 남부의 농부들이 집에
서 만든 치즈를 고다에 모여서 시장
을 열고 판매했기 때문에 붙은 이름
이다. 즉 고다 치즈는 특정 치즈를
말하는 게 아니라 네덜란드 고다 인
근에서 만드는 치즈를 통칭하는 말

고다 치즈

이다. 카망베르 치즈가 탄생한 마을의 이름에서 유래한 것과는 대조된다.

네덜란드인에게 치즈를 만드는 일은 우리가 밥을 짓는 것처럼 자연스러운 생
활의 일부다. 무려 기원전 200년부터 치즈 제조 장비가 발달했다고 전해진다. 치
즈 만들기는 집안의 여성이 도맡았기 때문에 어머니는 할머니에게 물려받은 노하
우로 평생 치즈를 만들었다. 어머니의 노하우는 딸에게 전해졌다. 이렇게 전승된
고유의 치즈 메이킹이 지금까지 이어진다. 중세 네덜란드의 각 도시는 특정 상품
에 대한 독점적인 권리가 있었다. 고다 지역은 치즈였다. 이 때문에 네덜란드에
서 치즈를 만드는 사람들은 먹고 남는 치즈를 팔아서 생계를 유지하기 위해 고다
로 모였다.

고다 치즈가 세계적인 명성을 지니게 된 까닭은 네덜란드의 해상무역 역사에서
찾을 수 있다. 중세 유럽의 주요 단백질 공급원은 물고기, 그중에서도 어획량이 많

'농부의 치즈' 부렌카스

왔던 청어였다. 많은 나라가 청어 잡이에 열을 올렸다. 1358년 네덜란드의 한 어부가 청어의 내장과 가시를 제거하기 좋은 작은 칼과 소금물에 절여 통에 보관하는 통절임 방법을 고안하면서, 네덜란드는 청어 산업의 최강자로 군림한다. 당시 선상에서 염장된 청어는 1년간 보관이 가능했다. 냉장고가 없던 이 시기에는 그야말로 획기적이었다. 청어 무역이 대박을 터트리면서 네덜란드는 자연스럽게 해상무역의 강자가 됐다. 당시 저장성이 좋은 치즈는 선원에게 없어서는 안 될 필수품이었다. 그렇게 고다 치즈는 배에 실려 전 세계를 유랑하며 세계 곳곳에 그 이름을 전파할 수 있었다.

현재 고다 치즈는 네덜란드 제일의 효자 수출품이다. 네덜란드 전체 치즈 생산량의 60%가 고다시의 주변에서 생산된다. 지금도 고다시에는 4~8월 일주일에 한 번 목요일 오전에 치즈 장터가 열린다. 여기서는 대량 생산된 고다 치즈가 아니라, 농부들이 집에서 비살균 우유로 만든 수제 고다 치즈를 살 수 있다. 이 전통 시장의 역사는 무려 1395년으로 거슬러 올라간다. 구매자가 치즈를 맛보고 마음에 들면 판매자와 함께 손뼉을 치고 가격을 외치는 '핸드제클랍handjeklap(손뼉치기)'이라는 흥정 시스템이 있었다. 지금도 관광객의 흥미를 끌기 위해 핸드제클랩을 한다.

가정에서 만드는 비살균 치즈는 대량 생산 치즈와 구별하기 위해 '농부의 치즈'라는 뜻의 'BOERENKAAS(부렌카스)'라고 부른다. 부렌카스는 PGI 인증을 받는다. 'PGI'는 'Protected Geographical Indication'의 약자로 '지리적 표시 인증'이다. 식품의 특성이 특정 지역의 지리적 특성에 기인하는 경우 해당 원산지의 이름을 상표로 인정하는 제도다. 와인에서는 샴페인을 떠올리면 이해하기 쉽다. 이 외에도 '노르트홀란드 고다Noord-Hollandse Gouda', '고다 홀란드Gouda Holland'가

EU 차원에서 PGI 보호를 받는다. PGI 인증 고다 치즈는 반드시 네덜란드에서 자란 젖소의 우유로 만들어야 한다.

고다 치즈는 대개 우유로 만든다. 이 밖에 양이나 염소의 젖으로도 만들기는 하지만 드물다. 다른 치즈를 만들 때와 마찬가지로 렌넷과 치즈 스타터로 커드를 형성한다. 이때 커드를 바로 분리하지 않고 잘게 자르면서 계속 저어주다가 전체 유청의 30%만 제거한 뒤 그만큼 따뜻한 물을 붓는다. 이 과정을 통해 달고 부드러운 치즈가 만들어진다. 후에 응고된 커드를 모아서 원형 틀에 넣고 몇 시간 압착해서 형태를 만든다. 완성된 치즈는 소금물에 담갔다가 왁스 코팅을 한다. 코팅 색은 노란색이나 빨간색이 대부분인데, 간혹 오래 숙성된 건 검은색으로 코팅하기도 한다. 코팅된 치즈는 13~15℃의 온도와 85%의 습도를 유지하는 창고에서 숙성한다. 둥그런 치즈를 그대로 두지 않고 수시로 뒤집어준다. 숙성이 진행되면 색이 갈색으로 변하고 풍미가 점차 강해진다. 최소 숙성 기간은 4주이고, 1년 이상 숙성한 것도 있다. 필자가 참 좋아하는 치즈 가운데 하나가 1000일 숙성한 고다 치즈다.

고다 치즈는 숙성 기간에 따라 풍미가 매우 다르다. 영한 고다 치즈에는 리슬링 등 향기로운 화이트 와인이 어울리고, 숙성이 진행된 강한 풍미의 고다에는 이에 걸맞게 향이 진하고 화려한 플레이버를 지닌 레드 와인이 어울린다. 필자는 시라 품종으로 만든 레드 와인과 마시는 걸 좋아한다. 특히 잘 숙성된 프랑스의 샤토뇌프뒤파프Châteauneuf-Du-Pape나 지공다스Gigondas, 북 론의 레드 와인이라면 더할 나위가 없다.

· 그라나 파다노 GRANA PADANO & 파르미지아노 레지아노 PARMIGIANO REGGIANO

둘 모두 이탈리아에서 가장 대중적인 치즈이자 세계적인 명성을 가진 치즈다. 그라나 파다노는 역사가 매우 오래된 치즈로, 무려 900년 전 파다나 밸리의 초원을 개간하고 소를 키웠던 키아라발레 수도원의 수도사들이 남는 우유를 오래 보관하기 위해 개발했다. 그라나 파다노의 그라나는 이탈리아어로 '곡물', '알갱이'

를 뜻하는 'grana'에서 유래했고, 파다노는 이 치즈가 처음 탄생한 파다나 밸리에서 유래했다.

그러나 파다노가 그냥 커피라면, 파르미지아노 레지아노는 'TOP'다. 외관이 매우 비슷해서 둘을 구분하기가 쉽지 않다. 다만 파르미지아노 레지아노는 오로지 이탈리아 북부에 위치한 파르마와 레지오 에밀리아에서만 생산이 가능하다. '치즈의 왕'으로 불리며 나폴레옹이 가장 좋아했던 치즈로 알려졌다. 그러나 파다노와 마찬가지로 키아라발레 수도원의 수도사들이 만들기 시작했다. 그러나 파다노보다 생산 공정이 까다롭고 품질이 높다. 1996년 유럽 연합에 의해 DOP(원산지 보호 제품)로 지정됐으며, 원유부터 생산에 이르기까지 모든 공정이 엄격하게 관리 통제된다.

파르미지아노 레지아노는 지금도 지난날 수도사들이 만들던 전통 방식 그대로 만든다. 첨가제나 보존제를 전혀 첨가하지 않으며 우유, 바닷소금, 천연 렌넷으로만 만드는 자연 치즈다. 우선 신선한 우유를 하루 동안 그대로 둔 뒤 위에 뜬 기름만 걸러낸 것과 갓 짠 신선한 우유를 반씩 섞어서 렌넷과 천연 발효종을 넣고 대형

그라나 파다노 치즈

청동 가마솥에서 55℃로 데운다. 이때 생긴 커드는 '스피노Sipno'라 부르는 독특한 장대로 잘게 부수는데, 그대로 두면 바닥에 덩어리가 가라앉는다. 이 덩어리를 분리해서 헝겊에 놓고 물기를 제거한 뒤에 원형 틀에 넣는다. 이후 한 달 정도 소금물에 담가놓아 간을 하고, 긴 숙성 시간을 거치면 비로소 하나의 치즈가 완성된다.

파르미지아노 레지아노는 틀의 사이즈가 정해져 있다. 원형 틀 하나에 필요한 우유의 양은 무려 550ℓ다. 또한 굳은 치즈의 무게는 대략 39kg으로, 치즈마다 고유 번호와 제조 연월일이 치즈 표면에 푸른색 점처럼 찍히는 것이 특징이다. 숙성은 18개월, 22개월, 30개월 이상으로 나뉜다. 오래 숙성할수록 맛과 향이 강하다. 그러나 파다노와 파르미지아노 레지아노 모두 치즈 자체가 천연 소금의 역할을 하므로 파스타, 리소토, 그라탕 등 각종 요리에 뿌려 먹는다. 얇게 슬라이스해서 와인에 곁들여도 그만이다. 영한 치즈는 로제나 스파클링 와인과 잘 어울리고, 오래 숙성한 것은 역시 오래 숙성한 와인과 어울린다. 필자는 이탈리아의 명품 와인인 바롤로나 바르바레스코를 추천한다.

· 콩테 Comté

1000년의 역사를 자랑하는 세계적 명성의 반경질 치즈다. 생산지는 프랑스 동쪽 끝, 스위스와 국경을 맞대고 있는 프랑슈 콩테의 산악지대다. 콩테는 소의 사육, 먹이주기, 제조, 숙성에 이르기까지 전 과정이 PDO로 엄격히 보호되는 프랑스의 국보급 치즈다. 재료부터 남다른데, 쥐라의 청정 산악지대에서 자라는 몽벨리아르드

콩테 치즈

Montbéliardes와 프렌치 시멘탈French Simmental 품종 혹은 둘의 교배종 우유만 재료로 허용된다. 또한 PDO에 따라 소 한 마리가 넉넉히 풀을 뜯을 수 있는 최소 1헥타르의 목초지를 제공해야 한다. 여기서 핵심은 쥐라산맥의 목초지가 대략 400여 종에 이르는 풀과 야생화가 서식하는 천혜의 방목지라는 점이다. 이는 우유의 풍미에 풍부함과 깊이감을 더해준다고 알려졌다. 풀이 자라지 않는 겨울에도 동일한 목초지에서 모아놓은 건초만 먹여야 한다. 즉 여름에 만든 콩테와 겨울에 만든 콩테의 풍미에 차이가 있을 수 있다. 전문가들에 따르면, 여름 콩테는 황금빛 색조와 특유의 흙 내음이 특징이고, 겨울 콩테는 우윳빛깔에 풍미가 부드럽다.

만드는 방법은 다음과 같다. 우선 반드시 갓 짠 신선한 비살균 우유에 치즈 스타터를 넣고 큰 구리 솥에서 32°C도 정도로 부드럽게 가열한다. 콩테 치즈 휠 하나에 최대 600ℓ의 우유가 필요하다. 1시간 뒤 렌넷을 추가하면서 온도를 약 56°C까지 끌어올려 커드 분리를 가속화한다. 응고된 커드는 둥근 틀로 옮겨 내부에 마저 남아 있는 유청을 자연스럽게 빼낸다. 하루가 지나면 치즈를 만든 농장의 지하에서 대략 3주 동안 보관한다. 다시 별도의 지하 숙성실로 옮겨 매일 소금물로 세척하고 뒤집는 작업을 반복하면서 둥글고 납작한 형태를 만든다. 숙성은 짧게는 4개월, 길게는 24개월이 소요된다.

콩테는 숙성되는 동안 노란색으로 변하고 질감이 단단해진다. 그 과정에서 특유의 견과류 향과 매콤함이 입혀진다. 갓 만든 어린 콩테는 탱글탱글한 탄력과 신선한 유제품 플레이버가 돋보인다. 숙성한 콩테는 밀도가 높아지면서 내부에 크리스탈 결정이 생긴다. 맛도 더욱 고소해지고, 때에 따라 스모키하고 달콤한 과일향을 매력적으로 풍긴다. 콩테는 출하 전 전문 테이스터들이 맛을 평가한다. 14점 이상을 얻은 우수한 콩테에는 녹색 띠를, 12~14점은 갈색 띠를 준다. 12점 미만의 치즈는 콩테로 유통될 수 없다.

콩테는 자체로도 훌륭한 와인 안주지만, 짧게 숙성한 어린 콩테는 열에 잘 녹는 성질 때문에 퐁듀 재료로 활용된다. 어울리는 와인으로는 쥐라 지방의 특산 청포도인 사바냉Savagnin으로 만든 화이트 와인과 '쥐라의 황금'이라고 불리는 뱅 존Vin Jaune이 있다. 적포도 역시 쥐라 특산인 풀사르Poulsard, 트루소Trousseau로 만든 신선한 레드 와인을 추천하는데, 한국에서 구하기는 쉽지 않은 편이다. 대중적으로는 리슬링이나 게뷔르츠트라미너로 만든 화이트 와인, 부드러운 피노 누아나 보르도의 레드 블렌드 와인을 추천한다. 어느 정도 숙성한 콩테는 프랑스 론 지방의 시라로 만든 강렬한 레드 와인이나, 샤토뇌프뒤파프가 찰떡궁합이다.

· 그뤼에르 GRUYÈRE

스위스를 대표하는 경질 치즈다. 치즈의 역사가 무려 12세로 거슬러 올라간다. 이름은 이 치즈를 탄생시킨 그뤼에르 지역에서 비롯했다. 2011년 EU로부터 AOP(원산지 명칭 보호법) 치즈로 인증을 받았다. 현재는 스위스의 프라이부르, 보, 뇌샤텔, 쥐라와 베른의 일부 지방자치단체에서 생산한다. 치즈를 만들 때 어떠한 첨가물이나 인공 향료도 첨가되지 않은 자연 치즈다. 지금도 선조들이 만들던 전통 방식 그대로 만들고 있다.

그뤼에르 치즈

그뤼에르 치즈는 여름에는 신선한 풀, 겨울에는 건초만 먹은 젖소의 우유만 사용한다. 최종 완성된 35kg의 그뤼에르 치즈 하나를 만드는 데, 약 400ℓ의 신선한 우유가 필요하다. 아침저녁으로 짜낸 신선한 우유는 곧바로 치즈 공장으로 옮겨진다. 이때 저녁에 받은 우유는 밤새 안정화한 뒤 아침에 받은 우유와 섞어 대형 구리 솥에 넣는다. 그리고 자연 유청으로 만든 천연 효모종과 렌넷을 첨가해서 우유를 응고시킨다. 35~40분 후에 커드가 생기면 치즈 하프라 부르는 대형 나이프로 커드를 잘게 부순다. 이후 대형 구리 통을 57℃에서 40~45분 동안 가열한다.

알갱이 진 커드와 유청을 둥근 틀에 넣고 900kg의 힘으로 약 20시간 동안 눌러서 형태를 잡는다. 형태가 잡힌 치즈는 24시간 동안 소금물에 넣고 간을 한 뒤 셀러에서 3개월 동안 1차 숙성을 거친다. 3개월 후 치즈는 90%의 습도와 15℃를 유지하는 장기 숙성실로 옮겨지는데, 이때 가만히 두는 게 아니라 앞뒤로 뒤집어주면서 소금물로 닦아야 한다. 숙성은 5~18개월 동안 이어진다. 참으로 고된 작업 후에 탄생하는 고급 치즈다.

그뤼에르도 다른 경질 치즈와 마찬가지로 숙성 시간에 따라 맛이 다르다. 어릴 때는 고소한 견과류 향이 나며 질감도 부드럽다. 숙성된 것은 강렬한 플레이버와 흙 같은 복합적인 뉘앙스가 풍긴다. 그뤼에르와 오랜 시간 짝을 맞춰온 와인은 피노 누아다. 피노 누아 특유의 체리, 딸기, 라즈베리 등 신선한 베리류의 뉘앙스가 그뤼에르의 은은한 단맛과 짠맛에 잘 어울린다.

· 카망베르 CAMENBERT & 브리 BRIE

카망베르는 프랑스 노르망디에서 18세기 말부터 만들어지기 시작한 흰곰팡이 치즈로 세계에서 가장 유명한 치즈로 꼽힌다. 전설에 따르면, 카망베르 치즈는 프랑스 노르망디의 작은 마을인 카망베르에 살았던 마리 아렐 부인 덕분에 세상에 알려졌다. 당시 카망베르의 치즈 제조법은 수도원 내부에서만 비밀스럽게 전수되고 있었다. 그러다 프랑스 혁명이 발발하면서 수도원에 대한 탄압이 거세졌고, 브리 지방에서 도피한 성직자를 마리 아렐 부인이 집에 숨겨주었다. 성직자는 감사의 표시로 부인에게 치즈의 제조 방법을 알려주었다. 바로 이 이야기가 카망베르의 기원이다. 카망베르와 브리 치즈가 캐릭터가 비슷한 이유도 바로 이런 역사에서 비롯한다고 전해진다.

카망베르 치즈

나폴레옹 3세는 파리 만국박람회에 출품된 카망베르 치즈를 맛보고 한눈에 반해 그가 거주하던 궁전으로 치즈를 납품할 것을 명했다고 한다. 노르망디와 파리 간 철도가 개설되고, 치즈를 온전한 형태로 보관할 수 있는 나무틀이 개발되면서 카망베르의 인기는 날개를 단다. 심지어 제1차 세계대전 동안 프랑스 군인의 식량으로 쓸 정도였다. 프랑스 정부는 1983년 카망베르 치즈의 원산지를 보호하기 위해 AOC를 부여했고, 1992년에는 EU의 PDO(AOP와 마찬가지로 원산지 명칭 보호법)로 엄격히 품질을 관리하고 있다.

세계적으로 유명한 카망베르 치즈는 유사품이 상당히 많다. 하지만 노르망디의 카망베르를 최고로 치는 데는 이유가 있다. 노르망디는 연중 온화한 날씨와 적당한 비 덕분에 목초지가 매우 잘 형성되어 있다. 소를 방목해서 키우기가 좋은 환경이다. 이 때문에 원유의 품질이 매우 뛰어나다. '카망베르'라고 부르기 위해서는 치즈의 무게가 최소 250g, 지름이 10cm, 지방 함량이 약 22%여야 한다. 최초의 카망베르는 살균을 거치지 않은 원유로 만들었다. 지금은 워낙 많은 양을 만들기 때문에 대개 저온 살균을 거친다. 다만 전체 카망베르의 약 10%를 차지하는 프리미엄 버전인 카망베르 드 노르망디는 여전히 비살균 우유로 만든다.

카망베르 치즈의 맛과 향은 페니실리움 칸디둠Penicillium candidum 곰팡이가 결정한다. 우선 원유에 렌넷을 넣고 응고시킨다. 자연스럽게 생긴 커드를 카망베르

전용 틀에 넣고 48시간을 두어 커드에 남아 있는 유청을 모두 빼낸다. 단단한 상태가 된 커드를 틀에서 분리한 뒤 표면에 소금을 바른다. 이후 곰팡이균을 주입해 치즈의 표면부터 솜털 모양의 곰팡이가 자라도록 둔다. 곰팡이 때문에 안쪽은 질감이 부드러워지고, 표면은 버섯 향이 올라오며 약간 딱딱한 상태가 된다. 숙성 기간은 1~2개월 정도로 짧은 편이다.

알맞게 숙성된 카망베르는 고소한 견과류와 신선한 과일의 풍미, 적당히 짭조름한 맛이 일품이다. 식감이 부드럽기 때문에 와인도 과실 향이 좋고 바디감이 가벼운 것을 곁들이면 좋은 궁합을 보인다. 프랑스의 보졸레 지역에서 생산되는 가메 와인이나 부르고뉴의 가벼운 피노 누아 와인이 잘 어울린다. 화이트 와인의 경우 알자스나 독일의 리슬링을 추천한다.

위에서도 한 번 언급한 브리는 카망베르와 매우 비슷한 모양과 플레이버를 지녔다. 전문가가 아니라면 구분하기 어려울 정도다. 두 치즈는 물론 생산 지역이 다르고, 크기와 모양도 살짝 다르다. 브리는 카망베르보다 지름이 큰 휠에 넣고 만들기 때문에 크기가 크다. 이 때문에 숙성이 더딘 브리는 카망베르보다 향과 맛이 덜 진한 편이다. 카망베르는 완성된 그대로 시중에 유통되지만, 브리는 케이크처럼 웨지 모양으로 잘라서 파는 곳이 많다.

· **모짜렐라** MOZZARELLA

이탈리아에서 생산되는 세계적인 명성의 치즈다. 어원은 이탈리아어로 '잘라내다'라는 뜻의 'mozzare'에서 유래했다. 이는 모짜렐라를 만드는 과정에서 탄력 있는 커드를 100~300g 크기의 공 형태로 자르는 모습을 묘사한 것이다. 전설에 따르면, 모짜렐라는 나폴리 근처의 치즈 공장에서 커드가 실수로 뜨거운 물통에 떨어졌을 때 탄생했다.

전설의 배경이 나폴리이듯, 모짜렐라는 나폴리 인근에서 자란 물소의 우유로 처음 만들었다. 최초에는 살균되지 않은 우유를 사용했다. 냉장 시설이 발달하지 않았기 때문에 유통 기한이 매우 짧았다. 이 때문에 오랫동안 치즈 대부분이 지역 내에서 소비되었다. 이후 치즈 만드는 기술이 발전하고 냉장과 운송 시스템이 발달하면서 모짜렐라가 널리 알려졌다.

오늘날에도 가장 우수하고 높이 평가받는 수제 버팔로 모짜렐라는 나폴리 남부의 바티팔리아와 카세르타 인근에서만 생산된다. 이곳의 소규모 치즈 공장에서는 수백 년 동안 차곡차곡 쌓아온 노하우를 십분 발휘해 매우 전통적인 스타일의 맛있는 모짜렐라 치즈를 생산한다.

모짜렐라 치즈를 얹은 피자

모짜렐라는 소와 물소의 젖 둘 다 사용할 수 있지만, 진짜 모짜렐라는 물소의 젖으로 만든다. 우선 발효종을 넣은 유청을 신선한 물소 젖에 넣고 하루 동안 그대로 둔다. 다음 날 33~39℃로 가열하면서 렌넷을 첨가해 커드를 만든다. 응고된 커드는 작은 조각으로 자르고 유청을 분리한다. 남겨진 커드는 산성화하도록 잠시 내버려 두었다가 끓는 물을 부어 커드에 탄력이 생기게 한다. 이때 치즈 메이커는 막대기 따위를 이용해 커드가 탄력을 충분히 얻었는지 확인한다.

커드가 끊어지지 않고 고무처럼 늘어나는 상태가 되면 커드 안에 남은 유청을 분리하기 위해 다시 내버려 둔다. 알맞게 숙성된 커드를 다시 스트립 형태로 길게 자르고, 95℃ 뜨거운 물에 담가서 잘게 자른 커드가 엉켜서 덩어리지게 한다. 이때 계속해서 저어주면 윤기 나고 찰진 덩어리를 얻을 수 있다. 덩어리진 커드를 작은 공 형태로 떼어내 찬 소금물에 넣으면 완성이다.

모짜렐라는 연질 치즈의 대명사다. 신선한 우유 향이 물씬 풍기고 단맛과 신맛이 절묘하게 배어 있다. 숙성 치즈에 거부감이 있는 사람들에게도 어필할 수 있는 신선함이 매력이다. 모짜렐라는 뜨거운 온도에서 마치 실처럼 늘어나는 특징이 있어, 피자를 만들 때 많이 활용한다. 필자는 신선한 모짜렐라 덩어리에 토마토나 바질 등을 얹어 먹는 걸 좋아한다. 신선함이 강조된 치즈이기 때문에 가벼운 레드 와인이나 상큼한 화이트 와인이 어울린다. 이탈리아 토스카나 지방의 특산 와인인 중저가의 키안티 와인을 추천한다.

· 블루치즈 & 고르곤졸라 GORGONZOLA

블루치즈는 외피에 푸른색 곰팡이가 있는 치즈를 말한다. 이 푸른곰팡이는 알렉산더 플레밍Alexander Fleming이 인류 최초의 항생제인 페니실린을 추출했던 곰팡이인 페니실리움 속이다. 특유의 고약한 향과 맛 때문에 호불호가 크게 갈리는 치즈이다. 국내에서 한때 꿀에 찍어 먹는 고르곤졸라 피자가 인기를 끌면서 블루치즈도 자연스

블루치즈

럽게 인지도가 상승했다. 유명한 블루치즈에는 프랑스의 로크포르와 블뢰 도베르뉴, 이탈리아의 고르곤졸라, 영국의 스틸턴 등이 있다. 사실 어떤 블루치즈이든 간에 만드는 방법은 비슷하다. 먼 과거에 푸른곰팡이균을 분리해서 접종할 수 있는 기술이 없던 시기에는 응고된 커드를 온도와 습도가 일정한 천연 동굴에서 숙성해 자연스럽게 푸른곰팡이를 피게 했다. 하지만 지금은 이런 전통 방식은 거의 찾아보기 힘들며, 대개 균을 접종해서 만든다.

신선한 우유에 젖산균, 렌넷, 푸른곰팡이균을 접종해서 커드를 만든다. 응고된 커드는 분리해서 건조한다. 이때 소금으로 치즈의 표면을 마사지한다. 그리고 이어지는 중요한 작업이 커다란 금속 바늘로 치즈 곳곳에 구멍을 내는 일이다. 이 구멍이 있어야 푸른곰팡이가 치즈 전체에 골고루 번식할 수 있다. 이후 온도 2~7℃,

습도 85~95%가 유지되는 숙성실에서 치즈를 숙성한다. 숙성 시간은 원산지마다 조금씩 차이가 있다. 고르곤졸라의 경우 최소 50일 이상 되어야 한다.

필자는 이탈리아의 고르곤졸라를 가장 좋아한다. '고르곤졸라'라는 이름은 이 치즈가 생산되는 이탈리아 롬바르디아의 지역 이름을 그대로 딴 것이다. 고르곤졸라 지역에서는 한때 그곳에서 생산되던 치즈를 '스트라키노Stracchino'라 불렀고, 우연히 탄생한 블루치즈를 '스트라키노 베르데verde(푸른색)'라고 불렀다. 전설에 따르면 한 여인과 사랑에 빠진 청년이 만들다 만 커드를 밤새 방치해놓았다고한다. 그는 다음 날 자신의 실수를 덮기 위해 새로 만든 커드를 전날 숙성된 커드와 섞어서 치즈를 만들었는데, 그 치즈에 푸른곰팡이가 피어 있었다. 찜찜한 기분으로 맛을 보았는데, 보기와는 달리 맛이 깊고 풍부했다. 이 맛에 매료되어 치즈가 널리 알려지게 되었다는 얘기다.

고르곤졸라는 단맛이 살짝 있고 크림처럼 부드러운 돌체dolce(달콤한)와, 톡 쏘는 맛과 단단한 질감의 피칸테picante(매운)로 나뉜다. 독특한 플레이버 때문에 음식에 넣어서 먹으면 맛과 향이 배가되는 특징이 있다. 보통 이탈리아에서는 빵에 발라 먹거나 리소토 등에 넣어 먹는다. 블루치즈는 오랜 시간 단맛이 있는 음식이나 술과 함께 즐겼다. 꿀에 찍어 먹는 고르곤졸라 피자가 괜히 유행한 게 아니다. 이런 이유로 와인도 달콤한 걸 매칭하는 게 좋다. 필자는 디저트 와인의 왕인 프랑스의 소테른 와인이나 아이스와인을 추천한다.

· 에멘탈 EMMENTAL

어린 시절 TV 앞을 떠나지 못하게 했던 〈톰과 제리〉에는 제리가 좋아하는 치즈가 잔뜩 나왔다. 그중 구멍이 숭숭 뚫린 먹음직스러운 치즈를 보며 항상 그 맛이 궁금했던 기억이 있다. 그 구멍 숭숭 뚫린 치즈가 바로 에멘탈이다. 에멘탈은 '스위스의 한 조각'이라는 별칭을 지닌 스위스의 국가대표 치즈다. '에멘탈'이라는 명칭은 보호받지 않는다. 스위스의 에멘계곡에서 전통적인 방법으로 만든 에멘탈 치즈만

에멘탈 치즈

이 '에멘탈러 스위처란드Emmentaler Switzerland AOP'로 보호받는다. 이 AOP 치즈는 오로지 비살균·비가열한 원유, 물, 소금, 렌넷, 박테리아로만 만든 자연 치즈다. 에멘탈 1kg을 만들기 위해서는 약 12ℓ의 우유가 필요하다고 한다.

에멘탈 치즈의 구멍은 이 치즈를 만들 때 접종하는 박테리아 때문이다. 에멘탈을 만들 때는 31℃ 온도의 우유에 총 세 가지의 박테리아를 넣는다. 첫 번째는 젖산균으로 대부분의 치즈를 만들 때 접종하는 가장 흔한 균이다. 두 번째가 스트렙토코쿠스 테르모필루스Streptococcus thermophilus인데, 젖산균을 도와 우유의 유당을 젖산으로 바꾼다. 마지막은 프로피오니박터 셰르마니Propionibacter shermanii로, 바로 이 박테리아가 젖산을 먹고 이산화탄소를 내뿜는 역할을 한다. 치즈 안에서 빠져나가지 못한 이산화탄소는 '치즈 아이cheese eye'라 불리는 커다란 구멍을 만든다. 말이 쉬운데, 이 구멍을 제대로 만들기 위해서는 오랜 숙성을 거쳐야 한다.

우선 우유로부터 얻은 커드를 틀 안에 넣어 압착한 뒤 치즈의 캐릭터에 따라 4~30개월 동안 숙성한다. 구멍을 만들기 위해서는 온도 19~24℃, 습도 79~90%로 유지되는 셀러에서 6~8주 동안 1차 숙성을 거친다. 구멍이 알맞게 생기면, 12℃의 차가운 셀러에서 나머지 기간을 숙성한다. 치즈 아이의 크기는 숙성 온도나 치즈 자체의 산도 그리고 숙성 기간에 따라 달라진다. 엄지손톱만 한 것에서부터 체리만 한 것까지 크기가 다양하다. 에멘탈은 당연하지만 오래 숙성할수록 풍미가 강해진다. 완성된 에멘탈은 두께가 무려 16~27cm, 지름은 80~100cm, 무게는 75~120kg(보통 90kg)에 육박한다. 대개 먹기 좋게 케이크 형태로 잘라서 판다.

에멘탈은 그뤼에르와 비슷하기는 하지만, 아로마가 더 달콤하고 갓 자른 건초의 향도 난다. 맛도 더 부드럽고 쫀득하다. 그냥 먹기도 하지만 퐁듀의 재료로 많이 활용한다. 화이트 와인 가운데 살짝 달콤하고 크리스피한 리슬링의 풍미가 에멘탈과 잘 어울린다. 만약 치즈를 디저트로 준비한다면 아이스와인도 좋다. 레드 와인에서는 피노 누아를 추천한다. 치즈의 풍미를 해치지 않기 때문에 둘 다 상생할 수 있다.

· 페코리노 로마노 PECORINO ROMANO

페코리노는 소가 아닌 양의 젖으로 만드는 경질 치즈다. 치즈의 이름인 '페코리노'의 어원도 이탈리아어로 양을 뜻하는 'Pecora'에서 유래했다. 페코리노 로마노는 이탈리아에서 가장 오래된 치즈로 그 역사가 무려 2000년 전으로 거슬러 올라간다. 과거에 양은 이탈

페코리노 로마노 치즈

리아의 시골 가정에 젖과 고기를 제공하는 없어서는 안 되는 동물이었다. 이 때문에 자연스럽게 양젖을 이용한 치즈가 생산되었다. 이름에서 짐작할 수 있듯이 이 치즈를 만들고 발전시킨 민족은 고대 로마인이다. 기록에 따르면, 군인에게 제공되는 식사에 페코리노 치즈가 필수로 포함되었다. 또한 고대 로마의 작가 콜루멜라는 그의 저서 《농업론》에서 페코리노 치즈의 제조 과정에 관해 기술한 바 있다.

페코리노 로마노는 19세기 말까지 로마 인근에서 만들었지만, 전 세계적으로 수요가 증가함에 따라 지금은 대부분 사르데냐섬에서 만든다. 만드는 방법은 그라나 파다노와 비슷하다. 다만 양의 젖으로 만들기 때문에 우유를 응고시키는 렌넷은 반드시 어린 양의 위에서 추출한 것을 써야 한다. 워낙 유명한 치즈인만큼 페코리노 로마노 외에 사르데냐에서 만드는 페코리노 사르도, 토스카나에서 만드는 페코

리노 토스카노, 시칠리아에서 만드는 페코리노 시칠리아노도 있다. 이들 치즈는 전문가가 아니면 구분하기 어려울 만큼 향과 맛이 비슷하다.

페코리노 치즈는 그라나 파다노처럼 보통 파스타, 라비올리, 리소토 등에 조미료처럼 뿌려 먹는다. 물론 얇게 슬라이스해서 와인 안주로 활용해도 좋다. 진하고 풍미가 강한 치즈이기 때문에 와인도 진한 스타일을 추천한다. 이탈리아 치즈인만큼 토스카나의 키안티 클라시코나 브루넬로 디 몬탈치노, 베네토의 명주인 아마로네와 함께 매칭해보자.

· 리코타 RICOTTA

리코타는 지금까지 설명한 치즈와는 완전히 다른 방식으로 생산한다. 보통 치즈는 우유에 렌넷을 넣고 분리한 커드를 이용해서 만든다. 그런데 리코타는 커드를 분리하고 남은 맑고 노란 액체인 유청으로 만든다. 우유의 카세인을 주원료로 해서 만들지 않기 때문에 치즈라기보다는 유제품에 가깝다.

리코타 역시 역사가 무려 고대 로마 시대까지 거슬러 올라갈 정도로 오래되었다. 페코리노 로마노 치즈에서 설명했지만, 예로부터 이탈리아인은 집에서 기르는 양젖으로 다양한 치즈를 만들었다. 그런데 치즈를 만들면서 생긴 유청은 영양

리코타 치즈

2/ 와인과 음식

소가 굉장히 풍부하지만 하수구에 그냥 버려지는 경우가 많았다. 이 탓에 지하수 오염이 심각해서 꽤 골머리를 앓았다고 한다. 그래서 버리는 유청으로 치즈를 만들게 된 것이 리코타의 기원이다.

리코타 치즈는 오랜 세월 동안 즐겨 먹은 만큼 이탈리아의 각종 요리에 활용된다. 지방 함량이 적기 때문에 느끼하지 않고 부드럽고 달콤해서 치즈 초보자는 물론 많은 이에게 사랑받는다.

리코타는 이탈리아 전역에서 생산된다. 원산지와 만드는 방법에 따라 많은 종류의 리코타 치즈가 존재한다. 고향인 이탈리아 라치오의 리코타 로마냐는 다른 리코타와는 차원이 다른 향과 맛 덕분에 2005년 EU로부터 DOP로 선정되어 품질이 엄격하게 관리된다.

리코타의 어원은 이탈리아어로 '두 번 데웠다'는 뜻의 'Ricotto'에서 유래했다. 말 그대로 리코타는 치즈를 만들기 위해 우유를 데우고, 분리된 유청을 다시 데우는 과정을 거친다. 유청을 미지근한 온도에서 1~2일 정도 두면 발효가 되면서 신맛이 난다. 이 유청을 85~90℃로 재가열하면 유청에 남은 단백질이 굳어지면서 오돌토돌한 입자가 만들어져 유청 위로 뜬다. 이걸 천이나 거름망으로 걸러내 수분을 제거한 게 바로 리코타다. 풍미가 크리미하기 때문에 디저트와 함께 먹어도 좋고 각종 허브를 곁들인 요리와도 궁합이 잘 맞는다. 이탈리아에서는 라비올리의 속 재료로 쓰기도 한다.

리코타는 치즈 자체만 먹지는 않고 빵이나 파스타 혹은 샐러드에 조금씩 곁들여 나오는 경우가 많다. 치즈와 어우러진 재료들이 다소 크리스피하고 신선하기 때문에 스파클링, 로제, 화이트 와인과 잘 어울린다. 레드 와인을 곁들일 때는 피노 누아처럼 신선한 향과 가벼운 질감을 지닌 와인을 추천한다.

· 프로볼로네 PROVOLONE

모짜렐라 치즈의 응용 버전이다. 소금물에 염장 중인 모짜렐라를 꺼내 온도

프로볼로네 치즈

와 습도가 알맞은 곳에서 숙성하면 프로볼로네가 된다. 숙성할 때 마치 메주처럼 끈으로 감싸 매달기 때문에 치즈의 외관이 울룩불룩한 공 모양인 게 특징이다. 이름 또한 이탈리아 남부 캄파니아주의 방언인 '구형'을 뜻하는 말에서 왔다.

프로볼로네는 이탈리아 남부 바실리카타에서 처음 만들어졌다. 19세기 후반부터는 북부에서도 만들기 시작했다. 여러 지역에서 만들기 때문에 모양, 크기, 플레이버에 약간씩 차이가 있다. 큰 건 무려 100kg이나 나간다. 현재는 베네토와 롬바르디아의 프로볼로네가 유명하다.

프로볼로네는 '가난한 자들을 위한 치즈'로도 알려졌다. 숙성 치즈라서 조금만 먹어도 입에서 다채로운 플레이버를 느낄 수 있어서다. 숙성 기간은 보통 1개월에서 1년 이상이며 기간에 따라 치즈의 풍미가 달라진다. 영한 프로볼로네는 살짝 감미가 있고 우유 맛이 많이 나지만 숙성하면 톡 쏘는 매운맛이 난다. 영한 건 '돌체', 톡 쏘는 건 '피칸테'라고 부른다. 신선한 프로볼로네는 빵과 함께 먹거나 샌드위치의 속 재료로 쓰기도 한다.

이탈리아 치즈이기 때문에 이탈리아 와인을 추천한다. 영한 프로볼로네에는 피에몬테에서 생산되는 가성비 좋은 와인인 돌체토나 바르베라를 추천하고, 숙성된 프로볼로네는 오랜 숙성에 적합한 네비올로로 만든 와인이나 이탈리아 남부에서 인기 있는 프리미티보Primitivo가 잘 맞는다.

· **크로탱 드 샤비뇰** Crottin de Chavignol

세계에서 가장 유명한 염소 치즈 중 하나다. 염소 치즈는 말 그대로 염소의 젖으로 만든 치즈다. 염소는 인간이 길들인 최초의 동물에 속한다. 자연스럽게 염소

치즈도 오랜 역사를 자랑한다. 염소 치
즈는 젖소 치즈와 여러 면에서 다르다.
염소유는 태생적으로 카세인 양이 적어
우유 치즈보다 질감이 부드럽다. 즉, 렌
넷에 의한 응고가 덜 된다. 그리고 염소
젖에는 중간사슬 지방산의 일종인 카프
로산, 카프릴산, 카프르산(염소의 학명이
'Capra hircus'다)이 풍부해서 톡 쏘는 시큼
한 맛이 특징이다. 이런 특유의 플레이버

크로탱 드 사비뇰 치즈)

때문에 사람에 따라 호불호가 갈릴 수 있다. 또 염소유는 치즈의 노란색을 담당하
는 베타카로틴 함량이 낮아서 치즈로 만들어져도 대개 흰색을 띤다. 그래서 육안
으로도 쉽게 구별할 수 있다.

　다만 오해하면 안 될 것이, 이런 독특한 특징이 있다고 해서 염소유가 치즈로 만
들어지는 데 한계가 있는 건 아니다. 우유나 양유로 만들 수 있는 대부분의 치즈는
염소유로도 만들 수 있다. 연질, 경질은 물론 블루 치즈도 가능하다. 쉽게 얘기해
우유로 치즈를 만드는 과정과 별반 다를 게 없다. 그중 가장 유명한 염소 치즈가
지금 소개하는 크로탱 드 사비뇰이다.

　긴 이름의 크로탱 드 사비뇰은 프랑스 루아르 밸리의 동쪽 내륙에 자리한 사비
뇰의 특산 치즈다. 염소 치즈는 사비뇰에서 아주 오랫동안 만들어져왔다. 1573년
장 드 레리Jean de Léry가 쓴 《상세르 지역의 기억에 남는 역사Histoire mémorable de
la ville de Sancerre》에 따르면, 남편은 포도 재배를 하고 아내는 염소를 보살피며 우
유와 치즈를 만들어 생계를 유지했다. (장 드 레리의 책 제목에서도 유추할 수 있듯이) 사비
뇰은 이 지역의 유명 와인 생산지인 '상세르'와 바로 인접해 있는데, 사비뇰의 염소
치즈가 부흥하게 된 이유도 와인과 관련이 있다. 프랑스 와인 산업을 완전히 붕괴
시킨 필록세라가 어김없이 상세르에도 덮쳤다. 많은 포도나무가 뽑혀 나갔다. 빈

터에는 염소 방목지가 생겼다. 1900년대에 파리와 느베르(사비뇰 인근의 대도시) 간 철도가 개설되면서 그 규모가 상당히 확대되었다. 이후 치즈 자체의 역사성과 고유성을 인정받아 정부로부터 1976년 AOC를, 1996년 AOP를 획득했다. 와인 산업의 붕괴가 오히려 사비뇰 염소 치즈에 날개를 달아준 셈이다.

크로탱 드 사비뇰은 만드는 과정이 크게 복잡하지는 않다. 갓 짠 염소유에 곧바로 렌넷을 넣고 커드를 분리한다. 이때 20°C의 낮은 온도에서 24시간 이상 공들여서 천천히 커드를 형성하는 게 특징이다. 분리된 커드는 부드러운 천에 담아 남아 있는 유청을 빼낸다. 이후 커드를 '파셀르fasselles'라 부르는 독특한 원뿔 모양의 틀(구멍이 숭숭 뚫려 있음)에 담고 모양을 만든다. 언급했듯, 염소유는 우유에 비해 응고가 어려워서 모양 잡기가 쉽지 않다. 이대로 12~24시간 정도 두어야 비로소 일정한 모양을 잡을 수 있다. 틀에서 뺀 뒤 소금에 절이고 건조 및 숙성을 한다. 숙성은 서늘한 온도가 유지되는 지하 저장실에서 최소 10일 동안 진행한다. 사비뇰은 숙성 기간에 따라 외관, 질감, 향의 강도가 결정된다. 숙성이 오래될수록 표면에 푸른곰팡이가 더해지면서 단단해지고 풍미가 진해진다.

필자 부부는 수년 전 상세르 와인 산업의 기둥인 도멘 앙리 부르주아Domaine Henri Bourgeois를 방문한 적이 있다. 그곳에서 태어나서 처음으로 매우 신선한 크로탱 드 사비뇰을 맛보았다. 그때 곁들인 와인이 상세르 와인 산업을 상징하는 소비뇽 블랑이었다. 갓 만든 신선한 와인에서부터 귀한 1985년 빈티지 와인까지 크로탱 드 사비뇰과 함께 마셨다. 상세르 소비뇽 블랑의 전매특허인 부싯돌 향과 매끄러운 질감이 입에 남은 염소 치즈 특유의 향과 맛을 말끔히 씻어냈다. 기회가 된다면 꼭 한 번 상세르의 소비뇽 블랑에 크로탱 드 사비뇰을 매칭해보기를 바란다.

와인과 샤퀴테리

'샤퀴테리charcuterie'는 '고기' 혹은 '살'을 뜻하는 프랑스어 'chair'와 '가공된'이라는 뜻의 'cuit'의 합성어로, 고기를 소금에 절이거나 훈제하거나 발효시켜 만든 육가공품을 말한다. 단어가 살짝 어려워서 그렇지, 편의점에서도 쉽게 구할 수 있는 햄, 베이컨, 육포도 샤퀴테리다. 샤퀴테리는 불과 몇 년 전만 해도 이름조차 낯선 음식이었지만, 홈술 문화가 대중적으로 자리 잡으면서 와인 안주로 샤퀴테리를 콕 집어서 찾는 사람이 많아졌다. 지금은 웬만한 레스토랑이나 와인바의 메뉴판에 샤퀴테리 카테고리가 없는 곳을 찾기 어려울 정도다. 치즈도 그렇지만 샤퀴테리도 포장을 뜯고 먹기 좋게 잘라서 우드보드 위에 가지런히 올려놓기만 해도 근사한 와인 안주가 된다. 이런 간편함 때문에 인기가 더 많은 것 같다.

와인과 치즈처럼 샤퀴테리를 발전시킨 곳은 프랑스, 이탈리아, 스페인 등 유럽이다. 역사 또한 와인과 치즈만큼 오래됐다. 고기는 늘 인류의 중요한 단백질 공급원이었다. 냉장고가 없던 시절에는 어떻게 하면 도축한 고기를 오랫동안 두고 먹을 수 있을지 고민했다. 그 고민의 시간만큼 샤퀴테리 또한 자연스럽게 발전했다. 훈제하거나 보존된 고기에 관한 고고학적 증거는 적어도 청동기 시대까지 거슬러 올라간다. 물론 체계적이진 않았다. 이에 대한 기준을 세우고 제대로 즐기기 시작한 사람들은 고대 로마인이다. 기록에 따르면, 로마의 정치가 카토Marcus Porcius Cato Uticensis는 그의 저서 《농업에 관하여De Agri Cultura》에 돼지고기를 건조하고 소금에 절이는 방법을 다루었다.^{QR} 무려 2200년 전의 샤퀴테리 가이드다.

샤퀴테리는 당시 고대 로마 전역에 잘 알려져 있었다. 그중 최고로 치는 샤퀴테리는 지금의 프랑스, 벨기에, 독일에서 수입된 것들이었다고 한다. 또 다른 기록에 따르면, 당시 골족이 만든 육가공품은 로마제국 부유층의 연회에 빠지지 않고 등장했다. 특히 돼지뱃살, 그러니까 삼겹살을 염장한 뒤 건조한 바람에 말려서 만드는 판체타는 로마 군단의 중요한 식재료였다. 또 독일, 오스트리아에서 소시지를 뜻하는 '부르스트wurst'라는 단어도 9세기 프랑크왕국이 유럽을 통치하던 샤를마뉴Charlemagne 시대에 생겼다고 한다. 실로 샤퀴테리의 역사는 오래됐다.

여러 종류의 샤퀴테리

샤퀴테리라는 단어가 본격적으로 등장한 건 15세기 프랑스다. 당시 법에 따르면, 날고기와 조리된 고기를 함께 두는 걸 엄격하게 금지했고, '샤퀴테리'라는 단어는 가공하거나 말려서 만든 고기에만 붙일 수 있었다. 최초의 샤퀴테리 길드도 이 시기에 생겼으며 지금까지 존재한다.

그런데 냉장 냉동 기술이 일취월장한 현대에도 여전히 만들기도 어렵고 시간도 오래 걸리는 샤퀴테리를 사람들이 찾는 까닭이 무엇일까? 먼저 생고기에서는 맛볼 수 없는 깊고 풍부한 맛을 들 수 있다. 또한, 돼지고기에서 시작한 샤퀴테리가 지금은 소고기, 오리고기, 염소고기, 닭고기 등 여러 고기로 만들어진다. 기본 레시피는 있지만 누가 만들었느냐에 따라 플레이버의 차이도 크다. 와인의 가장 큰 매력이 다채로움이듯, 천편일률적으로 공장에서 찍어내는 것이 아닌 장인의 손에서 탄생한 여러 샤퀴테리는 전 세계 미식가의 입맛을 매료시킨다.

샤퀴테리 하나를 제대로 완성하기 위해서는 숙련된 전문가의 손길이 필요하다. 오랜 경험에서 비롯한 노하우는 물론 극도의 인내심을 요할 만큼 긴 시간을 갈아 넣어야 한다. 잘 만든 샤퀴테리를 예술품으로 여기는 것도 이 때문이다.

이 책에서는 국내에서 구하기 쉬운 프랑스, 이탈리아, 스페인의 유명한 샤퀴테리의 종류와 특징에 대해서 살펴보겠다.

프랑스

샤퀴테리라는 말이 프랑스어에서 비롯했듯, 프랑스에는 매우 다양한 샤퀴테리가 있다. 종류에 따라서 익혀 먹기도 하고, 염장 후 건조해서 날로 먹기도 한다. 주로 돼지고기를 사용하지만 소고기, 닭고기, 오리고기, 토끼고기 등도 샤퀴테리의 재료다. 프랑스에서 샤퀴테리는 대부분 정육점에서 판매하는데, 이 경우 반드시 정부에서 인증하는 자격증을 따야 한다. 샤퀴테리를 만드는 사람을 '샤퀴티에charcutie'라고 부른다. 프랑스인에게 샤퀴테리란 없어서는 안 될 소울 푸드다.

· 장봉 드 파리 JAMBON DE PARIS

'jambon'은 프랑스어로 '햄'이라는 뜻이다. '장봉 드 파리'는 말 그대로 '파리의 햄'이다. 장봉 드 파리는 슬로우 푸드의 전형이라 할 만하다. 우선 갓 도축한 매우 신선한 돼지뒷다리를 소금물에 10~30일 정도 냉장 숙성한다. 숙성 기간은 뒷다

장봉 드 파리

리의 크기나 샤퀴티에의 취향에 따라 달라진다. 숙성이 끝난 햄은 3~4시간 동안 물에 담가 소금기를 뺀다. 이때 고기를 요리용 실로 묶어 고기의 형태를 단단히 잡아둔다. 그리고 백리향, 파슬리, 월계수 등 부케가르니bouquet garni(향신료 다발)를 넣은 물에 천천히 끓인다. 고기 외피가 황금색을 띠고 젤라틴처럼 변하면 끓이기를 멈춘다.

마늘, 정향, 후추, 로즈마리, 바질, 양파, 당근, 샐러리 등의 향신료나 채소를 기호에 따라 첨가하기도 한다. 고기가 다 익었다고 판단되면 물에서 바로 빼지 말고 식혀서 밤새 냉장 보관하면 완성이다.

장봉 드 파리는 얇게 슬라이스해서 와인 안주로 그냥 즐겨도 좋다. 대개는 신선한 빵에 버터를 바르고 그 사이에 얇게 슬라이스한 장봉을 넣어서 샌드위치처럼 만들어 먹는다. 샌드위치라고 하면 가장 먼저 떠오르는 게 바로 로제 와인 아닐까? 프랑스에서는 잘 만든 드라이한 로제 와인이 여러 곳에서 생산된다. 프랑스 론 지방의 타벨Tavel이나 로제 와인의 천국이라 불리는 프로방스의 로제 와인과 함께 즐기기를 추천한다.

· 리예트 RILLETTES

프랑스 음식을 좋아하는 사람들에게는 익숙한 이름인 리예트는 염장한 고기 스프레드다. 혹자는 이걸 돼지고기잼 혹은 브라운잼으로 부르기도 한다. 전통적인 리예트는 지방이 풍부한 삼겹살이나 돼지어깨살로 만든다. 고기는 큐브 형태로 썰어서 염장 숙성한다. 낮은 온도에서 대략 세 시간 정도 조리해서 육질이 포크로도 부서질 수 있는 상태로 만든다. 그다음 라드(돼지기름)를 섞어서 부드러운 페이스트를 만든다. 염장한 상태이기 때문에 몇 달 동안 보관이 가능하다. 리예트는 가금류, 해산물, 채소로 만들기도 한다.

지방이 많은 리예트는 약간 차가운 상태로 서빙한다. 그 자체로 먹기보다는 바케트, 크래커 따위에 얹어서 즐기는 게 보통이다. 또 식전에 간단한 애피타이저나 술안주로 내놓는다. 기름지고 풍미가 강렬하기 때문에 샴페인과 궁합이 매우 좋다. 샴페인의 고급스러운 기포와 깔끔하고 고소한 플레이버가 리예트로 코팅된 입안을 깔끔하게 씻을 수 있다.

빵에 리예트를 발라 먹는다

· **파테 PÂTÉ**

어디선가 들어 본 이름일 텐데, 실제로 이게 정확히 어떤 샤퀴테리인지 아는 사람은 드물다. 파테를 만들기 위해서는 우선 지방이 들어간 다진 고기에 풍미를 더하는 허브, 향신료, 포트, 셰리, 코냑, 와인 등을 섞는다. 이 반죽에 라드, 계란, 젤라틴 따위를 넣어서 모양을 잡고 오븐에 구운 것이 파테다. 파테는 살코기만 사용하는 경우는 매우 드물며 간이나 머릿고기 등 부속물이 섞인다.

파테는 바삭한 파이를 둘러서 익히는 파테 앙 크루트Pâté en Croute라는 것도 있고, 파테 드 푸아Pâté de Foie라고 해서 동

파테

물의 간과 라드만 섞어서 만든 것도 있다. 'Foie'는 프랑스어로 '간'이라는 뜻으로, 푸아그라는 다른 재료가 일절 들어가지 않고 오로지 거위 간에 향신료만 살짝 넣어서 만들기 때문에 파테라고 할 수 없다. 푸아그라는 그냥 푸아그라다.

파테는 돼지고기는 물론 오리고기, 토끼고기 등이 다양하게 활용된다. 드물지만 해산물로도 만든다. 리예트와 마찬가지로 식전에 가볍게 바게트 위에 올려 먹거나, 스테이크처럼 굵은 두께로 썰어서 메인 요리로 즐기기도 한다. 리예트보다 고기 향이 강한 편이어서 호불호가 갈릴 수 있다. 다소 풍미가 강렬한 만큼 진한 레드 와인과 함께 먹는 걸 추천한다. 프랑스의 론 지방의 특산 와인인 샤토뇌프뒤파프나 지공다스 혹은 그르나슈Grenache, 시라, 무르베드르Mourvèdre가 사이 좋게 블렌딩 된 GSM(그르나슈, 시라, 무르베드르, 세 품종의 이름 앞 글자를 딴 별칭)을 추천한다.

· **소시송 섹** SAUCISSON SEC

프랑스를 대표하는 건조 소시지다. '소시송'의 어원은 라틴어로 짠맛을 뜻하는 'salsus'에서 비롯됐으며, 'sec'은 프랑스어로 '드라이' 즉 '건조하다'는 뜻이다. 그냥 소시송이라고 하면 일반 가열 소시지까지 포함하는 더 넓은 의미의 단어다. 대개 돼지고기로 만들지만 말, 멧돼지, 오리 등 다양한 고기를 활용할 수 있다.

소시송 섹은 다진 고기와 지방을 3:2 혹은 4:3 비율로 섞는 데서 시작한다. 여기에 소금, 설탕, 향신료, 초석 혹은 발효를 돕는 이로운 박테리아를 첨가한다. 초석은 고기 속까지 염분이 잘 스며들도록 돕고 색이 변질되는 것을 막아준다. 게다가 보툴리누스균으로 인한 식중독을 방지한다. 초석은 뉴스에서 흔히 말하

소시송 섹

는 아질산나트륨의 효능을 내기 때문에 초석 대체재로 아질산염을 섞기도 한다.

　각종 재료를 잘 섞은 반죽은 동물 창자나 소시지 케이싱에 넣어서 약 3~5주 정도 건조한다. 이 과정에서 겉에 흰색 곰팡이가 생기기도 하는데, 정상이니 안심해도 된다. 소시송 섹은 통후추, 마늘, 버섯, 말린 과일이나 견과류, 치즈, 와인 등을 섞어서 풍미를 업그레이드한 것도 있다. 소시송 섹에는 과실 향이 좋고 탄닌이 부드럽게 느껴지는 레드 와인이 어울린다. 프랑스 루아르 밸리의 카베르네 프랑으로 만든 와인을 추천한다. 와인에서 느껴지는 마른 허브와 작은 베리 향, 입안을 부드럽게 감싸는 질감이 소시송 섹과 잘 어울린다.

· 소시스 SAUCISSES

소시스

　소시송과 함께 프랑스를 대표하는 샤퀴테리다. 소시송과 달리 건조하지 않는다. 쉽게 얘기해서 우리가 알고 있는 탱글탱글한 소시지가 소시스다. 소시스는 대개 돼지고기로 만들며, 고기에 각종 허브나 후추, 펜넬, 파프리카 분말 같은 향신료를 섞어서 그라인딩한다. 그다음 돼지나 양의 창자 혹은 소시지 케이싱에 넣으면 완성이다. 그대로 끓는 물에 삶아서 먹거나 그릴, 팬, 오븐에 구워 먹는다. 소시스는 여러 와인과 잘 어울리는 매력 만점의 안주다. 소시송 섹에 어울리는 와인을 매칭하거나 질감이 더 부드러운 와인이 좋다. 보르도에서 생산되는 중저가의 레드 와인이나, 부르고뉴의 피노 누아 혹은 보졸레의 가메 와인을 추천한다.

· 부댕 BOUDIN

소시스와 비슷하지만 만드는 방
법과 속 재료가 약간 다르다. 날고
기를 넣는 소시스와 달리 부댕은 끓
인 고기를 넣는다. 또한 고기는 돼
지의 거의 모든 부분(간과 심장까지!)
을 활용해서 만든다. 익힌 고기는
양파, 샐러리, 피망 같은 채소와 쌀
을 넣어서 소시지 케이싱에 넣는

부댕

다. 만약 여기에 선지까지 넣으면 검은색 부댕이 탄생한다. 이를 '부댕 누아Boudin
Noir'라고 부른다. '누아'는 프랑스어로 '검은색'을 뜻한다.

부댕은 우리나라 순대처럼 이미 조리된 상태이기 때문에 간단히 데워서 먹으면
된다. 만약 그릴이나 팬에 굽는다면 약한 불에 천천히 가열해야 겉이 타지 않고 속
까지 잘 익힐 수 있다. 프랑스 현지에서는 부댕을 크래커에 올린 뒤 머스타드를 살
포시 올려서 한입에 먹는다. 필자는 와인과 순대가 참 잘 어울린다고 생각한다. 프
랑스의 순대라고 할 수 있는 부댕도 매우 훌륭한 와인 안주다. 가장 추천하는 와인
은 프랑스 샤블리다. 샤르도네 100%로 만드는 세계적인 명성의 화이트 와인인 샤
블리 특유의 미네랄과 깔끔한 산미가 부댕과 환상적으로 어울린다.

이탈리아

이탈리아는 프랑스와 더불어 유럽의 고품질 샤퀴테리를 책임진다. 이탈리아에
어떤 샤퀴테리가 있는지 언뜻 떠오르지 않을 수 있지만, 멜론 프로슈토는 좀 익숙
하지 않을까? 달콤한 멜론 위에 종이처럼 얇게 슬라이스한 프로슈토를 입에 넣으

면 단맛 짠맛이 어우러져 와인 안주로 손색이 없다. 이 밖에 살라미, 관찰레, 판체타 등은 그 자체로도 훌륭한 와인 안주다. 물론 이탈리아 음식에 감칠맛을 더하는 마법의 식재료로 폭넓게 활용된다.

· 살루미 SALUMI & 살라미 SALAMI

많은 사람을 헷갈리게 하는 단어다. 여기서 확실히 정리하고 넘어가자. '살루미'는 소금에 절인 고기를 보존하는 방법 혹은 기술을 말한다. 대개 이탈리아에서 만드는 여러 샤퀴테리를 총칭하는 단어로 쓴다. 즉, 이탈리아 소시지인 살라미도, 프로슈토도 모두 살루미에 속한다.

살라미

'살라미'는 쉽게 설명해서 '이탈리아식 소시지'다. 위에서 설명한 프랑스의 소시송과 만드는 방법이 같다. 돼지고기가 가장 흔하게 쓰이지만 소고기나 멧돼지고기도 쓴다. 우선 고기를 거칠게 갈아서 소금, 설탕, 향신료, 후추, 효모 등의 부재료를 섞어서 반죽을 만든다. 이를 소시지 케이싱에 넣어서 따뜻하고 습한 장소에 1~3일 정도 대롱대롱 매달아서 발효시킨 뒤 바로 건조 과정을 거친다. 건조는 지역이나 만드는 사람의 철학에 따라 달라지는데 며칠, 몇 달, 심지어 몇 년을 하기도 한다.

이탈리아에는 무려 300여 종의 다채로운 살라미가 존재한다. 밀라노에서는 돼지고기를 곱게 갈아서 만들기도 하고, 나폴리에서는 검은 후추를 넣어서 만든다. 베네토에서는 마늘과 와인으로 풍미를 줘서 부드러운 스타일의 살라미를 만든다. 토스카나에서는 '피노키오나 Finocchiona'라 부르는 특별한 살라미가 나온다. 피노

키오나는 중세 말부터 먹기 시작했다는 기록이 있을 정도로 오랜 시간 토스카나 사람들이 즐겨왔다. 토스카나의 시골 어디서나 잘 자라는 펜넬을 주 향신료로 쓴 게 특징이다. 과거에는 후추가 매우 비쌌기 때문에 토스카나에서는 이를 대신해 펜넬을 썼다. 흥미로운 이야기가 있다. 펜넬에는 입안을 얼얼하게 만드는 멘톨 성분이 매우 풍부하게 들어 있어서 과거 질 낮은 키안티 와인이 서빙될 때 미리 피노키오나를 서빙해서 와인의 단점을 가리려 했다고 한다. 물론 지금은 키안티 와인의 품질이 비약적으로 상승했기 때문에 이런 싸구려 눈속임은 사라졌지만, 여전히 키안티와 피노키오나는 좋은 궁합을 이룬다.

이외에도 이탈리아의 매운 고추인 페페론치노를 넣어서 만든 매운맛의 살라미, 세계 3대 진미인 송로버섯을 넣어서 만든 고급 살라미도 있다. 이렇듯 각 지방 고유의 레시피로 만든 살라미는 당연히 그 지방에서 생산된 레드 와인과 매칭하면 좋다.

· 프로슈토 PROSCIUTTO

이탈리아를 대표하는 샤퀴테리다. 이탈리아어로 '완전히 건조시키다'라는 뜻의 'prosciugare'에서 이름이 유래했다. 프로슈토는 말 그대로 돼지 혹은 멧돼지의 뒷다리 혹은 허벅지를 소금에 절인 후 건조한 샤퀴테리다. 긴 시간 공을 들여야 만들 수 있는 샤퀴테리계의 예술품이다. 우선 신선한 돼지뒷다리를 통째로 깨끗이 씻은 뒤 2~3개월 동안 소금에 절인다. 이때

프로슈토

고기의 뼈가 부러지지 않을 정도로 조심스럽게 눌러 고기에 남아 있는 피를 모두 빼낸다. 이후 표피의 소금기를 제거하기 위해 여러 번 세척한 다음 어둡고 통풍이

잘되는 환경에 걸어둔다. 바로, 이 환경이 프로슈토의 품질에 지대한 영향을 미친다. 따뜻하거나 너무 건조하면 고기가 상할 수 있다. 이런 이유로 이탈리아에서는 다소 습하고 추운 겨울에 프로슈토를 만든다. 건조 기간은 지역의 기후와 다리의 크기에 따라 다르다. 짧게는 1년, 길게는 3년까지 건조하기도 한다. 이탈리아에서 프로슈토로 명성이 높은 파르마산 프로슈토의 경우 반드시 돼지뒷다리만 사용하며, 오로지 바닷소금으로만 염장한다. 염장도 고도로 훈련된 소금 마스터 salatore가 진행한다.

프로슈토는 종잇장처럼 얇게 슬라이스해서 활용한다. 그냥 먹어도 좋고 올리브, 빵, 달콤한 과일을 곁들여도 좋다. 필자는 가늘게 채 썬 채소를 프로슈토에 돌돌 말아서 먹는 걸 좋아한다. 마치 태국식 스프링롤처럼 말이다. 와인은 어떤 걸 프로슈토와 함께 곁들이느냐에 따라 다르다. 채소에 곁들인다면 가벼운 화이트 와인도 잘 어울리고, 피자에 도우처럼 올려서 먹는다고 하면 가벼운 레드 와인이 좋다. 화이트 와인으로는 이탈리아 소아베를, 레드 와인으로는 토스카나나 움브리아 지방의 산지오베제로 만든 것을 추천한다.

· 판체타 PANCETTA

이탈리아 요리에 빠져서는 안 될 중요한 샤퀴테리다. 삼겹살을 소금에 절인 뒤 건조해서 만들며, 삼겹살의 지방에서 비롯한 고소함과 고기에 스며든 소금의 짠맛이 어우러져 요리의 감칠맛을 극대화한다. 판체타는 얇게 썰어서 그냥 먹기도 하지만, 파스타나 리소토를 만드는 기초 재료로 마늘이나 양파와 볶아서 쓰는 경우가 더 많다. 이탈리아인은 판체

판체타

타 없이 만든 카르보나라는 카르보나라가 아니라고 생각한다.

만드는 방법은 다른 샤퀴테리와 비슷하다. 준비한 삼겹살을 소금에 절이기 전에 껍질부터 제거한다. 습한 환경에서 10~14일 동안 소금물에 담가놓는다. 소금물에는 후추, 마늘, 향나무, 로즈마리 같은 다양한 향신료를 첨가할 수 있기 때문에 복합적인 풍미가 생긴다. 그다음 판으로 된 삼겹살을 돌돌 말아서 둥글고 긴 형태로 만든 뒤 그물로 단단히 묶어서 매달아 건조한다. 건조 기간은 환경이나 크기에 따라 다르며 한 달에서 석 달 정도 소요된다. 만약 숙성 기간 동안 훈제하면 '아푸미카타Affumicata'라고 부른다.

판체타는 설명했듯 요리에 기름을 내고 감칠맛을 주는 일종의 요리 재료로 주로 활용한다. 베이컨처럼 두껍게 썰어서 쓰는 게 보통이다. 이 때문에 와인의 매칭 또한 판체타로 만들려는 음식에 따라 바뀔 수 있다. 필자는 판체타로 만든 이탈리안식 리얼 카르보나라를 좋아한다. 계란 노른자와 판체타의 풍미가 어우러져 입안에 고소하고 풍부하며 짭조름하고 녹진한 느낌을 준다. 이때 함께 곁들이는 와인으로는 미디엄 바디의 몬테풀치아노를 추천한다.

· 라르도 디 콜로나타 LARDO DI COLONNATA

긴 이름을 가진 이 샤퀴테리는 돼지지방으로 만든다. 지방으로 만들었다고 하니 이름만 들어도 입에 기름을 칠한 듯 느끼할 것 같지만, 독특한 방식으로 숙성하기 때문에 느끼하다기보다 크림같이 부드럽고 진한 풍미를 자랑한다.

라르도 디 콜로나타

전통적인 라르도 디 콜로나타는 장인의
손에서만 탄생할 수 있다. 대리석으로 만든 욕조 형태의 용기가 꼭 필요한데, 대리석은 약간 통기성을 지닌 재질이라 라르도의 경화에 도움을 준다고 한다. 우선 대리석 내부를 마늘로 문질러 향을 낸 다음 대리석의 모양과 크기에 맞춰 돼지의 등에서 잘라낸 지방 조각을 차곡차곡 쌓는다. 이때 소금, 후추, 로즈마리, 마늘 등의 향신료를 층층이 발라준다. 어떤 생산자는 세이지나 스타아니스, 오레가노, 고수, 계피, 정향, 육두구를 추가하기도 한다. 최소 6개월에서 길게는 2년까지 숙성한다.

라르도 디 콜로나타는 얇게 잘라서 요리의 조미료로 써도 좋고, 프로슈토처럼 얇게 저며서 빵 위에 올려서 먹는다. 때로는 새우, 홍합, 랍스터에 곁들이기도 한다. 이탈리아에서 생산되는 여러 스파클링 와인과 함께하면 더할 나위 없다. 베네토 지방에서 생산되는 프로세코Prosecco 와인을 추천한다.

· 관찰레 GUANCIALE

연이어서 설명하는 판체타, 라르도 디 콜로나타, 관찰레 모두 만드는 방법이 비슷하고 지방도 풍부하게 함유되어 있다. 차이점은 부위다. 판체타가 삼겹살을, 라르도 디 콜라나타가

돼지 허리의 지방층을 주재료로 쓴다면 관찰레는 돼지의 목살이나 볼살로 만든다. 특히 쫄깃한 식감이 일품인 볼살 관찰레는 미식가에게 오랜 시간 사랑받아왔다. 관찰레의 어원이 '뺨'을 의미하는 'guancia'에서 유래했다.

우선 돼지볼살을 바닷소금, 블랙페퍼, 백리향, 펜넬, 마늘, 로즈마리 등의 향신료로 마사지한 다음 대략 2개월 동안 원래 무게의 30%가 줄어들 때까지 숙성한다. 관찰레 장인에 따르면, 조건만 잘 맞으면 최대 6개월 동안 숙성이 가능하다. 드물지만 훈제한 관찰레도 있다. 위에서 설명한 판체타, 라르도 디 콜로나타처럼 관찰레는 조리되면서 돼지의 지방이 녹기 때문에 식용유 대신 사용할 수 있다. 이

런 특징을 활용해 판체타와 함께 카르보나라 파스타의 재료로 자주 쓰인다. 관찰레로 어떤 요리를 하느냐에 따라 와인의 매칭도 매우 다양해질 수 있다. 필자는 이탈리아 베네토 지역의 중저가 레드 와인인 발폴리첼라Valpolicella에 매칭하는 걸 추천한다.

· 코파 COPPA

필자가 프로슈토와 함께 가장 좋아하는 이탈리아 샤퀴테리다. 코파는 돼지 어깨에서 목으로 이어지는 살을 건식으로 염장한다. 지방과 살코기의 밸런스가 좋아서 돼지지방에 거부감이 있는 사람이라도 편하게 즐길 수 있는 최고의 와인 안주 가운데 하나다. 또한 마블링이 매우 예쁘기 때문에 여러 샤

코파

퀴테리가 잔뜩 모여 있는 샤퀴테리 보드의 꽃이라 할 수 있다.

코파는 다른 건식 염장 샤퀴테리와 같은 방법으로 만든다. 엄선된 돼지목살을 소금과 향신료로 마사지한 뒤 6~10일 동안 서늘한 창고에서 보관한다. 향신료의 경우 계피, 육두구, 마늘, 정향, 주니퍼베리, 월계수 등을 주로 쓴다. 매콤한 버전의 경우에는 파프리카, 고추 등을 추가할 수 있다. 이후 냉장실에서 추가로 5일간 시간을 보낸 후, 케이싱에 담고 끈으로 묶어서 숙성한다. 숙성은 고기의 중량에 따라 2~3개월 혹은 그 이상이다.

코파는 그대로 먹어도 좋지만, 이탈리아에서는 각종 채소와 볶아서 요리에 풍미를 더하거나 피자 위에 토핑으로 올려서 먹는다. 곁들여 먹는 식재료에 따라서 와인 매칭이 달라질 수 있지만, 음식의 풍미를 해치지 않는 미디엄 바디의 레드 와인 혹은 스파클링 와인과 함께 마시는 걸 추천한다. 이탈리아 최고의 코파는 에밀

리아 로마냐에서 생산하는 코파 디 파르마다. 이 때문에 에밀리아 로마냐에서 인기 있는 레드 스파클링 와인인 람브루스코Lambrusco도 꼭 한 번 코파와 먹어보기를 바란다.

스페인

스페인에는 'A cada cerdo le llega su San Martin'라는 속담이 있다. 직역하면 '모든 돼지는 자기의 성 마틴 날(성 마틴제)을 맞이한다'이다. '지은 죄가 있으면 반드시 대가를 치르는 날이 온다'라는 뜻이다. 성 마틴제는 11월 11일로 이날 스페인에서는 돼지를 잡아 다가올 혹독한 겨울을 대비했다. 돼지의 뒷다리는 염장하고 건조해서 하몽으로 만들었고, 살은 갈아서 내장에 넣고 말려 초리조 혹은 살치촌으로 만들었다. 빼낸 피도 버리지 않고 모르시야라는 블러드 소시지로 만들었다. 스페인은 프랑스, 이탈리아와 마찬가지로 다양한 샤퀴테리가 전 국토에서 생산된다. 이 가운데 하몽은 스페인뿐만 아니라 세계 미식가들이 극찬하는 최고급 샤퀴테리다.

· 하몽 JAMON

필자 부부는 2014년 3월, 1년 동안 세계를 여행하면서 여러 종류의 샤퀴테리를 맛보았다. 그중 스페인 살라망카에서 맛봤던 하몽의 맛을 지금도 잊을 수 없다. 하몽 전문점에서 주인장이 맛보라며 얇게 썰어준 최상급 하몽이었다. 적당한 짠맛, 입안을 코팅하는 고소함, 길게 남는 감칠맛에 한동

하몽

하몽

안 정신을 차리지 못했다. 그 이후로 맛본 그 어떤 샤퀴테리도 그때의 강렬한 기억을 넘어서지 못했다. 그 가게 이름은 La Elite de la Dehesa다.

'하몽'이라는 단어에 뭔가 이국적인 호기심을 느낄 수도 있겠다. 스페인어로 하몽은 그냥 '햄' 혹은 '돼지뒷다리 고기'를 뜻한다. 하몽은 기본적으로 소금, 공기, 시간만 있으면 만들 수 있다. 우선 통째로 잘라낸 신선한 돼지뒷다리를 7~10일 동안 바닷소금으로 덮어서 보관한다. 중량으로 따지면 1파운드당 1일이라고 한다. 염장실의 온도는 0~3℃, 습도는 85~95%를 유지해야 한다. 이후 고기만 빼서 미지근한 물로 표면을 헹궈서 소금과 함께 빠져나온 불순물을 제거한다.

깨끗이 세척한 고기는 3~6℃, 습도 80~90%를 충족하는 공간에서 1~2개월 동안 숙성한다. 이때 고기 내부에 침투한 소금은 조직 깊숙한 곳까지 파고들어서 육질의 수분을 제거하고 보존력을 향상시킨다. 중량이 줄어든 고기는 다시 이동해서 '세카데로secadero'라 부르는 건조실에서 자연 건조를 거친다. 기간은 6~12개월이며, 온도는 15~30℃다. 이 기간에 고기는 계속해서 수분을 잃어서 중량이 준다. 일반적으로 저렴하고 대중적인 하몽 세라노Serrano는 여기서 숙성을 멈추고 상품화 과정을 거친다.

스페인 샤퀴테리의 진정한 자존심이라 부르는 하몽 이베리코Ibérico는 추가로

긴 여정을 더 해야 한다. 이때 숙성실의 온도는 10~20℃, 습도는 60~80%를 충족해야 한다. 또한 하몽 이베리코의 특수한 플레이버를 얻으려면 2년 이상 숙성한다. 일부 최고급 하몽 이베리코의 경우 4~5년 동안 숙성한다.

하몽의 종류는 숙성 기간뿐 아니라 돼지 품종에 따라서도 달라진다. 우선 하몽 세라노의 경우 흰 돼지, 하몽 이베리코 이상은 세르도 이베리코Cerdo Ibérico라 불리는 흑돼지 혹은 교배종으로 만든다. '세르도'가 스페인어로 '돼지'라는 뜻이므로, 그냥 '이베리코 돼지'라고 부르면 된다. 이베리코 흑돼지는 몸통은 물론 발굽까지 검기 때문에 하몽 전문점에 걸린 다리만 봐도 식별이 가능하다. 기록에 따르면, 이베리코 흑돼지는 이베리아반도에서 선사 시대때부터 살았다. 하몽 이베리코는 높은 등급 순으로 블랙, 레드, 그린, 화이트 레이블로 나뉜다.

최고급 하몽인 하몽 이베리코 베요타Bellota는 블랙, 레드 레이블로 나뉜다. '베요타'는 '도토리'라는 뜻이다. 블랙이든 레드 레이블이든 이를 만드는 돼지는 거의 평생을 야외에서 지내는 것이 특징이다. 이때 반드시 17개월 이상을 키워야 하며, 마지막 3~4개월은 '데헤사Dehesa'라 부르는 특별한 참나무 목초지에서 도토리를 마음껏 먹게 한다. 이 시기에 체중의 절반 이상을 찌우면서 고급스러운 마블링을 얻는다. 도토리 수확 시기가 10~1월로 정해져 있기 때문에 방목 시기를 잘 맞춰야 한다. 돼지 한 마리 당 도토리나무의 개수가 정해져 있을 정도로 엄격하게 관리한다.

블랙과 레드의 차이는 이베리코 흑돼지의 순혈성이다. 블랙의 경우 엄마와 아빠가 모두 이베리코 흑돼지인 경우에만 붙일 수 있다. '검은 다리'라는 뜻의 '파타 네그라Pata Negra'라고 부르기도 한다. 상품을 볼 때 검은 레이블에 100%라는 단어가 있어야 진짜 100% 이베리코 흑돼지라는 걸 명심하자. 블랙 레이블은 최상급 하몽으로 가격은 비싸지만, 입안을 코팅하는 폭발적인 감칠맛이 환상적이다. 하몽을 즐기는 미식가들은 세계 3대 진미로 꼽히는 푸아그라, 트러플, 캐비어에 하몽 이베리코 100% 베요타를 살포시 넣어 세계 4대 진미라고 부르기도 한다.

하몽과 와인은 매우 잘 어울린다

레드 레이블은 블랙 레이블을 만드는 돼지와 같은 방식으로 키웠지만 교배종일 경우를 말한다. 이때 최종 상품에는 이베리아 흑돼지의 혈통이 어느 정도 수준인지를 퍼센티지로 정확히 레이블에 기입해야 한다. 대개 75% 혹은 50%다.

그린 레이블인 세보 데 캄포Cebo de Campo는 방목해서 키운 교배종으로, 차이점은 사료와 도토리를 모두 먹인 돼지로 만들었다는 점이다. '캄포'는 '초원', '평원'이라는 뜻이다.

마지막으로 화이트 레이블인 세보는 축사에서 사료만 먹여 키운 교배종 돼지로 만든 하몽이다. 여기서 '세보'는 '사료'라는 뜻이다.

하몽은 등급에 따라 맛이 조금씩 다르다. 그냥 먹기도 하고 조리해서 먹기도 한다. 최고급 하몽 이베리코 100% 베요타의 경우 얇게 슬라이스해서 그 채로 먹는 걸 가장 추천한다. 과장 좀 보태서 한 점에 와인 한 잔을 비울 수 있는 부드럽고 우아한 풍미를 자랑한다. 스페인 리오하 지역에서 오래 숙성된 템프라니요 와인과 함께하면 더할 나위가 없다. 낮은 등급 하몽의 경우 샌드위치에 끼워 먹기도 하고, 토마토소스를 바른 빵 위에 얹어서 부르스케타처럼 즐기거나, 수프에 활용하기도 한다. 이 경우 스페인의 스파클링 와인인 카바 또는 중저가의 신선한 템프라니요와 매우 잘 어울린다.

· **초리조 CHORIZO & 살치촌 SALCHICHON**

프랑스에 소시송 섹이 있고 이탈리아에 살라미가 있다면, 스페인에는 초리조가 있다. 만드는 방법도 같다. 거칠게 갈은 돼지고기에 비계, 소금, 향신료 등을 섞은 뒤 소시지 케이싱에 넣고 숙성한다. 여기서 만약 '피멘톤Pimenton'이라 부르는 파프리카 가루를 넣어서 만들면 초리조가 되고, 피멘톤 없이 블랙 페퍼를 써서 만들면 살치촌이 된다. 피멘톤의 색 때문에 초리조는 새빨갛고, 살치촌은 일반적인 돼지고기 색, 그러니까 분홍색에 가깝다.

초리조

피멘톤은 16세기 프란체스코 수도회의 수사들이 라틴아메리카에서 스페인으로 들여온 파프리카의 한 종류다. 19세기부터 훈제해서 만든 파프리카 가루를 피멘톤이라고 부르기 시작했다. 이때부터 피멘톤은 스페인 가정에 없어서는 안 될 향신료가 됐다. 샤퀴테리는 물론 각종 요리에 깊은 풍미를 준다.

피멘톤은 달콤한 둘세, 달콤 쌉싸래한 아그리둘세, 매운 피칸테로 나뉜다. 어떤 피멘톤을 넣느냐에 따라 초리조의 특징도 조금씩 달라진다. 또한 초리조든 살치촌이든 이베리코 베요타가 붙을 수 있다. 설명했듯이 자연 방목하다가 도축하기 전 3~4개월 동안 도토리를 먹인 이베리코 흑돼지로 만든 것으로, 가격이 비싸다.

미식의 나라인 스페인에서 초리조와 살치촌은 없어서는 안 될 귀한 식재료다. 얇게 슬라이스해서 그대로 먹기도 하고, 샌드위치에 끼워 먹기도 하고, 굽거나 튀기거나 다른 재료들과 볶아서 먹을 수 있다. 특히 바게트 같은 두꺼운 빵 사이에 올리브오일과 토마토페이스트를 바르고 살치촌을 올려 만든 보카디요 데 살치촌은 스페인의 국민 샌드위치다. 훈연한 풍미가 은은히 퍼지는 초리조는 미디엄 혹은 풀 바디의 레드 와인과 잘 어울린다. 고기 향이 진한 살치촌은 숙성한 스페인 화이트 와인을 추천한다.

· **모르시야** MORCILLA

'순대', '소시지'를 뜻하는 스페인 어인 '모르시야'는 돼지 피를 주재료로 만든 샤퀴테리다. 도축한 돼지에서 얻은 피를 재빨리 주방으로 옮긴다. 간 돼지고기, 여러 양념과 향신료, 다진 양파, 쌀 등을 피에 섞어서 케이싱에 넣는다. 일반 경화 소시지와는 달리 상하기 쉬운 피를 먼저 굳혀야 하기 때문에 케이싱에 담긴 모르시야를 빠르게 삶아서 혈액을 응고시킨 뒤에 매달아 건조한다.

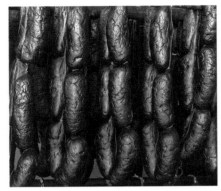
모르시야

살치촌과 초리조도 그렇지만, 모르시야는 스페인 전역에서 다양한 스타일로 만든다. 쌀 없이 양파만 넣고 만들기도 하고, 으깬 감자를 섞어서 크림같이 부드럽게 만들기도 한다. 혹은 빵 부스러기, 잣, 아몬드를 넣은 것까지 굉장히 다양하다. 스페인 사람들은 대개 모르시야를 두툼하게 썰어서 올리브유에 살짝 볶고 빵과 함께 먹는 걸 즐긴다. 모르시야는 마치 순대처럼 케이싱이 없으면 부서지는 특징이 있기 때문에 이를 활용해서 스튜를 만드는 데 쓰기도 한다. 스페인에서 생산되는 가벼운 스타일의 화이트 와인이나 스파클링 와인인 카바와 함께 먹는 걸 추천한다.

· **로모** LOMO

로모는 돼지고기 등심으로 만든 경화 샤퀴테리다. '로모'가 스페인어로 '안심'이라는 뜻이다. 스페인 아라곤 지역이 원산지로, 품질 유지를 위해 1993년부터 디퓨타시온 데 아라곤Diputación de Aragón(아라곤의회) 보증 마크로 보호되고 있다.

지방이 없는 살코기만으로 만드는 샤퀴테리이기 때문에 담백한 맛이 특징이다. 만드는 방법은 다른 경화 샤퀴
테리와 같다. 거세한 수퇘지나 암
퇘지의 신선한 등심을 소금과 설
탕에 하루나 이틀 정도 절인 뒤에
깨끗이 씻고 물기를 제거한다. 건
조한 고기는 다시 파프리카 가루,
마늘, 오레가노, 올리브 오일 등 천
연 향신료로 절인 후에 케이싱에
담아 최소 60~90일 동안 숙성한
다. 이 과정에서 훈제하기도 한다.

로모

　로모는 얇게 슬라이스해서 빵에 끼워 먹거나 그냥 그 자체로 즐긴다. 로모에는
오래 숙성한 와인보다는 신선한 레드 와인이 더 어울린다. 스페인 리오하 지역의
크리안사 등급의 신선한 템프라니요 와인과 함께 먹어보기 바란다.

3/
와인 만들기

관찰 OBSERVATION

　수백 종의 와인이 주인을 기다리고 있는 와인숍을 상상해보자. 당신은 오늘 저녁 식사 테이블에 올릴 와인을 찾고 있다. 한참을 고민하다 무심코 집어 든 와인. 무엇이 가장 먼저 눈에 띄는가? '레이블'일 것이다. 와인병 앞뒤로 붙어 있는 레이블은 와인의 얼굴이자 주민등록증이다. 대개 한 손에 들어오는 크기에 와인을 상징하는 로고나 그림이 그려져 있고, 작은 글씨로 와인의 정보를 담고 있다. 병 앞에 붙은 레이블은 와인의 첫인상이나 다름없기에, 최근 많은 와인 생산자가 소비자를 '현혹'하기 위해 갖가지 디자인과 기교를 넣어 화려하고 예쁜 레이블로 와인을 치장한다. 다만 이렇게 디자인에 무게를 실으면 정보가 들어갈 자리가 없어진다. 그래서 와인병 뒤에 붙은 백레이블에 와이너리나 와인의 정보가 담긴 것도 있다.

　앞이든 뒤든, 레이블은 와인을 만드는 생산자의 입장에서는 다수의 소비자와 소통할 수 있는 유일한 창구다. 그러니 그 안에 넣을 이미지와 텍스트를 신중하게 선택할 수밖에 없다. 가끔 어떤 와인의 레이블을 보면 이해할 수 없는 그림이나 사진 혹은 텍스트가 있는 경우가 있다. 소비자가 이해할 수 없더라도 그 이미지와 텍스트는 생산자의 철학을 담은 것이다. 결국 와인의 레이블에 들어간 정보만 파악해도 그 와인에 대해 많은 부분을 이해한 셈이다.

레이블 정보는 국가 혹은 지역마다 형식이 정해진 경우가 많다. 대개 해당 국가의 언어로 적혀 있기 때문에 와인 초보자는 레이블을 봐도 무슨 내용인지 알기 힘들다. 심지어 유럽에서 만든 와인은 와인의 성격을 파악할 수 있는 가장 중요한 정보인 포도 품종을 레이블에 적지 않는 경우가 허다하다 보니, 레이블을 봐도 어떤 와인인지 파악하기 어렵다.

물론 아무리 와인 초보자라고 하더라도 확실히 알 수 있는 건 있다. 바로 와인의 색이다. 필자는 작은 와인숍을 운영한 적이 있다. 와인을 진열할 때 색을 구분하지 않았기 때문에, 손님들이 와인병만 보고 화이트 와인인지 레드 와인인지 판단하기 어려워하는 경우를 종종 봤다. 화이트 와인이라고 하더라도 어두운 색의 병에 담기는 경우가 있기 때문이다. 사정이 이렇다 보니 진열된 병을 바라만 볼 게 아니다. 와인의 색을 정확히 판단하려면 병을 들어서 빛에 비추어 봐야 한다.

자, 어떤 색이 보이는가? 빛이 투명하게 비치면 화이트나 로제 와인, 아니라면 레드 와인이다. 로제 와인은 핑크색을 띤 와인을 말한다. 대부분의 와인은 넓은 범위에서 화이트, 로제, 레드로 나눌 수 있다. 하지만 실제 와인의 색은 화이트와 로제 사이, 로제와 레드 사이, 그리고 레드를 넘는 색까지 정말 다채롭다. 엄밀히 말해 화이트 와인의 색은 흰색이 아니다. 대개 지푸라기색straw이나 금색에 가깝다. 또한 레드 와인의 색은 빨갛기보다는 영롱한 검붉은색garnet에 가깝다. 와인의 색은 실로 표현하기 어려울 만큼 다채롭다.

와인의 색이 다채로운 까닭은 와인이 포도로 만든 술이기 때문이다. 와인의 시작에는 포도가 있다. 따라서 와인 캐릭터의 많은 부분이 바로 포도에서 결정된다.

포도 GRAPE

와인을 만드는 포도를 '양조용 포도'라고 한다. 이 양조용 포도는 상상 이상으로 종류가 많다. 프랑스나 이탈리아 같은 주요 와인 생산국의 경우 와인 산업은, 우리의 자동차나 철강 혹은 반도체처럼 국가를 지탱하는 중요 산업이다. 이 때문에 양조용 포도를 연구하는 학문이 따로 존재하며, 이를 '앰펠로그라피Ampelography(포도품종학)'라고 부른다. 이를 수행하는 이들은 '앰펠로그라퍼Ampelographer'라고 한다. 이들의 연구에 따르면, 양조용 포도 품종은 전 세계에 약 5000~1만여 종이 있다. 현실적으로 정확하게 집계하는 건 불가능하다. 이 가운데 전 세계 곳곳에서 유독 많이 재배되고 잘 알려진 포도종이 150여 종이다. 바로 상업적으로 성공한 부류다. 와인 좀 마셔봤다고 하는 사람들에게 익숙한 이름인 카베르네 소비뇽, 샤르도네, 시라 같은 것이 대표적이다.

와인이 어려운 이유이자 동시에 흥미로운 이유에는 바로 포도 품종이 많다는 점이 있다. 모든 포도 품종의 특징은 다르다. 포도 품종 자체가 지닌 고유의 개성을 담은 와인의 특징도 다 다를 수밖에 없다. 거기에 어려움을 한 스푼 더하는 게 바로 '블렌딩'이다. 한 품종으로만 만든 와인도 있지만, 여러 포도 품종을 섞어서 만

좋은 와인을 만들기 위해서는 좋은 환경에서 잘 자란 포도가 필요하다

드는 와인도 있다. 이를 '블렌딩 와인'이라고 한다. 또한 같은 품종이라도 재배 환경에 따라, 수확한 포도를 다루는 방식과 양조법에 따라 와인 캐릭터가 변한다. 여기에 와인이 숙성되는 환경까지 더하면 와인 캐릭터의 변수는 말 그대로 무궁무진하다. 와인의 종류는 하늘의 별만큼 많다는 말이 나온 데에는 이유가 있는 법이다.

영롱한 황금빛의 화이트 와인이나, 아름다운 석양을 떠올리게 하는 로제 와인, 플라멩코를 추는 열정적인 남미 여인이 연상되는 진한 레드 와인의 색은 모두 포도에서 결정된다. 잘 알다시피, 포도는 크게 껍질이 녹색이나 노란색을 띠는 청포도와 짙은 보라색을 띠는 적포도로 나뉜다. 와인의 색은 예외 없이 포도의 껍질에서 비롯한다. 청포도로 와인을 만들면 화이트 와인이 되고, 적포도로 만들면 레드 와인이 된다. 다만 예외적으로 적포도로도 화이트 와인이나 스파클링 와인을 만들 수 있다. 적포도도 껍질 안의 과육은 청포도처럼 대부분 투명하기 때문이다. 적포도의 껍질에서 색이 우러나지 않게 포도를 적당히 압착하면 과육의 투명한 즙만 얻을 수 있다. 이걸로 화이트 와인을 만든다. 스파클링 와인은 화이트 와인에서 시작되기 때문에 적포도로도 당연히 스파클링 와인을 만들 수 있다. 좀 어렵게 느껴질 수도 있는데, 이에 대해서는 와인 메이킹에서 다시 자세히 살펴보겠다. 지금은 와인을 만드는 메인 재료인 포도에 대해서 조금 더 알아보자.

포도는 2022년을 기준으로 바나나, 수박, 사과, 오렌지 다음으로 많이 재배하는 과일이다. 이렇게 재배량이 많은 이유는 와인을 만드는 양조용 포도의 양 또한 많기 때문이다. 쉽게 이야기해서 포도는 와인을 만드는 데 적합한 양조용 포도와 과일로 먹는 식용 포도로 나뉜다. 우리가 흔히 식탁에 올리는 거봉, 캠벨, 머스캣 등은 과일로 먹는 포도다. 우리가 구매하는 대부분의 와인은 거봉 같은 식용 포도로 만든 게 아니다. 그런데 양조용 포도는 식용으로 활용하지 않을까? 그리고 거봉으로는 와인을 만들 수 없을까?

양조용 포도를 식용으로 먹는 건 와인 생산국에서는 흔히 볼 수 있는 일이다. 다만 양조용 포도를 식용으로 먹기보다는 와인으로 만들었을 때 그 가치가 빛을 발하고 경제적이다. 그래서 웬만하면 과일로 먹지 않고 와인으로 만든다. 거봉으로도 와인을 만들 수 있다. 이는 포도가 어떻게 와인이 되는지 이해한다면 쉽게 해답이 나온다. 다만 거봉으로 만든 와인은 우리가 흔히 마시는 와인 맛에 미치기가 힘들다. 왜 그럴까? 해답은 포도의 크기와 껍질의 두께 그리고 당도에 있다.

포도는 크게 껍질, 과육, 씨로 구분이 된다. 양조용 포도는 식용 포도보다 크기가 작지만 껍질이 두껍다. 반대로 식용 포도는 껍질이 얇아서 씹기가 쉽고 씨도 작거나 없는 경우도 있다. 양조용 포도는 포도를 재배할 때 양보다는 질에 초점을 맞추지만, 식용 포도는 그 반대다. 무엇보다 가장 중요한 차이점은 당도. 국내에서 가장 많이 재배하는 캠벨종의 경우 당도가 15브릭스 내외다. 양조용 포도의 브릭스는 평균 24브릭스다. 브릭스Brix는 포도의 당분을 재는 단위인데 값이 높을수록 달다는 뜻이다. 포도의 브릭스 수치가 중요한 이유는 포도의 당분이 와인의 알코올 도수를 결정하기 때문이다. 브릭스로 알코올 도수를 산출하는 계산식도 있다. 15브릭스라고 하면 반으로 나눠서 잠재적 알코올 도수는 약 7~8% 정도라고 보면 된다. 우리가 시중에서 구매하는 대부분의 레드 와인이 14% 내외의 알코올을 지녔다. 따라서 최소 28브릭스의 당도를 가진 포도로 와인을 만들었다는 의미다. 다시 말해 식용 포도로 와인을 만들기에는 당도가 부족하다.

포도의 당도를 결정하는 건 무엇일까? 바로 기후다. 일반적으로 햇볕이 좋고 덥고 건조한 나라의 와인, 예를 들어 호주, 칠레, 아르헨티나, 남아프리카공화국 같은 경우 알코올 도수가 높은 와인이 쉽게 나온다. 이곳에서는 포도의 당도가 30브릭스를 넘는 경우가 흔하다. 반면 서늘하고 비교적 흐린, 예를 들어 독일 같은 나라는 레드보다 화이트 와인의 비중이 높고, 알코올 도수도 높지 않다.

종종 강의를 나가면 한국에서는 와인을 안 만드냐고 질문을 한다. 한국에서도 와인을 만든다. 다만 우리나라는 포도가 한참 자라야 할 시기인 여름과 가을에 태풍이 오는 등 비가 잦아서 양조용 포도를 재배하기에 적합하지 않다. 그런데 물이 많으면 포도나무가 자라기 좋은 게 아닐까? 아니다. 습한 기후는 양조용 포도나무에 치명적인 질병을 일으킬 가능성이 높다. 또 수분을 듬뿍 흡수한 포도는 과성장하거나 묽고 옅은 와인이 된다. 좋은 와인을 만들려면 반드시 양보다는 질에 우선해야 한다. 우리나라는 와인 만드는 기술력과 인력이 해외와 비교해 별반 다르지 않다. 다만 양조용 포도 재배 환경이 그다지 좋지 않아, 해외의 값싸고 맛있는 와인과 비교하면 품질은 물론 가격 경쟁력까지 떨어진다.

기후와 포도의 관계에 관해 조금 더 자세히 살펴보자. 기후가 농사에 매우 중요하다는 사실은 누구나 안다. 와인이라고 하면 뭔가 고상한 느낌이 들지만, 결국 와인을 만들려면 포도 농사를 지어야 한다. 포도는 식물이다. 학창 시절 과학 수업 시간으로 돌아가 기억을 더듬어보자. 식물은 광합성을 한다. 광합성은 햇빛을 이

아르헨티나의 고산 지대는 낮에는 강렬한 햇빛이, 밤에는 서늘한 기온이 교차되는 천혜의 포도 재배지다

용해 공기 중의 이산화탄소와 땅의 물을 활용해 당을 합성하는 과정이다. 이렇게 생성된 당분이 포도알에 쌓이면 새콤했던 포도가 달콤해진다. 햇빛이 많고 강하면 포도알에 더 많은 당분이 농축될 수 있다. 앞서 설명했지만, 당분이 많으면 알코올 도수가 높은 와인을 만들 수 있다. 알코올은 와인을 이루는 중요한 요소로, 모든 조건이 같다고 가정한다면 알코올이 높은 와인이 시음자에게 조금 더 깊은 인상을 남길 수 있다.

　이처럼 당도가 풍부하고 질 좋은 포도를 얻기 위해서는 기후나 토양 등 주변 환경(테루아르)이 좋아야 한다.

　자, 이제 우리가 질 좋은 포도를 얻었다고 가정하고, 이 포도가 어떻게 와인으로 만들어지는지 살펴보자.

와인 만들기의 기본

  소비자가 굳이 머리 아프게 와인이 어떻게 만들어지는지 알아야 할까? 몰라도 와인을 즐기는 데 전혀 문제가 없는데 말이다. 맞는 말이다. 다만, 와인이 어떻게 만들어지는지 알면 와인을 더 깊이 이해할 수 있다. 와인의 향과 맛을 표현할 때 명확한 근거를 가지고 이야기할 수 있다. 와인이 소비자에게 건네는 다채로운 향미는 포도 자체에서 비롯하지만, 양조 과정을 통해 2차적으로 생기기도 한다. 물론 이 과정을 건너뛰고 다음 이야기로 넘어가도 상관없다. 다시 말하지만 그래도 와인을 즐기는 데 전혀 문제가 없다.

  와인은 포도만 있으면 누구나 만들 수 있다. 그냥 포도를 으깨서 통에 넣어두면 저절로 와인이 된다. 물론 중요한 건 '어떻게'인데, 이게 가능한 이유는 바로 효모 때문이다. 효모는 간단히 이야기하면 당분을 먹고 이를 알코올로 만드는 미생물이다. 효모의 어원은 고대 영어인 'gist', 'gyst'에서 비롯했다. 이는 현대 영어의 'boil', 'foam', 'bubble'과 같은 의미로 '끓는다', '거품'을 뜻한다. 고대인들이 술이 발효되는 과정에서 부글부글 끓어오르는 현상을 보고 붙인 단어가 효모의 어원이다.

와이너리의 양조실(위)
수확된 포도를 선별하는 테이블(아래)

효모는 꽃의 꿀샘이나 과일의 표면 같은 당 농도가 높은 곳에 많이 산다. 눈에 보이지는 않지만 포도의 껍질에도 효모가 살고 있다. 지금까지 알려진 효모의 종류는 1500여 종 정도다. 이 가운데 당을 발효시켜 알코올과 이산화탄소를 생산하는 능력, 즉 발효 기능을 장착한 것이 많다. 포도의 당분인 포도당이 효모의 먹이다. 효모가 이걸 한 개 먹으면 두 개의 이산화탄소와 두 개의 알코올을 생성한다. 이때 만들어진 이산화탄소 때문에 술이 발효되면서 부글부글 끓어오른다. 비유하자면, 알코올과 이산화탄소는 당분을 먹은 효모의 배설물인 셈이다.

효모는 아주 미량이라도 포도즙에 넣으면 곧 발아한다. 번식하다가 발효가 끝날 무렵이면 리터당 약 2~3g의 효모를 추출할 수 있다. 3g이라고 하니까 얼마 안 되어 보이지만, 효모의 크기는 불과 3마이크로미터μm다. 1μm는 1/100만 미터를 말한다. 정리하면, 포도를 으깨서 나오는 포도즙의 당분을 포도껍질에 살고 있던 효모가 먹고 알코올이 있는 음료를 만든다. 이게 바로 와인이다. 포도가 와인이 되는 건 간단히 이야기하면 여기서 끝이다. 이 원리를 벗어나서 만들어지는 와인은 없다.

이처럼 와인은 간단히는 포도로부터 얻은 포도즙을 발효시켜서 만드는 것이다. 그런데 이 단순한 문장을 완성하기 위해서 와인 메이커는 수많은 선택의 기로에 놓인다. 크게는 어떤 양조용 통을 사용할지에서부터, 작게는 어떤 효모종을 써야 할지까지 다양하다. 깊이 들어가면 한없이 복잡한 것이 와인 메이킹이다. 여기서는 최대한 간단히 살펴본다.

앞서 언급했던 것처럼 포도로 와인을 만들기는 쉽지만, 우리가 사 마시는 와인처럼 만들기는 굉장히 어렵다. 필자 부부도 대학원에서 와인을 직접 만들어봤는데, 밤낮으로 공을 들여도 시중에서 파는 만 원짜리 와인 맛을 내기 힘들었다.

와인은 크게 색에 따라 레드, 화이트, 로제, 조금 더 파고들면 오렌지까지 있다. 스타일에 따라 기포가 없는 스틸 와인과 기포가 있는 스파클링, 알코올이 센 포티파이드 와인, 달콤한 스위트 와인, 여기서 조금 더 파고들면 내추럴 와인까지 나눌 수 있다. 먼저 하고 싶은 이야기는 포도를 재배하고 수확해서 발효시키는 과정은 어떤 색의 와인이든, 어떤 스타일의 와인이든 다 동일하다는 점이다. 그 안에서 어떻게 변주하느냐에 따라서 색과 스타일이 달라진다. 가장 기본이 되는 레드 와인이 어떻게 만들어지는지 이해하고 나면 나머지는 좀 더 이해가 쉽다.

· 와인을 만드는 마법사 효모

와인의 역사는 기원전 5000년으로 올라간다. 빵의 역사도 비슷하게 오래되었다. 그 긴 역사 안에서 살아 움직이며 꿈틀대는 효모의 존재를 처음 발견한 사람은 1600년대 현미경을 발명한 레벤후크Antonie van Leeuwenhoek다. 포도의 발효가 효모에 의해 일어난다는 사실을 처음으로 알아낸 사람은 그 유명한 루이 파스퇴르Louis Pasteur다. 효모의 발효 현상에 관한 더 진보적인 해명은 독일의 생화학자 에두아르트 부흐너Eduard Buchner가 밝혔다. 그는 발효가 효모 세포의 생리 작용에 의한 것이 아니라 효모의 효소 작용에 의한 것임을 알아내 발효 화학의 신기원을 열었다. 와인의 역사는 수천 년으로 거슬

루이 파스퇴르

러 올라가지만, 그 원리를 깨달은 지는 불과 200년이 채 안 된다는 점이 흥미롭다.

와인의 알코올 발효에 있어서 필수적인 미생물인 효모는 다양한 장소에서 얻을 수 있다. 와이너리의 경우, 수확한 포도의 껍질이나 발효 탱크, 오크통 등 와이너리의 각종 시설에 번식하고 있는 야생 효모부터 필요에 의해 와인 메이커가 직접 첨가하는 배양 효모까지 다양하다.

그런데 야생 효모만으로는 일정한 품질의 와인을 만들기가 어렵고 양조 과정을 예측하기도 힘들다. 종종 와인에 거슬리는 풍미도 준다. 와인 메이커는 이를 막기 위해 갖은 노력을 기울인다. 혹은 야생 효모의 기능을 억제하기 위해 아황산염을 발효 중에 첨가하기도 한다. 오해하면 안 된다. 그렇다고 야생 효모가 나쁘다는 게 아니다. 이른바 내추럴 와인 생산자는 있는 그대로의 와인을 만들고자 하기 때문에 자연에서 얻는 야생 효모만 활용해서 와인을 만들기도 한다.

반대로 배양 효모는 와인 양조에 이로운 능력을 갖춘 효모를 배양해서 상업화한 효모다. 이런 배양 효모에는 높은 발효 온도를 견디는 힘을 지닌 것도 있고, 높은 알코올에 내성이 지닌 것은 물론 특별한 플레이버를 주는 것도 있다. 이 때문에 와인 메이킹에 있어서 배양 효모의 적절한 사용은 꽤 중요하다. 예를 들어 세계 최고의 스위트 와인을 생산하는 프랑스 보르도의 소테른의 경우 'S. 바야누스'라는 효모를 활용한다. 이 효모는 다른 효모보다 알코올 내성이 강하고 높은 당분 속에서도 기능을 유지해 발효를 더 진행할 수 있게 한다.

와인 효모의 종류는 효모의 성질과 특성에 따라 매우 다양하게 분류할 수 있다. 양조에 유용한 효모의 종류만 해도 70여 가지에 이른다. 최근에는 다양한 연구에서 효모의 다양성과 성질이 와인의 개성을 결정하는 큰 요소임을 과학적으로 증명하고 있다. 와인 메이킹 과정에서는 시기에 따라 다양한 효모를 유동적으로 첨가하는 방법으로 품질이 개선된 와인을 생산한다.

레드 와인 만들기

어떤 스타일이든 와인을 만들려면, 당연하지만, 포도나무를 심을 땅이 있어야 한다. 와인은 포도로 만들기 때문에 원재료인 포도의 질이 매우 중요하다. 질 좋은 포도를 얻기 위해서는 재배 환경 즉 테루아르가 중요하다. 그렇다면 좋은 테루아르의 포인트는 무엇일까? 바로 좋은 기후와 땅이다.

포도종은 무척 다양하고, 종에 따라 좋아하는 기후와 토양도 다르다. 그러나 어떤 포도종이든 좋은 품질의 포도를 얻기 위해 전제되어야 할 기본 요소가 있다. 기후라는 카테고리에서 핵심은 기온과 강우량이다. 좋은 포도를 얻기 위해서는 포도를 수확하기 전 평균 기온이 15~21℃가 되어야 한다. 여기서 평균 기온은 일 최고 기온과 최저 기온의 평균이다. 즉 낮에는 햇빛이 많고 따뜻해야 하며, 밤에는 서늘해야 한다. 그래야 낮 동안 포도가 익으면서 당과 폴리페놀이 쌓이고, 서늘한 밤에 와인에 생동감을 불어넣는 산도가 유지된다.

같은 포도종이라도 기온에 따라 특징이 다른 와인을 생산한다는 것이 와인이라는 분야에서 가장 흥미로운 지점이다. 예를 들어 비가 잦고 기후가 서늘한 독일이나 프랑스의 샹파뉴 같은 와인 생산지는 화이트나 스파클링 와인이 레드 와인보다 품질이 좋고 생산 비율도 높다. 알코올이 대체로 낮고 산도가 높은 와인이 주로 생산이 되는 것이다. 반대로 무덥고 건조한 지역, 예를 들어 남아프리카공화국, 호주, 미국 캘리포니아 같은 곳의 와인은 산도가 좀 부족하지만 뚜렷하고 강한 향과 맛을 지닌다.

강우량도 매우 중요하다. 포도가 충분히 익으려면 연평균 강우량이 500mm는 되어야 한다. 다만 캘리포니아처럼 연평균 강우량이 이에 한참 미치지 못하는 와인 산지도 꽤 많다. 이런 곳은 포도밭 관개灌漑를 통해 부족한 물을 충당한다. 포도나무는 가뭄을 꽤 잘 견디는 작물이다. 이점을 잘 활용해서 적절하게 관개할 수 있다면 매우 농축된 포도를 얻을 수 있다. 물론, 가뭄이 극심하면 포도나무가 열매를 맺기보다 생존하는 것 자체에 몰두하기 때문에 좋은 포도를 얻기 어렵다.

비가 적게 내리는 건 관개 기술로 극복이 가능하지만, 많이 내리면 인간이 어쩔 도리가 없다. 우리나라의 연평균 강수량은 1200mm 내외다. 여름철 강수량은 718mm로 연 강수량의 약 60% 정도고, 겨울철 강수량은 63mm로 연 강수량의 약 5%에 불과하다. 비가 많이 내리는 것도 문제지만, 특히 포도의 성장기인 여름과 가을에 비가 많이 온다. 또 태풍도 잦아서 빈말로도 좋은 와인 산지라고 말하기 어렵다. 수확 직전에 내리는 비는 그동안 포도알에 농축된 여러 성분을 묽게 만든다. 포도나무가 한창 성장할 시기에 조성되는 습한 날씨는 포도밭에 여러 질병을 일으킬 가능성을 높인다. 특히 곰팡이가 핀 포도는 매우 소량이라도 와인 맛 전체를 변하게 한다.

생각해 보면 와인의 천국이라 불리는 이탈리아도 우리나라처럼 삼면이 바다이지 않은가. 그런데 이탈리아는 지중해 국가다. 지중해성 기후는 겨울에는 온난한 우기가 이어지고, 여름에는 고온의 맑은 날이 이어지는 건기가 특징이다. 포도나무가 자라기에 환상적인 기후다. 이런 기후를 보이는 곳이 지중해 연안과 북아메리카의 캘리포니아주, 남아메리카의 칠레 중부, 남아프리카공화국 케이프반도 연안이다. 이곳 모두가 세계적인 명성을 자랑하는 와인 생산지다.

토양도 포도종에 따라 선호하는 성질이 다르지만, 대체로 배수가 좋은 토양이 좋은 포도를 생산하는 데에 유리하다. 포도나무의 뿌리가 깊게 뻗어 나가기 때문이다. 수분이 많은 토양은 포도나무의 잔가지를 늘리고 묽은 포도를 생산할 가능성이 높다.

좋은 땅이 있다면, 다음으로 필요한 건 당연하지만 포도나무다. 물론 아무 포도나 심을 수는 없다. 해당 땅과 기후에 잘 적응할 수 있는 품종이 필요하다. 품종을 고른다고 끝이 아니다. '클론' 선택도 중요하다. 예를 들어 피노 누아라는 품종은 전 세계에 1000여 개에 가까운 클론이 존재한다. 이 클론들은 피노 누아라는 품종이 응당 지녀야 할 기본 특징을 갖추었다. 차이는 클론마다 포도나무의 성장률, 생산량, 향, 맛 등이 미묘하게 다르다는 점이다. 그래서 이 또한 고려 대상이다. 클론은 꽤 어려운 주제라서 따로 설명한다(393쪽 참조).

테루아르에 어울리는 포도나무를 심었다고 하더라도 바로 와인을 만들 수 있는 건 아니다. 어린 포도나무에서는 가벼운 와인이 만들어지고 섬세함도 떨어진다.

세계적인 와인 산지. 지중해 연안, 캘리포니아주, 칠레 중부, 케이프반도 연안

특히 1~2년 동안은 맛있는 열매가 열리기는 하지만 수확량도 적고 플레이버도 소수에 집중된다. 그러다가 3~6년 정도가 되면 활동이 활발해지고 향과 맛이 뛰어난 열매가 고루고루 난다. 이때부터 수확한 포도로 와인을 만들 수 있다. 물론 와인을 만들 수 없는 기간에도 꾸준히 포도밭을 관리해야 하는 건 너무나도 당연하다. 포도밭 관리는 사계절 모두 중요하며, 계절마다 달마다 해야 할 일이 정해져 있다. 다 알 필요는 없지만 '가지치기'와 '그린 하베스트' 정도는 알아두면 좋다.

두 작업의 목적은 하나다. 향미가 집중된 소량의 포도를 얻는 것. 포도나무의 뿌리는 하나지만 성장력을 억제하지 않으면 수많은 가지에서 많은 포도송이가 열린다. 이는 많은 생산량을 보장하지만, 아쉽게도 포도의 질은 떨어진다. 좋은 와인은 소수의 좋은 포도에서 나오기 때문에 불필요하게 뻗은 가지를 제거하는 가지치기가 필수다. 물론 질보다 양에 초점을 맞춘 대량 생산 와인이라면 가지치기 따위는 신경 쓰지 않아도 좋다. 그린 하베스트도 마찬가지다. 그린 하베스트는 적포도의 포도알이 자주색으로 물들기 전, 아직 녹색일 때 과도하게 열린 포도송이를 제거하는 작업이다. 이를 통해 한 번 더 생산량을 조절할 수 있다. 이렇듯 포도밭은 사계절 내내 관리해야 하기 때문에 자금이 많이 든다. 주식으로 1억을 벌려면 2억을 투자하라는 우스갯소리가 있듯이 와인업계에는 이런 말이 있다. 와인으로 백만장자가 되려면 억만장자에서부터 시작하라.

모든 난관을 극복하고 마침내 포도나무에서 포도를 수확할 시기가 되었다. 이 시기가 매우 중요하다. 한 해 동안 땀 흘려 노력한 결과물을 얻는 단 한 번의 기회이기 때문이다. 재배자들은 수확 시기가 다가오면 2~3일에 한 번씩 포도알의 당도를 측정한다. 대부분의 와이너리에는 실험실이 있어서 당도 이외에도 산도나 폴리페놀 등 포도의 여러 성분을 과학적으로 측정해 수확 시기를 결정한다. 일기에보도 수시로 확인해야 한다. 포도가 아직 덜 성숙했는데 비 소식이 있다면 포도를 따야 할지 더 기다려야 할지 결정해야 한다. 실로 고통스러운 순간이 아닐 수 없다. 포도밭과 양조장이 거리가 먼 경우 포도를 수확하는 시간도 중요하다. 대체로 서늘한 밤이나 새벽 시간이 포도를 수확하기가 좋다. 서늘한 공기가 포도의 신선도를 유지하기 때문이다. 만약 장거리 운행을 해야 할 경우에는 냉장 트럭을 이용하기도 한다.

적포도 수확

포도는 기계로 수확할 수도 있고, 손으로 직접 할 수도 있다. 와인 메이커들이 흔히 강조하는 것 하나가 바로 'handpicked', 즉 '손수확'이다. 대부분의 와인 테이스팅 노트에도 이 단어는 거의 빠지지 않고 등장한다. 손수확은 흔히 좋은 와인을 생산하는 데 가장 기본으로 인식된다. 손수확 와인이 고급 와인의 전제 조건은 맞지만, 기계 수확을 한 와인이 저급 와인이라는 생각은 틀렸다. 더욱 좋은 품질의 포도를 얻으려고 기계 수확을 하는 와이너리들이 있기 때문이다. 예를 들어 프랑스 샤블리의 한 생산자는 수확기에 다다른 포도를 최대한 빠른 속도로 모두 수확하기 위해서는 기계를 이용하는 것이 훨씬 효과적이라고 이야기한다. 섬세하게 하지만 느리게 진행되는 손수확 과정 중 포도가 (화이트 와인의 생명인) 산도를 잃는 것보다, 수확 시간을 단축하는 것이 더 좋은 와인을 만들 수 있는 조건이라고 보는 까닭이다. 비슷한 이유에서, 무더운 지역일 경우 밤에 수확함으로써 포도가 산도를 잃는 것을 최소화할 수 있다. 이 경우도 기계 수확이 유리하다.

물론 기계보다는 인간의 손이 훨씬 더 섬세하며, 충분히 익지 않았거나 손상이 된 포도를 가려낼 수 있다는 점은 확실하다. 그리고 기계 수확을 하고 싶어도 손수확을 할 수밖에 없는 곳도 있다. 예를 들어 프랑스 북부 론이나 포르투갈의 도우로 밸리는 포도밭이 가파르게 경사진 언덕에 조성되어 기계의 접근이 불가능하다. 선택의 여지 없이 모든 포도를 손으로 수확해야만 한다. 마찬가지로 포도나무가 심어진 열이 너무 좁을 때도 손수확밖에 답이 없다. 손수확으로 만든 와인이 퀄리티 와인이라는 점은 분명 부정할 수 없다. 다만, 처한 상황에 따라 어쩔 수 없이 손수확을 하거나 기계 수확을 겸해야 하는 경우가 있다는 점도 참고해야 한다.

탐스럽게 잘 익은 포도가 양조장에 도착했다. 만약 수확한 포도를 바로 이용할 수 없다면 냉장 시설에 포도를 보관해서 신선도를 유지해야 한다. 그게 아니라면 포도를 선별한다. 좋은 와인을 만들고자 한다면 좋은 포도만 골라야 한다. 수확물에 불필요한 이물질이 있을 수 있기 때문에 꼭 필요한 작업이다. 선별된 포도는 제경파쇄기에 집어넣는다. 제경파쇄기는 포도송이에서 가지를 제거하고 포도알을 분리하는 기계다. 다만 어떤 와인들의 경우 포도송이 전체 혹은 가지까지 활용하는 경우도 있다. 만약 가지까지 써야 한다면 가지의 상태 즉 성숙 정도도 중요한 포인트가 된다. 여하튼 포도알만 쓸지, 포도송이 전체를 쓸지, 가지를 포함할지는 전적으로 와인 메이커가 결정해야 할 부분이다.

그다음에는 포도를 발효통에 넣고 포도를 터뜨리는 파쇄를 진행한다. 발효통의 경우 요즘에는 온도 조절이 가능하고 세척이 용이한 스테인리스스틸 탱크를 많이 이용한다. 물론 전통을 살려 나무통에서 하는 곳도 있고, 시멘트 탱크에서 발효하기도 한다. 용기의 재질에 따라 와인에 미

머스트 상태의 포도

치는 영향이 다르기 때문에 이 부분에서도 선택이 갈린다. 스테인리스스틸 탱크는 와인에 전혀 영향을 미치지 않는다. 그런데 나무통은 다르다. 나무통은 투과성이 있고, 나무에서 우러나는 여러 물질이 와인에 영향을 미친다.

파쇄된 포도는 껍질, 씨, 주스가 혼합된 상태다. 이를 '머스트must'라 부른다. 포도의 즙만 활용하는 화이트 와인과는 달리 레드 와인을 만들기 위해서는 포도의 껍질에서 색과 폴리페놀을 우러내야 한다. 와인에서는 이 과정을 '침용maceration'이라고 부른다. 뜨거운 물에 티백을 우리는 걸 상상해보자. 티백을 오래 우리면 차의 강도가 세지는 것처럼, 와인 또한 침용을 오래 할수록 포도의 껍질(혹은 줄기와 씨)에서 우러나는 색과 폴리페놀의 양이 많아진다. 즉, 색이 진해지고 탄닌 같은 폴리페놀 성분이 많이 우러난다. 이렇게 발효와 침용이 동시에 이루어진다.

발효 중인 와인은 알코올을 내면서 동시에 이산화탄소를 배출하기 때문에 부글부글 끓어오른다. 결국 즙은 아래로, 껍질이나 줄기와 씨 등은 위로 부유하게 된다. 이걸 그대로 방치하면 부유물이 굳게 되고 시간이 지나면 해충이나 곰팡이가 생기면서 악취를 낼 수 있다. 그래서 위에 떠오른 부유물(캡)을 누르거나 젓는 방식으로 계속해서 아래로 밀어줘야 한다. 또 통 아래에 호스를 연결해 즙을 빼 표면에 뿌려주는 작업도 동시에 이루어진다. 이를 통해 침용이 가속화되고, 껍질에서 색과 폴리페놀이 더욱더 많이 추출된다. 이 과정은 매우 고된 작업이다. 과거에는 모든 와이너리에서 사람이 일일이 긴 장대로 캡을 눌러주거나 발로 밟았다. 물론 지금도 전통 방식으로 와인을 만드는 곳도 있다. 다만 자동화 시스템을 갖춘 현대적인 와이너리가 늘어나는 추세다.

발효에 중추적인 역할을 하는 효모는 살아 있는 미생물이다. 이 때문에 발효 과정은 여러 환

발효

경적 요소에 영향을 받는다. 가장 중요한 게 온도다. 발효 온도가 너무 낮거나 높으면 효모는 활동을 멈춘다. 효모의 이런 성질을 이용해 스위트 와인을 만들 수 있다. 레드 와인의 경우에는 보통 20~32℃에서 발효한다. 온도가 낮으면 레드 와인의 과실 향과 맛을 유지할 수 있고, 높으면 색과 폴리페놀을 많이 추출할 수 있다.

그렇다면 발효는 언제까지 할까? 이 또한 와인 메이커의 마음이다. 레드 와인은 대개 단맛이 없는 드라이한 스타일로 만든다. 그래서 와인 메이커는 효모가 머스트에 존재하는 대부분의 당분을 다 먹어 치울 때까지 발효를 지속한다. 물론 드라이한 와인이라고 하더라도 약간의 당분이 존재할 수 있다. 혀 감각이 민감한 사람이라면 이를 느낄 수도 있다. 알코올 내성을 지닌 특별한 효모가 아닌 이상 알코올 도수가 15%를 넘게 되면 효모는 기능을 멈춘다. 레드 와인의 알코올 도수가 12~15% 사이인 까닭이다.

발효가 끝나면 찌꺼기와 와인을 분리한다. 분리된 찌꺼기에는 여전히 색과 폴리페놀이 있기 때문에 한 번 더 강하게 압착해서 즙을 짠다. 이를 '프레스 와인'이라고 한다. 색도 진하고 폴리페놀 함유량도 많다. 물론 그만큼 떫고 쓰다. 프레스 와인은 따로 보관했다가 나중에 와인에 섞기도 한다. 이 또한 생산자의 선택이다.

와인의 상태에 따라 생산자는 법이 허용하는 한에서 첨가물을 넣을 수 있다. 아황산염이 가장 대표적인 첨가물이다. 아황산염은 박테리아가 활동하는 걸 막고 껍질로부터 추출되는 색의 밀도도 높인다. 또한 와인의 산화를 방지하기 때문에 와인을 만들 때 여러 과정에서 여러 차례 폭넓게 활용된다. 이외에도 와인의 당이 부족하면 당을 첨가할 수 있다. 탄닌이나 산도도 첨가제로 조절이 가능하다. 이제 와인은 생산자가 원하는 대로 '조각'할 수 있는 수준에 이르렀다.

발효를 끝낸 와인은 숙성에 돌입한다. 숙성 과정에서는 매우 중요한 반응이 하나 일어난다. 바로 '말로락틱 전환(발효)'이다. 이를 우리말로 '젖산전환(젖산발효)'이라고 하고, 'MLC(MLF)'라고 부른다. 젖산전환은 알코올 발효 이후에 자연스럽게 이어진다. 락토바실러스, 즉 젖산균에 의해 사과산이 젖산으로 바뀌는 과정이다.

초기에 와인이 가진 시큼한 맛이 덜 시큼하게 변한다는 뜻이다. 다만 화이트 와인의 경우에는 산도가 생명이기 때문에 이 과정을 거치는 경우가 드물다. 레드 와인의 경우에도 생산자가 가볍고 마시기 편한, 그러니까 과실 향과 맛이 풍부한 와인을 만들고 싶다면 MLC를 거치지 않기도 한다.

숙성은 발효와 마찬가지로 스테인리스스틸 탱크나 시멘트, 나무통 등에서 진행한다. 가벼운 바디의 과실 향이 풍부한 이지 드링킹 와인은 스테인리스스틸 탱크에서 짧게 숙성한 뒤 출시한다. 가격이 비싼, 즉 보다 복합적인 향미를 지닌 와인을 만들고자 한다면 나무통에서 오랜 시간 숙성한다. 이 경우 나무에서 비롯한 여러 물질이 와인에 향미를 덧씌운다. 오크통이 가장 널리 활용된다.

와인을 발효·숙성하는 다양한 재질의 용기들
위에서부터 오크통, 크베브리,
스테인리스스틸 탱크, 시멘트 발효조

레드 와인 만들기

오크나무로 만든 오크통은 미세한 투과성을 지닌 나무의 재질 때문에 와인이 조금씩 증발한다. 이를 낭만적으로 '천사의 몫Angel's Share'이라고 부르지만, 와인 메이커들에게는 귀찮은 일이 하나 더 생긴 것일 뿐이다. 와인 메이커는 증발한 양만큼 와인을 채워 오크통이 항상 가득 차 있게 유지해야 한다. 그래야 오크통 내부의 산소를 없애 유해균의 서식을 방해할 수 있다. 젖산전환이 끝나면 오크통 바닥에 쌓여 있는 찌꺼기와 와인을 분리하기 위해 다른 오크통으로 옮겨 담는 과정도 거쳐야 한다.

그렇다면 숙성은 보통 얼마나 할까? 이것도 와인 메이커에 달렸다. 보통 짧게는 6개월에서 1년 정도이지만 수년에서, 심지어 10년 이상 숙성하는 와인도 있다. 당연하지만 오래 하면 오래 할수록 와인 가격이 올라간다.

숙성이 끝나면 병입을 하기 전에 와인을 맑게 만들어야 한다. 숙성하기 전에도, 숙성하는 중에도 여러 차례 이물질을 제거하지만, 우리가 마시는 와인처럼 깨끗한 상태가 되려면 정제와 여과 과정이 더 필요하다. 정제는 응고제인 달걀흰자, 벤토나이트, 젤라틴 등을 와인에 넣어서 부유물들을 걸러내는 과정이다. 여과는 미세한 필터에 와인을 통과시켜서 거의 완벽하게 깨끗하게 만드는 과정이다. 그런데 지나친 여과가 와인이 본래 지닌 고유의 풍미를 없앤다고 생각하는 생산자는 정제만 하거나 간혹 둘 다 하지 않는 경우도 있다.

모든 과정을 무사히 거친 와인은 이제 병입만을 기다린다. 병입하기 전에 대부분의 와인은 아황산염 처리를 한다. 와인에 혹여 남아 있을 수 있는 박테리아나 효모의 활동을 억제하기 위해서다. 병입된 와인은 바로 시장에 출시할 수도 있고, 병숙성을 추가로 할 수도 있다. 이 또한 와인 메이커의 판단이다. 다시 말하지만, 선택 장애가 있다면 와인을 만들기 힘들다.

· 탄산가스 침용 CARBONIC MACERATION

가볍고 과실 향이 풍부한 레드 와인을 만드는 양조법에 탄산가스 침용이 있다.

와인 초보자에게는 낯설 수도 있다. 주로 햇와인을 만들 때 쓰는 방법이다. 대개는 8~11월 사이 포도를 수확하고 양조를 거쳐 이듬해 초나 말 혹은 그 이상의 시간을 들인 뒤에 와인을 출시한다. 햇와인은 포도를 수확한 해에 시장에 출시하는 어린 와인이다. 즉, 포도 품종이 가진 날 것 그대로의 캐릭터를 느낄 수 있다. 햇와인은 와인을 만드는 곳이라면 어디에서나 탄생할 수 있지만, 세계에서 가장 유명한 곳이 프랑스 보졸레 지역이다. 보졸레에서는 햇와인을 '보졸레 누보Beaujolais Nouveau'라고 부르는데, 여기서 '누보'는 프랑스어로 '새로운'이라는 뜻이다. 보졸레 누보의 인기는 한때 전 세계적이었다. 아마 와인에 관심이 없더라도 늦가을 편의점에서 팔고 있는 보졸레 누보를 본 적이 있을 수 있다. 보졸레 누보를 만들 때 흔히 사용하는 양조법이 바로 '탄산가스 침용(이산화탄소 침용)'이다.

탄산가스 침용의 원리는 단순하다. 완전 밀폐가 가능한 거대한 양조용 통에 으깨지 않은 포도송이를 꽉 채운다. 그리고 통 안을 이산화탄소로 가득 채운다. 이와 같은 무산소 환경에서 포도는 세포 내 발효를 시작한다. 포도의 세포는 이용할 수 있는 이산화탄소로 포도당과 사과산을 분해하고 와인의 최종 플레이버에 영향을 미치는 다채로운 화합물과 알코올을 생성한다. 또한 포도껍질의 탄닌과 색을 내는 안토시아닌이 포도껍질에서 과육으로 이동하면서 투명한 과육이 붉은색으로 물들게 된다. 포도알의 알코올 함량이 2%에 달하면 열매가 터지면서 자연스럽게 주스가 흘러나온다. 주스에서는 정상적인 알코올 발효가 일어난다. 탄산가스 침용은 인위적인 힘을 가해 포도를 으깨지 않기 때문에 색이 옅고 산도와 탄닌이 적은 대신 과일 향과 맛이 많다. 숙성에는 적합하지 않으며 영할 때 마시는 걸 권장한다.

또한 반 탄산가스 침용도 있다. 이 경우 통 내부에 인위적으로 이산화탄소를 채우지 않는 게 핵심이다. 통 안에 가득 찬 포도의 무게 때문에 아래의 포도에서 자연스럽게 즙이 흘러나와서 효모에 의한 자연 발효가 진행된다. 발효로 인해 알코올과 이산화탄소가 생기는데, 이 이산화탄소가 통 내부를 가득 채우면 위에서 설명한 세포 내 발효가 탱크의 위쪽 부분에 쌓인 포도에서 자연스럽게 진행이 된다.

탄산가스 침용을 최초로 개발한 사람은 프랑스의 과학자 미셸 프랑지Michel Flanzy다. 그는 1934년 포도를 신선하게 보존하는 기술로 이산화탄소를 활용한 인물이다. 이를 응용해 반 탄산가스 침용을 고안한 사람은 바로 프랑스 보졸레 지역의 위대한 와인 메이커인 쥘 쇼베Jules Chauvet다. (반) 탄산가스 침용은 과거에는 가볍고 마시기 편한 보졸레의 값싼 와인을 만드는 데 주로 활용이 됐다. 그런데 최근에는 내추럴 와인을 만드는 데 널리 쓰인다. 참고로 보졸레는 매우 핫한 내추럴 와인 생산지다.

탄산가스 침용으로 만든 와인은 특유의 풍선껌, 바나나, 딸기 아로마를 낸다. 알코올 함량이나 탄닌이 적기 때문에 입에서도 매우 가벼운 질감을 준다. 여운도 짧다. 레드 와인이라도 약간 차갑게 칠링해서 마시면 좋다.

화이트 와인 만들기

화이트 와인은 '거의' 청포도로 만든다. '거의'라는 수식어를 붙인 이유는 적포도로 만드는 화이트 와인이 드물지만 있기 때문이다. 이게 가능한 이유는 앞서 언급했듯, 적포도의 과육도 대부분 청포도처럼 투명한 데 있다. 적포도의 껍질에서 색이 우러나지 않게 '젠틀하게' 압착해서 과육의 즙만 얻으면 화이트 와인을 만들 수 있다. 이를 응용한 대표적인 와인이 샴페인이다.

프랑스 샹파뉴 지방에서 만드는 스파클링 와인인 샴페인은 피노 누아, 피노 뫼니에Pinot Meunier, 샤르도네 세 품종을 주로 써서 만든다. 이 가운데 피노 누아와 피노 뫼니에가 적포도다. 간혹 적포도의 껍질을 벗겨내서 만드는 게 아니냐고 묻는 사람도 있는데, 그렇지는 않다. 수십에서 수백 톤에 달하는 포도의 껍질을 일일이 벗기는 기술은 없다. 그럴 필요도 없고.

화이트 와인을 만드는 방법은 레드 와인 메이킹의 축소판이라고 보면 된다. 핵심은 청포도가 지닌 신선한 산도와 과실 향을 끝까지 보존하는 데 있다. 이를 위해서 수확부터 병에 넣을 때까지 낮은 온도를 유지하는 게 중요하다. 높은 온도에서는 화이트 와인의 꽃 향이나 과실 향을 내는 여러 향 성분이 소실될 수 있다.

포도를 수확하고, 수확한 포도를 와이너리까지 가져오는 방법은 레드 와인과 동일하다. 다만 청포도는 대개 줄기를 활용하지 않기 때문에 바로 제경파쇄기에 넣고 줄기를 제거한다. 일부 풀 바디 화이트 와인이나 와인 메이커의 철학에 따라 줄기를 활용하는 경우도 있다. 다만 줄기가 포도처럼 완전히 익을 정도로 생장 기간이 긴 곳에서만 가능하다. 덜 익은 줄기를 쓰면 거칠고 풋내 나는 와인이 될 가능성이 높다. 그렇다고 무더운 지역에서 무턱대고 줄기가 익기를 기다렸다가는 포도의 산도가 터무니없이 낮아진다. 포도 줄기 사용은 신중해야 한다.

가지를 제거한 포도는 바로 파쇄에 돌입한다. 레드 와인과 달리 화이트 와인은 껍질을 활용하지 않고 파쇄해서 얻은 포도즙만 이용하기 때문에 온도와 산소 노출에 각별히 주의한다. 파쇄는 요즘에는 대부분 공기주압식 압착기를 사용한다. 긴 원통을 눕힌 형태의 탱크인데, 내부에 풍선 같은 공기주머니가 있다. 공기주머니가 서서히 부풀면서 원통 안에 있는 청포도를 '젠틀하게' 압착한다. 화이트 와인의 생명은 신선함과 과실 플레이버이므로 좋은 와인을 만들기 위해서라면 한 번 압착해서 얻은 '프리런 주스free run juice'로 와인을 만드는 게 좋다. 물론 이 또한 생산자의 철학에 따라 달라진다.

청포도 수확

짜낸 주스는 스테인리스스틸 탱크로 옮겨 발효한다. 혹은 고급 화이트 와인의 경우 처음부터 나무통에 넣고 발효하는 경우도 있다. 여하튼 탱크에서 발효한다면, 레드 와인의 경우 표면 위에 떠 있는 부유물이 산화를 방지하는 역할을 해서 뚜껑이 오픈된 탱크를 활용할 수 있다. 하지만 화이트 와인은 오로지 맑은 즙뿐이다. 즉 산화를 막아

줄 수 있는 일종의 방어막이 없기 때문에 밀폐된 탱크를 쓴다. 온도는 12~22℃ 정도에서 발효를 진행한다. 여러 번 강조하지만, 낮은 온도를 유지해야 화이트 와인을 상징하는 아름다운 과실 향이 잘 보존될 수 있고 산도를 유지할 수 있다.

발효를 마친 와인은 숙성 여부를 결정한다. 상큼함이 강조되는 대중적인 화이트 와인의 경우 스테인리스스틸 탱크에서 저온 안정화를 거쳐서 정제와 여과를 한 뒤 바로 출시한다. 이때 침전된 주석산을 제거한다. 주석산은 인체에는 무해하지만, 심미적으로 보기 안 좋기 때문에 제거하는 편이 좋다.

스테인리스스틸 탱크(위)와
부르고뉴의 와이너리 루 뒤몽Lou Dumont의 숙성실

나무통에서 숙성하는 화이트 와인은 더욱 복합적인 플레이버를 얻는다. 이 경우 품종 고유의 과실 향이 나무통 숙성을 통해 얻는 부케에 가려질 수 있으니 주의한다. 이때 레드 와인처럼 MLC가 동시에 일어날 수 있다. 또한 일부 와인 생산자는 스테인리스스틸로 만든 기다란 장대 같은 걸 나무통에 뚫린 구멍에 넣고 와인을 골고루 젓기도 한다. 통 아래 가라앉은 효모 찌꺼기를 통 전체에 골고루 퍼뜨리기 위함이다. 이 과정을 거치면 와인에 토스트나 비스킷 같은 고소한 플레이버가 배어든다. 이 효모를 와인에서는 '리lees'라고 하고 우리나라 말로는 '술지게미'라고 부른다. 가끔 프랑스 와인의 레이블을 보면, 'Sur Lie'라는 문장을 볼 수 있는데, 영어로 'On the lees'라는 뜻이다. 한국말로는 '술지게미 위에서'라는 뜻이다. 이 밖의 과정은 레드 와인과 동일하다.

화이트 와인 만들기

로제 와인 만들기

로제 와인을 떠올리면 무슨 생각이 드는가? 아름다운 색과 달콤한 맛? 많은 사람이 로제 와인은 달콤하다고 오해한다. 로제 와인은 대개 달지 않다. 이런 오해는 미국에서 시작되어 전 세계에 선풍적인 인기를 끌었던 값싸고 달콤한 와인, 화이트 진판델 때문에 생겼다.

화이트 진판델은 우연히 만들어진 와인이다. 1970년대 캘리포니아의 유명 와이너리인 셔터 홈Sutter Home의 와인 메이커는 적포도인 진판델을 더 진한 스타일의 와인으로 만드는 작업에 착수한다. 그는 침용이 막 진행되던 탱크에서 아직 덜 착색된 주스를 일부 빼내기로 했다. 그러면 주스 대비 껍질의 비율이 높아 최종적으로 플레이버가 농축된 와인을 만들 수 있기 때문이다. 이해하기 어렵다면 차를 우릴 때를 상상해보자. 티백이 담긴 찻잔의 물을 빼면 남은 물이 더 진한 차가 되는 것과 같은 이치다.

다만 빼낸 와인을 그대로 버리기 아까워서 드라이한 로제 와인을 만들어 시장에 출시했다. 이를 '화이트 진판델'이라고 이름을 붙였다. 드라이한 화이트 진판델은 출시 후 몇 년은 꽤 인기가 많았지만, 세계적인 수준이라고 부르기는 어려웠다. 그러다 우연히 화이트 진판델 와인을 만드는 과정에서 발효가 멈추는 현상이 발생했다. 잔당이 남은 달콤한 스타일의 화이트 진판델이 만들어진 것이다. 싸고, 예쁘고, 달콤한 화이트 진판델은 미국은 물론 전 세계적인 인기몰이를 했다. 화이트 진판델의 인기에 힘입어 싸고, 예쁘고, 달콤한 와인들이 마치 경쟁이라도 하듯 앞다투어 시장에 출사표를 던졌다. 이런 와인들이 마트의 진열대를 장식하면서 '로제 와인은 달다'라는 인식이 생겼다.

그런데 로제 와인의 철자가 영어의 장미rose와 같은데 왜 '로즈'라고 발음하지 않고 '로제'라고 할까. 엄격히 이야기해서 로제 와인의 철자는 장미의 'rose'가 아니라, 프랑스어 'rosé'다. 프랑스어에서 'e'는 일반적으로 '으' 발음이 나고, 아포스트로피가 붙으면 '에' 발음이 난다. 그래서 '로제'라고 발음한다. 그런데 '로제'라는 단어를 타이핑하거나 글씨로 쓸 때 아포스트로피를 붙이지 않는 이유는 단순하다. 아포스트로피를 일일이 찾아서 찍는 게 귀찮기 때문이다. 와인 산업은 먼 과거부터 유럽 특히 프랑스에서 많이 발달했다. 와인 용어에 프랑스어가 꽤 많은 까닭이다. 이 부분이 와인을 알아가는 데 가장 큰 난관이기도 하다.

프랑스어인 '로제'의 정확한 뜻은 무엇일까? 로제는 프랑스어 형용사로 '붉은빛이 감도는, 분홍빛의'라는 뜻과, 남성 명사로 '분홍빛 포도주'라는 뜻이 있다. 재미있게도 프랑스어에서 'r'은 'ㅎ' 발음이 난다. 그래서 정말 정석대로 발음하면 '호제'에 가깝다. 프랑스에서 '로제'라고 발음하면 현지인들이 잘 알아듣지 못하던 기억이 난다. 그렇다고 한국에서도 굳이 '호제'라고 발음할 필요는 없다. 한국에서는 다들 '로제'라고 부르고 있으니 그냥 '로제'라고 부르면 된다.

로제 와인을 필자 부부의 시선으로 정의한다면, "레드 와인과 화이트 와인의 특징 사이에서 분홍빛을 띠는 와인"이다. 로제 와인을 떠올릴 때 연상되는 핑크색이 가장 큰 특징이라고 할 수 있다. 그렇다면 로제 와인의 아름다운 색은 어떻게 생길까?

로제 와인의 색은 적포도의 껍질에서 비롯한다. 그래서 로제 와인은 반드시 적포도를 이용해서 만들어야 한다. 다시 강조하지만, 청포도로는 로제 와인을 절대로 만들 수 없다. 많은 이들이 로제는 레드 와인과 화이트 와인을 섞어서 만든다고 생각한다. 그러나 대체로 로제 와인은 이미 만들어진 레드와 화이트 와인을 섞어서 만들지 않는다. 하지만 예외가 있는데, 바로 '로제 샴페인'이다. 샴페인을 만드는 독특한 방식은 역사적으로 오랜 시간을 거쳐 정립되었다. 프랑스는 이를 법으로 보호하고 있다. 그 안에 만들어진 레드와 화이트 와인을 섞는 과정이 있다.

적포도로 로제 와인을 만드는 방법은 크게 세 가지다. 침용Maceration 방법, 뱅그리Vin Gris 방법, 세네Saignée 방법이다.

· 침용 MACERATION

로제 와인을 만드는 가장 대중적인 방법이다. 침용은 적포도의 즙과 껍질을 접촉해서 껍질로부터 색과 폴리페놀을 얻는 과정을 말한다. 단순한 원리로 침용을 오래 하면 할수록 색과 추출물이 더 많이 우러나고 색이 진한 와인이 된다. 만약 침용을 짧게 하면 어떻게 될까? 색이 덜 우러난다. 바로 이게 침용 방법의 핵심이다. 보통 레드 와인을 만들 때 침용을 6~10일 혹은 15일 이상 오래 한다. 로제 와인

3/ 와인 만들기

을 만들 때는 침용을 6시간에서 48시간 정도로 짧게 해서 로제 와인의 아름다운 색을 낼 수 있다. 당연하지만 와인 메이커의 취향에 따라 침용 시간을 조절할 수 있다. 만약 길게 하면 그만큼 껍질에서 색이 더 우러나와서 진한 로제 와인이 된다. 반대로 짧게 하면 색과 추출물이 적지만, 그만큼 라이트하고 과실 향이 풍부한 로제 와인이 된다.

· 뱅 그리 VIN GRIS

프랑스어 '뱅 그리'는 '회색 와인'이란 뜻이다. 뱅 그리는 적포도를 수확하자마자 바로 압착해서 침용 없이 색을 내는 방식이다. 화이트 와인을 만들 때 청포도를 수확한 뒤 바로 압착해서 즙을 내는 것과 같다. 뱅 그리 방식으로 만든 로제 와인은 색이 매우 연하고, 화이트 와인처럼 과실 향이 더 많은 편이다.

· 세녜 SAIGNÉE

프랑스어 'saignée'는 '사혈', 즉 '체외로 피를 빼낸다'는 의미다. 세녜로 로제 와인을 만드는 방식이 이와 비슷하기 때문에 이런 말이 붙었다. 쉽게 얘기해보자. 적포도를 수확해서 가볍게 파쇄한 다음 껍질과 즙을 발효통에 넣는다. 그러면 시간이 지날수록 껍질에서 색이 우러난다. 세녜는 색이 우러나는 즙의 일부를 빼서 로제 와인을 만든다. 아까 언급한 차 우리기에서 중간에 물을 빼는 방법이 바로 세녜다.

그렇다면 세녜가 침용과 다른 점은 무엇일까? 이 방법은 엄밀히 이야기하면, 셔터 홈 와이너리가 그랬던 것처럼 좀 더 진한 레드 와인을 만들기 위한 과정에서 추가로 로제 와인을 얻는다고 표현하는 게 맞다. 즉, 1ℓ의 차를 우리려고 물을 끓이고 티백을 넣었다고 생각해 보자. 그런데 물의 양이 너무 많은 것 같아서 차가 우려지는 물 250ml를 바로 빼냈다. 이 250ml의 물에도 차가 약간 우러난 상태다. 이게 로제 와인이 된다. 나머지 750ml는 시간을 충분히 들여서 티백을 우린다. 그러면 더 강한 향과 맛의 차가 된다. 750ml에 우러난 진한 차가, 서터 홈의 와인 메이커가 원했던 강렬한 레드 와인이다.

로제 와인은 대개 달지 않고 드라이하다. 세계적인 명성을 가진 명품 로제 와인도 대개 드라이하다. 좋은 로제 와인을 찾는다면, 우선 프랑스에서 생산되는 것들, 특히 프로방스산 로제 와인을 찾아보도록 하자. 프랑스 남부의 아름다운 지중해 연안에 자리한 프로방스는 총 2만 7500ha의 포도밭에서 만드는 와인 가운데 무려 90%가 로제 와인이다. 레드는 6%, 화이트는 4%에 불과하다.^{QR} 한국 시장에 수입되는 프로방스의 로제 와인 수가 적지 않으니, 가까운 와인숍에서 한번 찾아보자.

스파클링 와인 만들기

스파클링 와인은 쉽게 이야기해서 사이다처럼 기포가 있는 와인을 말한다. 국내에서는 달콤한 모스카토 다스티 와인이 워낙 인기가 많아서 그런지, 스파클링 와인을 그냥 '모스카토'라고 부르기도 한다. 혹은 샴페인이라는 말이 익숙하다 보니 스파클링 와인을 '샴페인'이라고도 부른다. 그런데 엄밀히 이야기해서 틀린 표현이다. 말이 나온 김에 정리해보자.

'모스카토Moscato'는 이탈리아의 피에몬테주에서 주로 재배되는 청포도 품종의 이름이다. 이 품종으로 만든 달콤하면서 약간의 스파클링이 있는 와인을 '모스카토 다스티'라 부른다. '샴페인'은 프랑스의 샹파뉴 지역에서 만든 스파클링 와인에만 붙일 수 있는 이름이다. 쉽게 얘기해서 스파클링 와인이라는 큰 범주 안에 모스카토 다스티와 샴페인이 속해 있다.

스파클링 와인은 생산하는 국가마다 그 나라의 언어로 호칭한다. 대표적으로 프랑스에서는 샴페인이 아닌 스파클링 와인을 '크레망Crémant', '페티양Pétillant', '무스Mousseux'라 부른다. 스페인에서는 '카바Cava', 이탈리아는 '스푸만테Spumante' 혹은 '프리잔테Frizzante', 독일은 '젝트Sekt', 포르투갈은 '에스푸만테Espumante'라고 한다.

각 스파클링 와인은 이름만 다를 뿐 기본적으로 만드는 원리는 모두 같다. 이미 설명했듯, 포도가 와인이 될 때 가장 중요한 역할을 하는 것이 효모다. 효모는 포도즙의 당분을 먹고 알코올과 이산화탄소를 낸다. 바로 알코올 발효다. 그런데 만약 발효되고 있는 통을 완벽하게 밀봉해서 이산화탄소를 빠져나가지 못하게 한다면? 그러면 와인에 자연스럽게 이산화탄소가 녹아서 스파클링 와인이 된다. 물에 녹으면 약한 산성을 띠며 탄산을 생성하는 게 이산화탄소의 고유 성질이기 때문이다. 이 원리에서 벗어나서 만들어지는 스파클링 와인은 없다.

다만 기포를 와인에 넣는 방법에 약간의 차이가 있을 수 있다. 가장 돈이 많이 들고 시간이 오래 걸리는 방법이 '2차 병 발효 방식'이다. 간단히 설명하면, 우선 만들어진 와인을 병에 담는다. 이때 소량의 효모와 당분을 함께 넣고 단단히 밀봉한다. 이때 병에 추가하는 당분과 효모는 매우 정확한 계산에 따라서 넣는다. 예를 들어 1bar(바. 기압의 단위로 1㎠당 약 1kg)의 압력을 얻기 위해서는 4g 정도의 당분이 추가된다. 그러면 병 안에 함께 넣은 효모가 당분을 먹고 소량의 알코올과 이산화탄소를 만든다. 이때 병 밖으로 빠져나갈 길이 없는 이산화탄소는 와인에 녹아 스파클링 와인을 만든다. 2차 병 발효 방식으로 만든 스파클링 와인의 대표 주자가 바로 샴페인이다.

2차 병 발효 방식은 시간이 많이 든다. 관리 인력도 필요하기 때문에 자금 역시 많이 소요된다. 그래서 '샤르마 방식Charmat Method'이 생겨났다. 샤르마 방식도 두 번 발효한다. 1차 발효로 기본 와인을 만드는 건 같지만, 샤르마 방식은 와인을 병에 넣는 게 아니라 밀폐된 대형 스테인리스스틸 탱크에 넣는다는 점이 다르다. 그래서 대량 생산이 가능하다. 탱크에 넣을 때 철저하게 계산된 효모와 당분을 섞는다. 그러면 밀폐된 탱크 안에서 재발효가 일어나 스파클링 와인이 된다.

혹은 밀폐된 탱크에서 단 한 번의 발효로 스파클링 와인을 만들기도 한다. 대표적인 예가 이탈리아 피에몬테 지방의 아스티Asti DOCG다. 이에 관련해서 흥미로운 역사가 있다. 샤르마 방식은 프랑스의 발명가 유진 샤르마Eugène Charmat의 이름을 딴 것인데, 본래 이 방식을 최초로 고안하고 특허를 낸 사람은 이탈리아 피에몬테 (더 정확히는 아스티) 지방의 양조학자 페데리코 마르티노티Federico Martinotti다 (1895년). 그런데 1907년 유진 샤르마가 마르티노티의 방식을 개량해서 오늘날까지도 사용되는 오토클레이브Autoclave(고온고압처리기)를 발명하고 특허를 받으면서 방점을 찍는다. 그 결과 '샤르마'가 전 세계적으로 알려졌다. 다만, 아스티에서는 여전히 마르티노티 방식이라고 부르고 있다.

아스티 DOCG는 마르티노티가 처음 고안한 전통 방식으로 스파클링 와인을 만든다. 먼저 포도에서 얻은 즙을 차갑게 보관한다. 때가 되면 온도 조절이 가능한 밀폐 스테인리스스틸 탱크에 와인을 넣고 온도를 올린다. 따뜻한 환경에서 효모가 발효를 시작하면서 만들어진 이산화탄소는 와인에 녹아 스파클링 와인이 된다. 이 과정에서 생산자는 원하는 수준의 당도와 알코올 도수에 이르면 와인을 식혀 발효를 중지한다. 와인에 남은 찌꺼기와 효모를 제거하기 위해 여과나 원심분리로 제거한 뒤 병에 넣으면 완성이다.

2017년 이전 아스티 DOCG는 반드시 스위트 버전이어야 했다. 알코올 도수는 9.5%를 넘으면 안 됐다. 이후 몇 차례 개정이 돼, 2020년 이후부터는 당도와 최대 알코올 도수 제한이 모두 사라졌다. 이제 아스티 DOCG는 스위트 버전과 드라이 버전이 모두 있다. 아스티 DOCG와 구분되는 모스카토 다스티 DOCG는 여전히 최대 알코올 도수가 6.5%로 정해져 있다. 즉, 달콤하다.

탱크 발효로 만든 스파클링 와인은 2차 병 발효 방식으로 만든 스파클링 와인보다 병 내 기압이 낮은 편이다. 보통 샴페인의 병 내 기압은 5~7bar 정도인데, 샤르마는 2~4bar 정도. 또 모스카토 다스티 DOCG는 법으로 2.5bar를 넘지 않게 제한한다. 이 때문에 샤르마나 모스카토 다스티는 기포가 작고 부드럽다. 대개 별도로 숙성하지 않고 바로 병입되기 때문에 포도가 지닌 향긋한 과실 향을 온전히 느낄 수 있는 '이지 드링킹' 스파클링 와인이 된다.

그 밖에도 좀 드문 경우이긴 하지만, '메소드 앙세스트랄Méthode Ancestrale'이란 것도 있다. '메소드'는 프랑스어로 '방법', 앙세스트랄은 '선조의'라는 뜻이다. 스파클링 와인을 만드는 가장 오래된 방법이라는 의미에서 이런 이름이 붙었다. 과거에는 포도를 수확해 와인을 만들어서 병에 넣으면 금세 겨울이 왔다. 겨우내 병에 담긴 와인은 따뜻한 봄이 되면 효모가 다시 활동하면서 병 내 재발효를 일으켰고, 자연스럽게 기포가 있는 와인이 됐다. 이게 가능한 이유는 당시에는 와인을 병에 넣기 전에 효모를 제거해주는 필터링 기술이 전혀 없었기 때문이다.

이제는 완벽에 가까운 필터링 기술이 생겼다. 하지만 여전히 이 방법으로 와인을 만드는 곳이 드물지만 존재한다. 와인이 전부 발효되기 전에 발효통을 0~-2℃로 냉각시켜서 효모의 기능을 일시 정지시킨 다음 따로 보관한다. 따뜻한 봄이 오면 보관했던 와인을 병에 넣는다. 이때 병 내 재발효가 일어나면서 기포가 생긴다. 이후 병 안에 생긴 찌꺼기를 제거한 뒤 그대로 출시한다. 2차 병 발효 방식과 비교하면 매우 단순하다. 다만 절차가 까다롭지 않다고 만들기 쉬운 건 아니다. 와인을 한 번 냉각시켰다가 다시 셀러에 보관해야 하므로 철저하게 계산된 온도 조절이 중요하다. 그래야 일정한 품질의 와인을 만들 수 있다.

앙세스트랄 메소드는 '펫낫Pét-Nat'이라고도 부른다. '페티양 나투렐Pétillant Naturel'의 줄임말이다. 최근 내추럴 와인 붐이 일면서 별다른 첨가물 없이 있는 그대로의 와인으로 병 내 발효하는 펫낫 와인도 덩달아 인기를 얻었다. 펫낫이든 메소드 앙세스트랄이든 굉장히 아로마틱한 플레이버를 보인다. 알코올 도수가 6% 정도로 낮다. 그리고 1~3년 사이에 소비가 되어야 하는 즉, 장기 숙성에는 적합하지 않은 와인이다.

√ 스파클링 와인은 누가 처음 만들었을까

 이에 대한 답은 와인업계에서 늘 논란이 되는 주제답게 사실 그 누구도 모른다. 와인의 기포는 상황에 따라 자연스럽게 만들어지기 때문이다. 역사 기록에 따르면, 이미 고대 로마와 그리스의 작가들이 와인에서 발견되는 신비한 기포에 관해 글을 남긴 바 있다.^{QR} 또 중세 시대에 프랑스 샹파뉴 지방에서 반짝이는 기포가 있는 와인을 찾아볼 수 있었다고 한다. 물론

과거에는 와인에 기포가 생기는 이유를 이해하지 못했다. 그때는 기포가 달의 움직임에서 비롯했다든지, 천사와 악마의 소행이라는 등 초자연적인 산물로 여겼다.

 인간이 와인의 기포를 컨트롤해서 스파클링 와인을 만들 수 있게 된 건 와인병과 코르크가 발명되면서부터다. 그전에는 나무통이 와인을 보관하는 데 주로 쓰였기 때문에 설사 와인에 기포가 생기더라도 가둬 둘 방법이 없었다. 유리로 된 병은 고대부터 쓰이긴 했지만 부유층의 과시용이었다. 대중에 널리 퍼진 건 영국의 산업혁명 이후부터다. 당시 와인병은 지금과는 약간 다른 형태였다. 그래도 와인을 손실 없이 보관할 수 있는 완벽한 용기였다. 문제는 주둥이를 어떻게 막느냐였다. 이를 코르크가 해결했다. 와인병과 코르크는 와인 보관의 역사에 새로운 장을 연 기념비적인 물건이다.

 와인병과 코르크의 발명으로 스파클링 와인을 만들 인프라가 갖춰졌다. 그런데 스파클링 와인은 누군가가 "자, 이제 병과 코르크가 생겼으니, 스파클링 와인을 만들어볼까?"라고 해서 만들어진 게 아니다. 우연의 산물이다. 이렇다 할 양조기술이 없던 과거에는 가을에 포도를 수확해 와인을 만들어서 병에 담으면 곧 겨울이 찾아왔다. 그런데 봄만 되면 셀러에 있던 와인병이 깨지는 게 아닌가? 한 병이 깨지면 간혹 연쇄반응을 일으켜서 20%에서 많게는 90%까지 손실을 보기도 했다. 그래서 지하 셀러에 내려갈 때는 얼굴에 상처를 입지 않기 위해 무거운 철 마스크를 썼다고 한다.

왜 봄이 되면 와인병이 깨졌을까? 지금은 와인을 병에 담을 때 병 내 재발효를 막기 위해 필터링을 거치고 아황산염을 넣지만, 과거에는 이런 기술이 없었다. 추운 겨울, 와인병 속의 효모는 낮은 온도에서 휴지기에 들어갔다가 따뜻한 봄이 되면 병 안에 남은 당분을 먹고 이산화탄소를 내뿜었다. 당시에는 병의 내구도가 약해서 이산화탄소의 압력을 견딜 수가 없었다. 그래서 봄만 되면 병이 산산조각이 난 것이다. 이런 현상을 두고 당시 몇몇 와인 비평가는 기포가 있는 와인을 '악마의 와인'이라고 부르기도 했다. 지금은 만에 하나 효모가 재발효를 일으킨다고 해도 병을 만드는 기술이 워낙 뛰어나기 때문에 이산화탄소의 압력을 견딜 수 있다. 스파클링 와인병이 유독 두껍고 무거운 이유가 바로 이 때문이다.

이참에 샴페인의 아버지라고 추앙받는 동 페리뇽Dom Perignon에 대한 오해도 여기서 풀자. 동 페리뇽은 프랑스 샹파뉴 지방의 생피에르 오비에 수도원의 셀러 마스터였다. '동Dom'이라는 건 베네딕트 수도사들에게 붙이던 존칭이고, 진짜 이름은 '피에르 페리뇽Pierre Perignon'이다. 많은 사람이 그가 샴페인을 발명한 사람이라고 알고 있다. 앞서 언급했듯이 스파클링 와인은 누가 '발명'한 게 아니고, 우연히 '발견'된 것이다.

그런데 왜 동 페리뇽이 샴페인의 발명가로 추대되고, 그의 이름을 딴 샴페인까지 생기는 등 명성을 얻었을까? 기록에 따르면, 그는 적포도로 화이트 와인을 만

동 페리뇽

든 최초의 와인 메이커였다. 질 좋은 포도를 얻기 위해 수확량을 줄이는 가지치기의 중요성을 강조했고, 포도 수확은 오전 10시 이전에 해야 포도의 섬세한 향미가 소실되지 않는다고 주장했다. 또한 포도를 부드럽게 파쇄할 수 있는 압착기를 고안하는 한편, 다양한 포

도를 블렌딩해서 균형 잡힌 와인을 만드는 데도 기여했다. 그는 진정으로 혁신적인 세기의 와인 메이커였던 셈이다.

그런데 수도원의 후계자였던 동 그로사르Dom Grossard가 수도원의 위상을 높이기 위해 동 페리뇽의 업적을 부풀려서 홍보했다. 19세기 후반에 접어들자 동 페리뇽은 어느새 샴페인의 아버지로 이름을 떨치게 된다. 이야기는 점점 더 윤색되면서 페리뇽은 앞을 볼 수 없었지만, 후각과 미각이 워낙 뛰어나서 그의 와인 블렌딩 솜씨를 어느 누구도 흉내 낼 수 없었다는 정도까지 미화됐다.

동 페리뇽의 진실이 어떻든 간에 샴페인업계는 이 이야기를 널리 퍼뜨리는 데 기민한 움직임을 보였다. 당시 샴페인업계의 경쟁 상대는 대중적으로 큰 인기를 얻고 있던 포티파이드 와인이나 증류주였다. 동 페리뇽의 전설은 샴페인의 오랜 역사성을 강조하기에 안성맞춤이었다. 게다가 동 페리뇽이 샴페인을 처음 맛본 순간 "별을 마시는 기분이다"라고 감탄했다는 일화에서 착안해, 결혼식이나 세례식 등의 신성한 자리에 쓰이는 술로 샴페인을 알렸다. 그 결과 샴페인은 지금도 '기쁨과 축하의 술'로 쓰인다. 참고로 동 페리뇽의 별 멘트는 역사 기록이 없는 허구다. 이 문구는 19세기에 업계에서 마케팅을 위해 탄생시킨 광고 문구라고 추측한다.

샹파뉴보다 앞서 스파클링 와인을 만들었다는 기록이 남아 있는 곳이 있다. 바로 프랑스 남부의 리무 지방이다. 기록에 따르면, 1531년 리무 지방의 생틸레르 수도원의 수도사들은 특이한 방식으로 화이트 와인을 만들었다. 그들은 나무통이 아닌 유리 재질의 플라스크에 와인을 넣어 발효시켰다. 플라스크는 코르크 마개로 단단히 밀봉했기에 기포가 있는 스파클링 와인을 생산할 수 있었다. 리무에서는 이를 '블랑케트blanquett'라 불렀다. 이 와인이 지금의 블랑케트 드 리무의 원조다. 블랑케트 드 리무는 '모작Mauzac'이라는 품종으로 만든 리무 고유의 스파클링 와인을 말한다. 기록이 사실이라면 동 페리뇽 이전에 이미 프랑스 남부에서는 스파클링 와인을 만들어 즐겼던 게 된다.

또 다른 기록에 따르면, 기포를 만드는 방식은 17세기 초 영국인이 발견했고, 와인에 접목하기 전에 사이다cider(사과로 만든 발효주) 생산에 활용했다고 한다.^{QR} 영국의 과학자인 크리스토퍼 메렛Christopher Merret은 1662 년 12월 17일 왕립학회 연설에서 스파클링 와인을 만드는 2차 병 발 효 과정을 설명했다. 그는 와인에 설탕이 있으면 기포가 생기기 때문에, 병에 담기 전에 와인에 당분을 첨가하면 모든 와인이 기포가 있는 와인이 될 수 있다는 내용 의 논문을 발표했다. 물론 그게 효모라는 생명체 때문에 발생하는 현상이라는 사 실은 몰랐지만, 스파클링 와인이 되는 핵심 과정을 정확히 이해했다. 또한 이 기록 은 영국이 프랑스보다 앞서서 스파클링 와인을 만들었음을 암시한다. 지금은 아 니지만, 과거 영국도 이름깨나 날리던 와인 생산국이었음을 생각하면 충분히 납 득되는 논리다. 당시 영국 유리병은 프랑스산보다 두꺼워 깨질 우려가 적었다.

스파클링 와인이 세계적인 명성을 얻게 된 건 샴페인 회사들의 뛰어난 마케팅 수완 덕이다. 하지만 그전에 이미 스파클링 와인만이 지니는 희소성과 특별함이 셀러브리티를 사로잡았다. 특히 18세기 초 왕족과 귀족의 파티나 연회에서 스파 클링 와인이 인기를 얻었다. 그러자 샹파뉴 지방에서는 앞다투어 스파클링 와인 을 만들었다. 지금도 세계적인 명성을 누리는 뵈브 클리코Veuve Clicquot 같은 경우 에는 샴페인 메이킹의 핵심이라 할 수 있는 '퓌피트르pupitre'를 개발하고 '르뮈아 주remuage' 기법을 개발했다. 이에 관해서는 샴페인 메이킹에서 자세히 설명한다.

불과 200년 전만 해도 샴페인에 감히 대적할 수 있는 스파클링 와인이 없었다. 지금은 샴페인과 어깨를 나란히 하는 스파클링 와인을 많이 찾아볼 수 있다. 물론 수백 년에 걸쳐서 차곡차곡 명성을 쌓은 샴페인의 아성을 무너뜨리기는 절대 쉽지 않아 보인다. 하지만 순수하게 품질만 놓고 봤을 때는 충분히 경쟁력 있는 스파클 링 와인이 많다. 프랑스 지역에서 만드는 다양한 크레망도 그렇고, 이탈리아의 스 푸만테, 스페인 카바 중에서도 2차 병 발효 방식으로 셀러에서 수년을 숙성한 고 급 스파클링 와인을 어렵지 않게 찾아볼 수 있다. 심지어 가격도 저렴해서 샴페인 의 대체품으로 세계 스파클링 애호가가 즐긴다.

샴페인 만들기

'샹파뉴'는 자타공인 세계 최고의 스파클링 와인인 샴페인의 탄생지다. 세계 곳곳에서 생산되는 모든 스파클링 와인은 궁극적으로 샴페인을 지향한다고 해도 과언이 아니다. 'Champagne'라는 단어는 우리가 흔히 알고 있는 스파클링 와인인 '샴페인' 이름이기도 하고, 샴페인을 만들 수 있는 유일한 생산지인 프랑스의 '샹파뉴' 지명이기도 하다. '샹파뉴'는 프랑스식 발음이고, '샴페인'은 영어식 발음이다. 이 책에서는 지역을 말할 때는 '샹파뉴'라고 하고, 와인을 말할 때는 '샴페인'이라고 하겠다.

예전에 필자가 와인숍을 운영할 때도 자주 겪었지만, 여전히 많은 사람이 스파클링 와인을 샴페인이라고 부른다. 엄격히 말하면, 프랑스 샹파뉴 지역에서 만든 스파클링 와인만을 샴페인이라고 부를 수 있다. 과거에 이 단어가 싸구려 스파클링 와인에도 무분별하게 사용됐다. 그러자 샴페인 생산자들의 이미지 타격을 막기 위해 명칭 사용을 법으로 엄격하게 제한했다. 이 제한은 비단 프랑스 내에서만이 아니라 범세계적으로 적용된다.

5세기 프랑크왕국의 군주였던 클로비스 1세Clovis I가 샹파뉴의 주도 랭스에서

랜스 대성당

세례를 받았다. 이를 계기로 샹파뉴 지방의 와인이 명성을 얻었고, 훗날 '왕의 와인, 와인의 왕'이라는 별칭이 붙었다. 또 과거 이 지역의 토박이였던 교황 우르바노 2세Urbanus II는 샹파뉴 아이Aÿ 지역의 와인이 세계 최고의 와인이라고 선포했다. 이 때문에 한동안 아이 와인은 샹파뉴 와인과 동일시되는 명성을 누렸다. 샹파뉴 와인의 명성이 높아지자 교황이나 왕족이 이 지역의 포도밭을 소유하려고 경쟁했다. 당시에는 기포가 없는 일반 스틸 와인이었다. 샹파뉴의 스틸 와인은 'Vins de la Montagne(몽타뉴의 와인)'라는 명칭으로 파리에서 꽤 인기가 높았다고 전해진다. 여기서 몽타뉴는 샹파뉴의 세부 와인 산지의 이름이다.

  샹파뉴는 오랜 시간 지리상으로 가까운 부르고뉴와 경쟁 관계에 있었다. 부르고뉴 와인은 이미 중세부터 유럽 최고였다. 샹파뉴는 부르고뉴 와인의 아성을 따라잡기 위해 와인 스타일에 변화를 주기도 했다. 샹파뉴 지역에 피노 누아를 널리 심게 된 것도 부르고뉴의 영향 때문이다. 이와 관련해서 재미있는 에피소드가 있다. 샹파뉴와 부르고뉴 와인의 지지자들은 파리의 주요 시장은 물론, 베르사유의 루이 14세Louis XIV 궁전에 이르기까지 와인의 지배권을 놓고 경쟁했다. 특히 루이 14세는 주치의 앙투안 다캥Antoine d'Aquin이 식사마다 샴페인을 마시는 게 건강에 좋다고 조언하자 평생 샴페인을 마셨다. 그런데 왕의 병세가 심각해지자 경쟁자인 기크레상 파공Guy-Crescent Fagon이 왕의 정부와 공모해서 다캥을 축출하고 왕의 주치의 자리를 꿰찼다. 그는 왕의 병세가 심각해진 걸 샴페인 탓으로 돌렸다. 대신 부르고뉴 와인을 마셔야 한다고 주장했다. 과거에는 와인이 약의 일종으로 쓰이기도 했기에 가능한 이야기다.

샹파뉴 대 부르고뉴의 경쟁은 점점 심해졌다. 기록에 따르면, 두 지역 모두 자기들 와인이 건강에 어떤 이점이 있는지 선전하려고 의대생에게 돈을 지불하고 논문을 만들어내는 지경까지 이르렀다.^{QR} 이 논문은 와인 상인과 고객에게 보내는 광고 팸플릿으로 사용됐다. 샹파뉴의 주도 랭스의 의학부는 부르고뉴 와인이 샴페인보다 건강에 좋다는 파공의 주장을 반박하는 여러 논문을 발표했다. 이에 대응하기 위해 부르고뉴는 본 의과대학 학장을 고용했다. 그는 파리 의학부의 꽉 찬 강당에서 부르고뉴 와인의 장점에 대해 일장 연설했다. 부르고뉴 와인의 짙은 색과 강직한 바디감을 강조하면서, 샹파뉴 와인의 옅은 색, 장거리 운송 시 품질의 불안정성, 와인의 재발효로 인한 기포의 결함이 큰 문제라고 지적했다. 그의 연설 내용이 프랑스 전역의 신문과 팸플릿에 실리면서 샹파뉴 와인 판매에 악영향을 끼쳤다. 이처럼 둘 사이의 경쟁 구도는 매우 오랫동안 지속됐다. 그러다가 샹파뉴에서 기포가 있는 스파클링 와인 생산에 집중하면서 경쟁은 자연스럽게 막을 내린다.

역사에서 (기포가 있는) 샴페인이라는 단어가 처음 등장한 건 영국의 극작가인 조지 에서리지George Etherege의 작품 《멋쟁이The Man of Mode》(1676)에서였다. 불과 몇 년 사이 샴페인은 영국에서 큰 인기를 얻었다. 생산지인 프랑스보다 영국에서 먼저 인기를 누렸던 이유는, 그 당시 영국이 세계에서 가장 핫하고 트렌디한 와인 소비국이었기 때문이다. 프랑스에서는 1700년대에 샴페인 붐이 일었다. 사실 이때에도 일반인이 즐기기에는 샴페인 가격이 다소 비쌌다. 샴페인은 지금도 만들기 고되고 까다롭지만, 와인에 거품을 가두는 원리를 몰랐던 당시에는 더 귀했다. 1710년경 만들어진 샴페인의 병 수는 불과 1만 병 미만이었다고 한다.

샴페인을 만드는 원리를 깨닫고 이를 뒷받침하는 기술력이 발달하기까지 100년 이상 걸렸다. 가장 큰 혁신은 이산화탄소의 압력을 견딜 수 있는 강화 유리병의 발명이다. 이를 최초로 고안한 건 영국인이었다. 하지만 샴페인 생산자들은 1735년 자체적인 병 디자인을 확립해서 샴페인 대량 생산의 초석을 마련했다. 그다음 혁신은 코르크의 발명이다. 앞서 언급했듯이, 제아무리 튼튼한 병이 있다고 한들 병 입구가 부실해서 기포가 새 나가면 아무 소용이 없다. 최초에는 나무로 된 마개를 대마로 감싸서 수지에 적신 후 입구를 막았다. 그러면 기포는 물론이고 와인도 야금야금 소실되었기 때문에 대체품을 찾아야 했다. 그러다가 코르크 마개가 등장하면서 기포 손실이 없이 샴페인을 보관할 수 있었다.

샴페인의 성공은 유명 생산자의 등장으로 이어졌다. 무려 1584년 스틸 와인 생산자로 설립된 고세Gosset는 오늘날까지 운영되고 있는 가장 오래된 샴페인 하우스다. 또 다른 유명 샴페인 생산자 뤼나르Ruinart는 1729년에 설립되었다. 태탱저 Taittinger(1734), 모엣 에 샹동Moët et Chandon(1743), 뵈브 클리코Veuve Clicquot(1772)가 뒤를 이었다. 1800년에는 연간 30만 병의 샴페인이 생산됐는데, 1850년에 이르면 생산량이 무려 2000만 병에 달할 만큼 폭발적으로 성장했다. 2007년 기준으로 연간 3억 3860만 병이 생산된다. 물론 샴페인의 성공 신화는 현재 진행 중이다.

그런데 왜 기포가 있는 스파클링 와인이 다른 곳이 아닌 샹파뉴 지방에서 이렇게 큰 인기를 얻었을까? 물론 샴페인 생산자들의 마케팅 수완에서 비롯하기도 했다. 그런데 무엇보다 연평균 기온이 11℃에 불과한 서늘한 샹파뉴의 기후가 스파클링 와인을 만들기에 적합했기 때문이다. 포도 재배의 북방 한계선에 위치한 샹파뉴 지방은 자연적으로 와인에 기포가 생길 수 있는 환경을 지녔다. 또 샹파뉴의 일조량은 보르도의 2069시간, 부르고뉴의 1910시간과 비교해 한참이나 낮은 1650시간이다. 낮은 기온과 일조량은 포도의 성장 속도를 낮추는데, 이는 오히려 샴페인에 필수적으로 요구되는 생동감 있는 산도를 유지하는 데 결정적인 역할을 한다.

대부분의 샴페인은 피노 누아, 샤르도네, 피노 뫼니에 삼총사로 만들어진다. 이외에도 아흐반느Arbane, 프티 메스리에Petit Meslier, 피노 블랑Pinot Blanc, 피노

그리 같은 품종도 있다. 이 품종들은 재배 면적을 다 합해도 전체 포도 생산량의 0.3% 미만에 불과하니 무시해도 된다. 핵심은 피노 누아와 피노 뫼니에가 적포도라는 데에 있다. 샴페인은 투명한 색이 대부분인데, 적포도로 투명한 샴페인을 만들 수 있는 이유는 앞서 몇 차례 언급했듯, 적포도의 과육이 청포도처럼 투명하기 때문이다.

샴페인 메이킹

샴페인은 다른 스파클링 와인보다 비싸다. 상파뉴 지역 자체의 명성과 유명 생산자의 명성이 가격에 일부 더해지기는 했지만, 기본적으로 만드는 방법이 고된 탓이다. 앞에서 이미 기포가 있는 와인이 어떻게 탄생하는지 살펴보았으니 원리는 생략한다. 샴페인이 얼마나 길고 고된 과정을 거쳐 만들어지는지만 살펴보자.

다음 내용은 샴페인 공식 홈페이지[QR]에서 참고했다.

· 수확 및 압착하기

샴페인을 만드는 첫 번째 단계는 물론 포도 수확이다. 샴페인을 만드는 주요 품종 가운데 두 가지가 적포도이기 때문에 수확에 만전을 기해야 한다. 자칫 포도를 험하게 다루면 적포도 껍질에서 색소가 추출될 수 있다. 수확한 포도는 포도를 압착하는 프레싱센터로 곧바로 이송해 포도의 무게를 재고 기록한다. 이때 그해 빈티지에 지정된 최소 알코올 함량에 포도의 당도가 충족하는지를 검사한다.

샹파뉴 지방에서는 포도를 압착할 때 지켜야 할 몇 가지 원칙이 있다. 첫째, 포도를 수확한 직후 바로 압착하기. 둘째, 포도송이 전체를 활용하기. 셋째, 적포도의 색이 우러나지 않도록 부드럽게 압착하기. 넷째, 과도한 추출 금지.

이렇게 젠틀하게 추출된 주스는 두 가지로 분류한다. 첫째 '퀴베Cuvée'다. 수확한 포도를 압착할 때 얻는 주스의 양은 법에 따라 엄격하게 제한된다. 보통 포도 4000kg 당 25.5헥토리터hℓ(1hℓ=100ℓ)인데, 퀴베는 처음 압착한 20.5hℓ의 용량의 주스를 말한다. 두 번째 압착 주스는 나머지 5hℓ로 '타이유Taille'라고 부른다. 이렇게 두 가지로 구분하는 이유는 주스의 성격이 다르기 때문이다. 퀴베는 포도의 천연 당은 물론 주석산, 사과산 같은 천연 산이 풍부하게 들어 있다. 퀴베는 섬세한 아로마와 상쾌한 플레이버를 보여주고 숙성 잠재력이 좋은 와인을 생산할 수 있다. 타이유 또한 천연 당 함유량이 높은 편이지만, 산 함량이 낮고 미네랄 함량과 색소 농도가 높다. 대체로 타이유

포도를 압착하는 수직 프레스

로는 강한 향이 나는 와인을 생산한다. 퀴베보다 숙성 가치가 떨어지기 때문에 어릴 때 소비하기 좋은 샴페인을 만든다.

과거에는 수동으로 작동되는 수직형 압착기가 대부분이었지만, 이제는 컴퓨터로 제어가 가능한 수평 프레스로 포도를 압착한다. 압착된 주스는 바로 탱크로 옮겨진다. 이때 주스의 품질을 보호하기 위해 6~10g/hℓ 수준의 아황산염 처리를 한다. 또한 탱크 안에서 주스가 안정화하는 동안 아래에 가라앉은 침전물을 따로 분리하는 과정을 거친다. 분리된 찌꺼기는 총량의 1~4% 정도인데 이 또한 반드시 정부에 신고해야 하며, 증류를 위해 전문 시설로 보내진다.

· **발효 및 여과**

분리된 주스는 자연스럽게 발효 과정을 거친다. 발효는 대개 온도를 컴퓨터로 제어할 수 있는 스테인리스스틸 탱크에서 진행된다. 나무통을 활용하는 생산자도 있는데, 어디까지나 생산자의 취향 차이다. 생산자는 MLC, 즉 젖산전환 여부를 결정해야 한다. 레드 와인 메이킹에서 이미 살펴보았듯이 와인의 사과산이 젖산으로 변하는 MLC 과정은 샴페인에 부드러운 질감과 버터리buttery한 플레이버를 준다.

MLC는 18℃로 온도가 유지되는 탱크에 동결 건조된 박테리아를 접종해서 진행한다. 이 과정은 4~6주 이내에 완료되는데, 와인 메이커는 주스의 총산도를 모니터링하면서 진행률을 확인한다. 젖산전환이 마무리되면 블렌딩하기 전에 정제와 여과 과정을 거친다. 과도한 정제나 여과는 와인의 개성을 해칠 수 있지만, 샴페인은 예외다. 찌꺼기가 있거나 불투명한 샴페인을 좋아 하는 사람은 없기 때

발효가 진행되는 스테인리스스틸 탱크

문이다. 이렇게 완성된 깨끗하고 맑은 와인을 베이스 와인이라고 부른다.

· 블렌딩

블렌딩은 샴페인을 샴페인답게 만들어주는 과정으로 샴페인 메이킹의 꽃이다. 궁극적으로 샴페인을 다른 지역이나 나라의 스파클링 와인과 차별화하는 부분이다. 샹파뉴에서 블렌딩을 하게 된 이유는 아이러니하게도 이 지역의 기후가 매년 들쭉날쭉한 탓이다. 그래서 매년 품질이 다른 베이스 와인이 나온다. 그런데 소비자를 고려하면 매년 일정한 수준의 향과 맛을 지닌 샴페인을 만들어야 한다. 대형 샴페인 하우스는 다른 해에 만든 베이스 와인을 블렌딩해서 향과 맛의 일관성을 유지하기 위해 노력한다. 예를 들어 위대한 샴페인 하우스인 크뤼그Krug의 경우 자사의 그랑드 퀴베Grande Cuvée의 품질을 유지하기 위해 10년 이상 된 120개의 베이스 와인을 블렌딩 재료로 활용한다. 샴페인을 만드는 2차 병 발효 방식은 세계 어디서나 모방할 수 있지만, 수십 혹은 수백 년 동안 보관해온 베이스 와인(이를 리저브 와인이라 한다)의 양, 그리고 그동안 쌓아온 블렌딩 노하우는 절대 모방할 수 없다. 샴페인이 다른 스파클링 와인과 차별화되는 까닭이 여기에 있다.

블렌딩은 포도 품종으로 시작된다. 샴페인을 만드는 세 주요 포도 품종인 피노 누아, 샤르도네, 피노 뫼니에는 저마다 블렌딩에 활용될 때의 목표가 명확하다. 피노 누아는 샴페인에 붉은 과실 향을 가미하며 힘과 바디감을, 피노 뫼니에는 부드러운 질감과 강렬한 과일 향을, 샤르도네는 감귤류의 과일 향과 꽃 향이나 미네랄 풍미를 더한다. 블렌딩은 한 사람이 하는 경우가 매우 드물다. 일반적으로 전문가로 구성된 팀이나 소규모 샴페인 생산자의 경우 가족 구성원 전체가 참여한다. 이때 블렌딩에 참여하는 전문가들은 블렌딩한 샴페인의 미래를 예측할 수 있어야 한다. 즉, 모종의 블렌딩 비율로 샴페인을 만든다고 할 때, 10년 뒤에 어떤 형태의 샴페인이 될지를 가늠할 수 있어야 한다는 의미다. 블렌딩 과정은 며칠에서 몇 주까지 소요되는 고된 시간이다.

블렌딩이 완료된 와인은 저온 안정화 과정을 거친다. 즉, 병에 담아서 2차 발효를 하기 전 블렌딩 와인을 냉각해서 와인의 주석산 결정을 유도한다. 다른 와인은 주석산염이 시음자에 따라 귀여운 해프닝으로 치부될 수 있지만, 언제나 깨끗한 외관을 유지해야 하는 샴페인에서는 간과해서는 안 될 과정이다. 저온 안정화는 -4℃가 유지되는 탱크에서 최소 일주일의 시간을 보낸 뒤 완료된다.

· 병입 및 2차 발효

베이스 와인으로 블렌딩을 끝냈다면 이제 기포를 만들 시간이다. 샴페인은 수확 후 이듬해 1월까지 병에 넣을 수 없다. 이미 스파클링 와인 메이킹 챕터에서 언급했지만, 샴페인뿐만 아니라 모든 스파클링 와인의 기포를 만드는 원리는 다 똑같다. 기술의 급격한 발전으로 와인에 기포를 주입하는 여러 방식이 개발되었지만, 최고급 샴페인은 오랜 시간 선조들이 해온 옛날 방식 그대로 만든다.

주석산염까지 제거된 매우 깨끗한 상태의 와인을 두껍고 단단한 병에 넣고 밀봉한다. 이때 '리쾨르 드 티라주Liqueur de Tirage'라 부르는 달콤한 용액과 효모를 함께 넣는다. 리쾨르 드 티라주는 대개 사탕수수 당을 이용하며, 리터당 20~24g의 수준으로 첨가한다. 또한 첨가제에는 벤토나이트나 벤토나이트 알긴산이 들어 있다. 이는 병에서 발효 및 숙성을 거치는 동안 자연스럽게 생성된 침전물이 병목으로 미끄러지기 쉬운 환경을 만든다. 2차 병 발효 및 병 숙성에 쓴 와인병은 그대로 판매되어야 한다. 즉, 병 숙성이 끝난 와인을 다른 병에 옮기는 행위는 법으로 엄격히 금지한다.

첨가제를 전부 넣었다면 이제 병을 단단히 밀봉해야 한다. 코르크로 막는 경우는 매우 드물다. 대개 '비두르Bidule'라 불리는 왕관 마개로 밀봉한다. 비두르는 코카콜라 병을 막고 있는 마개와 비슷하지만, 안쪽에 병 입구를 단단히 봉인하는 원형 플라스틱이 솟

비두르

아 있는 게 특징이다. 병 안의 와인은 6~8주 동안 2차 발효를 거친다. 효모는 당을 섭취해서 이산화탄소를 방출하고, 와인의 감각적 특성에 기여하는 에스테르와 기타 우수한 품질의 알코올을 추가로 생성한다.

· 병 숙성

2차 발효를 마친 와인은 이제 동면에 들어간다. 샴페인은 평균 12℃의 온도를 유지하는 선선한 셀러에서 숙성된다. 병 숙성의 핵심은 리, 즉 효모 찌꺼기다. 병 에서의 2차 발효가 끝나면 효모는 서서히 사멸하고 자가 분해된다. 이 효모 찌꺼기 가 오랜 시간 병 내 샴페인과 접촉하면서 샴페인 고유의 플레이버를 형성한다. 잘 알려지지 않은 사실이지만, 일부 특수한

병 숙성 중인 와인

마개를 씌운 샴페인은 매우 미세한 산소가 병으로 들어갈 수 있도록 고안되었다. 물론 이를 활용하느냐 아니냐는 생산자의 마음이다. 이 경우 병에서 생성되는 이 산화탄소도 조금씩 소실되기 때문에 장단점이 있다.

모든 샴페인은 출시 전 병에서 최소 15개월을 보내야 한다. 예외는 없다. 이 중 효모 찌꺼기 숙성은 논빈티지 샴페인의 경우 12개월이다. 즉 아무리 저렴한 샴페 인이라도 12개월을 효모 찌꺼기 접촉을 통한 숙성을 거친 다음, 찌꺼기를 제거하 고 3개월을 더 병에서 시간을 보내야 시장에 출시할 수 있다. 실제로는 기준보다 몇 년 더 병에서 시간을 보낸 뒤에 출시하는 샴페인 하우스가 많다. 빈티지 샴페인 의 경우 최소 3년 이상이며, 최고급 샴페인인 프레스티지 퀴베 Prestige Cuvée는 수 년은 물론 수십 년을 숙성하는 경우도 있다.

· 찌꺼기 모으기

그런데 숙성하면서 병 안에 생긴 찌꺼기는 어떻게 제거할까? 이 고민은 샴페인의 역사만큼 오래되었다. 선조들은 '퓌피트르'와 '르뮈아주', '데고르주망dégorgement'이라는 기술을 개발했다.

숙성을 마친 샴페인을 '퓌피트르'라고 불리는 A자 형태의 나무틀에 약 45도 각도로 거꾸로 꽂는다. 찌꺼기를 병목으로 모아주는 과정이다. 이 기발한 나무틀은 유명한 샴페인 하우스인 뵈브 클리코에서 개발했다. 퓌피트르에 꽂은 병은 매일 조금씩 시계 혹은 반시계 방향으로 돌리면

병 안에 생긴 찌꺼기를 확인하는 장면(위)과 퓌피트르

서 침전물을 병목으로 모은다. 이 과정은 대개 4~6주가 소요된다. 병 하나당 한 번에 1/4 혹은 1/8씩 단계적으로 돌린다. 이때 돌린 만큼 분필로 병 바닥에 선을 그어 얼마나 진행했는지를 표시한다. 이 작업을 '르뮈아주'라고 한다. 이걸 하는 사람을 '르뮈에르remueur'라고 부른다. 숙련된 르뮈에르는 놀랍게도 하루에 대략 4만 개의 병을 처리할 수 있다고 한다.

다만 사람이 돌려주는 행위는 고급 샴페인을 만들 때나 소규모 생산자가 주로 쓰는 방법이다. 대량 생산되는 샴페인은 지로팔레트Gyropalette라는 기계로 르뮈아주를 진행한다. 지로팔레트는 거대한 팔레트 안에 500병의 샴페인을 꽂을 수

지로팔레트

있다. 일정한 각도로 회전하면서 샴페인의 찌꺼기를 품질 저하 없이 효율적으로 모을 수 있다. 전기의 힘으로 움직이는 지로팔레트는 24시간 가동할 수 있기 때문에 4~6주 걸리는 수작업과는 달리 일주일이면 작업이 완료된다.

· 찌꺼기 제거

르뮈아주가 완료되면 찌꺼기를 빼낼 시간이다. 샴페인 찌꺼기를 제거하는 행위를 '데고르주망'이라고 부른다. 프랑스어로 '배출'이라는 뜻이다. 그러면 어떻게 찌꺼기를 빼내야 병 안 샴페인의 손실을 최대한 줄일 수 있을까? 바로 '얼리기'다. 우선 데고르주망을 할 준비가 된 샴페인의 병목을 영하 27℃로 급속 냉각한다. 그리고 마개를 제거하면 언 찌꺼기가 내부 압력에 의해 자연스럽게 밀려 나온다. 이때 순간적으로 접촉하는 산소가 샴페인의 아로마에 큰 영향을 미친다고 알려졌다.

과거에는 순간 냉각 기술이 없었기 때문에 수작업으로 찌꺼기를 제거했다. 수작업은 숙련된 기술자가 아니라면 시도하기 어렵다. 기계화가 일반화된 지금도 750ml 규격 사이즈 외의 대형 샴페인이나 오래된 빈티지의 샴페인은 수작업으로 데고르주망을 하고 있다.

마개를 제거해 찌꺼기를 배출시킨다

· 채우기

데고르주망을 거친 샴페인은 내용물이 일부 손실될 수밖에 없다. 그러니 이를 채워야 한다. 이때 추가하는 용액을 '리쾨르 드 도자주Liqueur de Dosage' 혹은 '리쾨르 덱스페디시옹Liqueur d'Expédition'이라고 부른다. 이 달콤한 용액은 리터당 500~750g의 당이 혼합된 것으로 샴페인의 스타일에 따라 첨가하는 양이 다르다. 프랑스 정부는 소비자의 샴페인 선택을 돕기 위해 샴페인의 당도 수치를 반드시 레이블에 기재하도록 법으로 정했다. 그 용어는 다음과 같다.

용어	당분 함량
두 Doux	50g/ℓ 이상
드미 섹 Demi-Sec	32~50g/ℓ
섹 Sec	17~32g/ℓ
엑스트라 드라이 Extra Dry	12~17g/ℓ
브뤼 Brut	12g/ℓ 이하
엑스트라 브뤼 Extra brut	0~6g/ℓ

시중에서 판매되는 대부분의 샴페인은 브뤼 스타일이다. 당분이 있긴 하지만, 민감한 사람이 아니라면 단맛을 느끼기 힘들다. 또한 'Brut Nature', 'Pas Dosé', 'Dosage Zéro'라고 레이블에 쓰여 있다면 리터당 당분 함량이 3g 이하를 뜻한다. 이는 아무리 민감한 혀를 가진 사람이라도 단맛을 느낄 수 없는 매우 드라이한 샴페인이다.

· **밀봉하기**

샴페인에 코르크를 넣는 작업은 도자주 이후 바로 진행한다. 시간을 끌면 산소가 내부 샴페인에 영향을 미치고 기포가 손실될 수 있기 때문이다. 오늘날에는 높은 압력을 견딜 수 있는 스파클링 와인 전용 코르크를 쓰며 이 경우 코르크 알갱이와 천연 코르크를 붙여서 만든다. 또한 코르크에 'CHAMPAGNE'라는 단어와 빈티지 샴페인의 경우 상세 빈티지를 프린트해야 한다. 코르크를 끼워 넣고 코르크 위쪽에 보호용 금속 캡을 덮은 뒤 와이어 케이지로 단단히 묶으면 소비자를 만날 준비가 끝난 셈이다. 최종적으로 내부 용액이 잘 섞이도록 병을 흔들어주고 샴페인의 탁도를 검사한 뒤 출하한다.

√ 샴페인 레이블 읽기

샴페인은 포도 재배부터 생산까지 과정이 일반 와인과는 달라, 레이블에 여러 정보가 적혀 있다. 몇 가지 알아 두면 좋을 용어를 추가로 설명한다.

· 그랑 크뤼 Grand Cru / 프르미에 크뤼 Premier Cru

프랑스의 보르도 와인이나 부르고뉴 와인의 품질 보증 수표라고 할 수 있는 'Grand Cru', 'Premier Cru'를 샴페인 레이블에서도 드물게 찾아볼 수 있다. 샴페인 애호가가 아닌 이상 낯선 이야기일 수 있는데, 샹파뉴 지역에도 '과거에' 등급제가 존재했었다. 후술하겠지만, 이 등급제는 폐지됐다. 우선 샹파뉴의 와인 산지는 다음과 같이 크게 다섯 곳으로 나눈다.

몽타뉴 드 랭스Montagne de Reims

코트 데 블랑Côte des Blancs

코트 드 세잔느Côte de Sézanne

발레 드 라 마른Vallée de la Marnes

코트 데 바흐Côte des Bar

위 다섯 지역에는 포도를 재배하는 마을이 319개 있으며, 이 마을의 포도 재배자들은 오랜 시간 동안 거대 샴페인 하우스에 포도를 납품해 왔다. 그러다 1919년 각 마을의 포도 질(거래 가격)에 따라서 등급이 정해지게 됐는데, 이를 에셀르 데 크뤼Échelle des Crus라고 불렀다. 에셀르는 '사다리', '등급'이라는 뜻이다. 319개 마을은 이 등급에 의해 그랑 크뤼, 프르미에 크뤼, 크뤼까지 세 등급으로 나뉘었고, 등급에 따라 포도 납품 가격이 정해지는, 다소 비민주적인 형태였다.

하지만 시간은 흘렀고, 위원회가 가격을 통제하는 것에 대한 포도 생산자의 불만이 쌓여갈 수밖에 없었다. 이후 폐지와 유지 사이의 줄다리기 끝에, 에셸르 데 크뤼는 2004년 완전히 버려졌다. 다시 얘기해 샴페인 레이블에 적힌 그랑 크뤼와 프르미에 크뤼는 현재로서는 공식적인 가치가 없다. 이 단어들이 반드시 그 샴페인의 품질을 의미하지 않는다는 뜻이다. 물론 이 단어가 적힌 샴페인이 수준이 더 높거나 가격이 비쌀 가능성이 있다. 그러나 이제 모든 와인이 그렇듯, 등급보다는 생산자나 본질적인 맛을 기준으로 샴페인을 선택하는 것이 바람직하다. 그랑 크뤼 마을 리스트는 다음과 같다. 참고만 하자.

Côte des Blancs :	Avize, Chouilly, Cramant, Mesnil-sur-Oger, Oger, Oiry
Montagne de Reims :	Ambonnay, Beaumont-sur-Vesle, Bouzy, Louvois, Mailly-Champagne, Puisieulx, Sillery, Tours-sur-Marne, Verzenay, Verzy
Vallée de la Marne :	Aÿ

· 블랑 드 블랑 BLANC DE BLANCS & 블랑 드 누아 BLANC DE NOIRS

대부분의 샴페인은 피노 누아, 피노 뫼니에, 샤르도네 세 품종을 블렌딩해서 만든다. 그런데 만약 레이블에 '블랑 드 블랑'이라고 적혀 있다면, 그 샴페인은 샤르도네 한 품종으로 만들었다는 뜻이다. 그리고 '블랑 드 누아'라고 되어 있다면 적포도인 피노 누아와 피노 뫼니에로 만들었다는 뜻이다. 다 그런 건 아니지만, 블랑 드 블랑은 조금 더 화사하고 산도가 높은 편이며, 블랑 드 누아는 구조감이 좋다.

· 논빈티지 NON-VINTAGE

말 그대로 빈티지가 없다는 뜻이다. 줄여서 'NV'라고 한다. 대부분의 샴페인은 앞서 설명했듯 여러 빈티지에 생산된 베이스 와인을 블렌딩해서 탄생하기 때문에 빈티지가 없는 게 대부분이다. 최근에는 'NV' 대신 여러 빈티지를 섞었다는

'Vintage-blended'라는 표현을 사용하기도 한다.

· 빈티지 샴페인 VINTAGE CHAMPAGNE

말 그대로 단일 빈티지에 수확한 포도로만 만든 샴페인을 말한다. 레이블에 빈티지가 표시되어 있다. 빈티지 샴페인은 매우 뛰어난 해에만 만들기 때문에 NV보다 우수한 샴페인으로 여겨진다.

· 로제 샴페인 ROSÉ CHAMPAGNE

이미 만들어진 레드 와인과 화이트 와인을 섞어서 로제 와인을 만드는 일은 매우 드물다. 하지만, 샴페인을 만들 때는 꽤 적극적으로 사용된다. 2차 병 발효를 하기 직전의 베이스 화이트 와인에 레드 와인을 5~20% 사이 블렌딩함으로써 원하는 색과 질감을 얻을 수 있다. 이 방법은 생산자가 원하는 수준의 샴페인 색과 풍미를 얻을 수 있다는 장점이 있다. 물론 수확한 적포도를 짧게 몇 시간 정도 침용해서 원하는 색을 얻는 침용 방법도 많이 쓰인다.

· 프레스티지 퀴베 PRESTIGE CUVÉE

샴페인 하우스의 최고급 샴페인을 '프레스티지 퀴베'라고 한다. 프레스티지는 프랑스어로 '위엄', '위신'이라는 뜻이다. 프레스티지 퀴베는 대개 빈티지가 좋은 해에 탄생하고, 매우 오랜 시간 숙성을 거친다.

동 페리뇽

또한 다른 샴페인과 차별화된 마케팅을 하기 위해 매우 눈에 띄고 독특한 병에 담긴다. 향과 맛도 다른 샴페인과 비교해서 농축되어 깊다. 당연히 가격도 샴페인 하우스에서 가장 높게 책정된다. 프레스티지 퀴베의 가장 좋은 예가 바로 모엣 에 샹동에서 출시하는 동 페리뇽이다.

✓ 샴페인 병 사이즈

샴페인의 병 사이즈는 매우 다양하다. 사이즈가 커질수록 발음조차 난해한 독특한 이름이 붙는다.

쿼터	Quarter	200㎖
하프 바틀	Half bottle	375㎖
드미(파인트)	Demie(Pinte)	500㎖
스탠다드	Standard	750㎖
매그넘	Magnum	1,500㎖
여로보암	Jeroboam	3,000㎖
르호보암	Rehoboam	4,500㎖
마투살렘	Mathusalem	6,000㎖
살마나자르	Salmanazar	9,000㎖
발타자르	Balthazar	12,000㎖
나부코도노소르(느부갓네살)	Nabuchodonosor	15,000㎖
살로몬	Salomon	18,000㎖
수버랭	Souverain	26,260㎖
프리마	Primat	27,000㎖
멜기세덱(미다스)	Melchizedec(Midas)	30,000㎖

1500ml 사이즈의 매그넘까지는 시중에서 찾아볼 수 있지만, 그 이상 사이즈는 보기 드물다. 2만 7000ml 프리마 사이즈의 샴페인은 무게가 무려 65kg에 높이는 100cm, 직경 26cm다. 이런 대형 사이즈의 샴페인은 서빙을 하기 위해 특별히 고안된 지지대가 있어야 한다.

다소 난해한 샴페인 병의 이름은 성경 속 인물이나 고대 신화에 등장하는 왕 등의 인물 이름에서 따왔다. 1만 5000ml의 느부갓네살은 바빌론의 왕의 이름이다.

200ml — 쿼터 Quarter
375ml — 하프 바틀 Half bottle
500ml — 드미 Demie
750ml — 스탠다드 Standard
1,500ml — 매그넘 Magnum
3,000ml — 여로보암 Jeroboam
4,500ml — 르호보암 Rehoboam
6,000ml — 마투살렘 Mathusalem
9,000ml — 살마나자르 Salmanazar
12,000ml — 발타자르 Balthazar
15,000ml — 나부코도노소르 Nabuchodonosor
18,000ml — 살로몬 Salomon
26,260ml — 수버랭 Souverain
27,000ml — 프리마 Primat
30,000ml — 멜기세덱 Melchizedec

√ 샴페인 생산자의 특징

　샴페인은 누가 어떤 방식으로 만들고 유통했는가에 따라서 부르는 명칭이 다르다. 생산자 스타일이 여섯 가지이며, 약어는 샴페인 레이블에서 반드시 찾을 수 있다. NM과 RM 스타일의 샴페인이 생산량의 80%가 넘기 때문에 국내 시장에서는 다른 생산자들을 찾아보기 어렵다.

NM(Négociant Manipulant)　포도, 포도 주스 혹은 베이스 와인을 구입해 자신들이 소유한 부지에서 샴페인을 만들고, 자신들의 레이블을 붙여서 시장에 파는 개인 혹은 기업. 대형 샴페인 하우스는 모두 NM에 속한다.

RM(Récoltant Manipulant)　직접 소유한 포도밭에서 재배한 포도로 직접 샴페인을 만들어 자신의 레이블을 붙여 시장에 판매하는 샴페인 하우스.

RC(Récoltant-Coopérateur)　협동조합원이 재배한 포도를 단일 레이블(대개 협동조합의 이름)을 붙여 판매하는 샴페인 생산자.

CM(Coopérative de Manipulation)　협동조합의 도움을 받아 협동조합의 시설을 이용해 샴페인을 생산 판매하는 생산자.

ND(Négociant Distributeur)　완성된 샴페인을 사서 자신들의 부지에서 자신들의 브랜드 이름을 레이블에 붙여 판매하는 곳. 전형적인 네고시앙.

MA(Marque d'Acheteur)　와인 양조자가 아니라 제3자(슈퍼마켓, 유명 인사 등)가 소유한 브랜드 샴페인.

스위트 와인 만들기

스위트 와인은 맛이 달콤한 와인을 말한다. 와인의 달콤함은 어디서 비롯할까? 누군가는 와인에 설탕을 넣느냐고 묻는다. 그런 일이 절대로 없다고 단언할 수는 없지만, 와인의 달콤함은 반드시 포도에서 비롯해야 한다. 실제로도 대개 그렇다. 달콤한 포도즙을 발효시키는 도중에 인위적으로든 자연적으로든 발효를 멈추면 포도의 천연 당분이 와인에 남아서 스위트 와인이 된다.

스위트 와인에 관해 흔히 특별한 포도가 필요하다고 오해한다. 스위트 와인을 만들기 좋은 품종이 있는 건 맞지만, 어떤 품종이든, 심지어 카베르네 소비뇽이나 피노 누아 같은 품종도 발효를 멈추는 간단한 원리로 스위트 와인을 만들 수 있다. 다만 그렇게 만들지 않는 이유는 굳이 그럴 필요가 없기 때문이다. 더 정확히 이야기하면 상업적 가치가 떨어진다.

세상에는 다양한 스타일의 스위트 와인이 있다. 스타일에 따라 단맛의 강도가 다르다. 약발포성 스위트 와인인 모스카토 다스티나 브라케토 다퀴Brachetto d'Acqui는 분명 스위트 와인이지만, 여기서 소개하려는 레이트 하베스트Late Harvest나 귀부 와인 같은 디저트 와인과 비교해 단맛의 강도가 낮다. 그리고 분명 드라이한 와인인데 누군가는 단맛을 느끼는 경우도 있다. 스위트 와인이 아니더라도 와인에는 잔당이 남아 있을 수 있다. 맛에 민감한 사람은 이를 느낄 수 있기 때문이다.

와인의 단맛에 관한 판단은 사람마다 다를 수 있다. 그래서 일종의 가이드라인이 있다. 달지 않은 '드라이' 와인은 와인 한 병당 10g 이하의 잔당이 있는 것을 말한다. 1g 이하 그러니까 단맛이 거의 없는 와인은 '본드라이'라고 한다. 민감한 사람은 드라이 와인에서 단맛을 감지할 수도 있지만, 본드라이에서는 단맛을 느낄 수 없다. '오프드라이' 혹은 '세미스위트' 와인은 10~35g의 잔당이 있는 와인이다. 이 와인들부터는 대개 단맛을 느낄 수 있다. 그다음이 '스위트' 와인인데, 잔당 함유량이 35~120g 정도다. 여기에 속하는 대표적인 와인이 모스카토 다스티다. 마지막은 잔당이 120~220g 혹은 그 이상을 자랑하는 와인으로, 대표적으로 귀부 와인이 이에 속한다. 마치 꿀처럼 달다.

와인의 단맛은 포도에서 비롯한다고 했다. 그럼, 디저트 와인처럼 단맛이 유독 강한 와인은 어떻게 만들까? 이런 디저트 와인은 평범한 포도즙으로는 만들 수 없다. 포도를 늦게 수확하거나 말리거나 특별한 곰팡이에 감염시켜야 한다. 하나씩 이야기를 해보자.

· 늦수확 LATE HARVEST

말 그대로 늦게 수확한 포도로 스위트 와인을 만든다. 뒤에 다룰 귀부 와인이라든지, 아이스와인, 스트로 와인 모두 이 늦수확 포도가 기본이 된다. 한마디로 늦수확은 스위트 와인을 만들기 위한 기초 과정이라고 볼 수 있다. 북반구의 경우 보통 9~10월 사이에 포도를 수확한다. 늦수확 포도는 보통 1~2달 정도 더 늦게 수

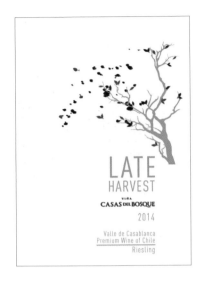

확한다. 포도를 늦게 수확하면 어떤 일이 벌어질까? 포도가 더 많은 햇빛을 받아서 당도가 올라간다. 햇빛을 받은 포도나무는 광합성으로 당을 합성해서 포도알에 저장하기 때문이다. 또한 포도알이 포도나무에 오래 달려 있으면, 수분이 증발하면서 당분이 또 상승한다. 이런 포도를 짜서 즙을 내면 워낙 당분이 높아서 발효를 끝내도 여전히 당분이 와인에 남아 내추럴한 스위트 와인이 된다.

늦수확 와인의 기원은 독일에서 찾을 수 있다. 1775년, 독일의 유서 깊은 와이너리인 슐로스 요하니스베르크Schloss Johannisberg에서는 포도 수확 시기를 대주교의 지시에 따랐다고 한다. 대주교는 포도 수확 날짜가 적힌 서신을 전령으로 보냈다. 한번은 일주일이면 올 전령이 3주 뒤에 오는 바람에 수확 시기를 놓치고 말았다. 어쩔 수 없이 포도를 늦게 수확했고, 버릴 수는 없는 노릇이라 와인을 만들었는데, 본래 와인보다 달콤한 와인이 만들어졌다. 바로 이것이 늦수확 와인의 시초다. 나중에 어떻게 이런 와인을 만들었는지 묻자, '슈패트레제spätlese'라고 답했다고 한다. 슈패트레제는 독일어로 '늦은 포도 수확'이라는 뜻이다. 지금 이 단어는 독일 와인의 품계로 쓰인다. 늦수확 와인은 프랑스 알자스에서는 '방당주 타르디브vendanges tardive'라고 한다.

· 귀부 NOBLE ROT

'귀부'는 귀할 귀貴에 썩을 부腐, 그러니까 '귀하게 썩었다'는 의미이다. 영어로는 '노블 롯noble rot'이라고 하는데, 같은 뜻이다. 이런 이름이 붙은 이유는 귀부 와인이 보트리티스 시네레아라고 불리는 회색 곰팡이에 감염되어 탄생하기 때문이다. 이 특이한 곰팡이 역시 (다른 곰팡이가 그렇듯) 습기가 잦은 곳에 생긴다. 기후 조건만 잘 맞으면 포도에 특별함을 주는 자연의 선물이 된다.

귀부 와인을 만들기 위해서는 기본적으로 건강하고 잘 익은 포도에 보트리티스 시네레아가 생기기를 기다려야 한다. 보통 귀부 와인으로 유명한 곳을 보면 근처에 호수나 강이 있다. 이런 곳은 새벽에 안개가 끼는 게 특징이다. 다만 이런 습한 날씨가 계속되면 포도 전체가 곰팡이에 침식되기 때문에, 낮에는 습기를 날려줄 따뜻하고 온화한 햇빛이 필요하다.

포도에 발생하는 적당한 곰팡이는 포도의 수분을 빨아먹으면서 포도껍질을 손상시킨다. 포도는 쭈글쭈글 마른다. 겉보기에는 상한 것처럼 보이지만, 당과 산이 강하게 농축되어가는 중이다. 이런 현상은 9월 말에 시작하지만, 곰팡이가 포도에 얼마나 그리고 어떤 속도로 영향을 줄지는 전혀 예측할 수 없다. 이 때문에 포도 재배자는 최대한 고르고 일정하게 귀부 현상이 일어날 수 있도록 기도하면서, 그저 담담한 심정으로 지켜볼 수밖에 없다. 만약 보트리티스균이 알맞게 번식하기도 전에 겨울이 와 추위나 폭우가 덮치기라도 한다면 아무런 수확도 거두지 못하는 결과가 생길 수 있다. 그래서 귀부 와인을 생산하는 와이너리는 날씨가 좋지 않은 해에는 생산을 포기한다.

안타깝게도 곰팡이가 포도밭 전체에 일률적으로 나타나는 일은 없다. 그래서 완벽하게 귀부 현상이 일어난 포도알만 골라야 한다. 매년 10월에서 11월 사이 몇 주에 걸쳐 4회, 많게는 10회까지 여러 차례 손으로 포도를 수확한다. 귀부 와인을 만드는 포도 수확량이 극도로 낮은 까닭이 여기에 있다. 귀부 와인이 왜 귀한 대접을 받는지 짐작할 수 있다.

스위트 와인 만들기

257

와인을 만드는 건 더 힘들다. 고된 노동으로 수확한 포도는 양조실로 옮겨진다. 포도에 수분이 거의 없어서 즙을 짜내는 데도 많은 어려움이 따른다. 얻은 즙은 발효하기 위해 오크통으로 옮겨진다. 곰팡이가 효모를 죽이기 때문에 알코올이 만들어지기도 전에 발효가 멈출 수도 있다. 그리고 농축된 당분 때문에 발효가 더뎌서 수주 동안 발효를 이어가기도 한다. 무사히 발효를 마친 와인은 대체로 6~14%의 알코올 도수*를 지닌, 잔여 당도가 10% 정도 되는 폭발적인 감미의 귀부 와인으로 탄생한다. 이후 추가로 오크 숙성을 거치기도 한다. 귀부 와인의 대명사인 샤토 디켐Château d'Yquem의 경우 오크통에서 발효한 뒤 3년 동안 오크통에 그대로 두고 숙성한다.

귀부 와인을 만드는 곳은 전 세계적으로 손에 꼽을 정도로 드물다. 세계적으로 인정을 받는 귀부 와인에는 방금 예로 든 샤토 디켐이 있는 프랑스 보르도의 소테른과 바르삭, 프랑스 알자스, 헝가리의 토카이가 있다. 또 독일 와인의 레이블에 '베렌아우스레제Beerenauslese' 혹은 '트로켄베렌아우스레제Trockenbeerenauslese'라고 적혀 있다면, 그 와인은 귀부 와인일 가능

샤토 디켐 와이너리

성이 있다. 덧붙이자면 프랑스 알자스에서는 귀부 와인을 '셀렉시옹 드 그랑 노블Selection de Grains Nobles'이라고 부른다.

귀부 와인은 만들기가 매우 까다롭기 때문에 가격이 싸지 않다. 하지만 기회가 된다면 꼭 한번 마셔보기를 추천한다. 꿀처럼 달콤하지만, 이 단맛은 순수하게 자

---

* 독일의 트로켄베렌아우스레제TBA나 알자스의 셀렉시옹 드 그랭 노블SGN의 경우, 알코올 도수가 소테른 보다는 낮다. TBA는 대체로 6~13%, SGN은 대체로 10~13%다.

연에서 온 것이다. 또한 포도의 천연 산도까지 잘 어우러져 있기 때문에 연거푸 마셔도 물리지 않는 밸런스가 인상적이다.

· 아이스 ICE

스위트 와인 가운데 가장 잘 알려진 와인이다. 이름 때문에 얼려서 만든 와인이라고 오해하기도 하는데, 그렇지 않다. 아이스 와인은 늦수확 와인의 연장선에 있다. 아이스 와인을 만드는 포도는 겨울에 기온이 영하로 떨어질 때까지 기다렸다가 수확한다. 즉, 아주 늦게 수확한 포도로 만든 와인이다. 아이스 와인용 포도는 당도가 응축되고 수분이 날아가다 못해 얼어버리는 지경이 되면 수확한다. 이 과정에서 포도알이 새들의 먹이가 되지 않도록 포도나무에 그물을 씌워서 보호하기도 한다. 매일 포도밭에 나가서 포도알의 상태를 확인하는 고된 시간을 거쳐야 한다. 수확 자체도 고난의 연속이다.

진정한 아이스 와인을 만들려면 한겨울, 살이 에일 만큼 추울 때 포도를 수확한다. 보통 영하 8℃. 체감 온도는 더 낮다. 수확할 때 포도알의 상태를 일일이 확인해야 하므로 손으로 수확한다. 인건비가 많이 들고 작업이 고된 터라 아이스 와인은 비쌀 수밖에 없다. 수확한 포도는 양조장에 도착하면 포도가 녹기 전에 바로 압착한다. 당연하지만 얻을 수 있는 주스의 양이 얼마 안 된다. 가까스로 얻은 천연 당분을 12주라는 긴 발효 과정을 거쳤을 때 비로소 아이스 와인이 탄생한다.

유명한 아이스 와인 생산지는 캐나다와 독일이다. 확실한 건 겨울이 정말 추운 와인 생산국만이 '정통' 아이스 와인을 만들 수 있다. 간혹 저렴한 아이스 와인의 경우 인위적으로 포도를 얼려서 만들기도 하는데, 이 경우 자연적으로 만

든 아이스 와인보다 풍미가 떨어진다.

· 스트로 STRAW

스트로 와인의 'straw'는 '짚' 그러
니까 '지푸라기'를 말한다. 스트로 와
인이 과거에 짚으로 엮은 판 위에서
말린 포도로 만들어졌기에 이런 이름
이 붙었다. 최근에는 나무판때기나
위생적인 플라스틱에서 말리는 경우
가 더 많다. 먼저 포도는 보트리티스 시네레아 곰팡이의 피해를 입기 전 신선한 상
태로 수확한다. 포도는 반드시 손수확을 해야 한다. 포도에 상처가 있으면 말리는
과정에서 곰팡이가 피거나 해충 피해를 볼 수 있다. 그런 다음 환기가 잘되는 곳에
서 포도를 말린다. 간혹 햇볕에 말리기도 한다. 포도는 적게는 3주, 길게는 6개월
동안 건조한다. 이때 포도의 수분 함량이 10~60%까지 감소한다. 포도를 말리는
곳은 온도와 습도가 완벽하게 조절되어야 한다. 그래야 포도에 곰팡이가 피지 않
는다. 당분이 응축된 포도는 몇 주에서 길게는 수년을 발효시킨다.

스트로 와인의 기원은 고대 그리스다. 말린 포도로 만든 와인은 자연적으로 알
코올 도수가 높고 달콤했기 때문에 오랜 시간 매우 큰 인기를 누렸다. 전설에 따르
면, 고대 카르타고에서는 이렇게 말린 포도로 만든 와인을 '파숨Passum'이라고 불
렀다고 한다. 현재 건조해서 만드는 와인 가운데 가장 유명한 것이 이탈리아의 파
시토Passito와 프랑스의 뱅 드 파이유Vin de Paille다. 'passito'는 이탈리아어로 '마
르다'는 뜻의 'appasimento'에서 유래했다. 실제로 이탈리아 베네토 지역에서는
포도를 말리는 공법을 '아파시멘토'라고 부른다. 뱅 드 파이유에서 'vin'은 불어로
'와인'이라는 뜻이고, 'paille'는 '짚'이라는 뜻이다.

포티파이드 와인 만들기

'fortified'는 '강화된'이라는 뜻이다. 즉 포티파이드 와인은 '강화된 와인'이라는 의미다. 뭐가 강화됐을까? 바로 '주정酒精'이다. 영어로는 '에틸알코올'이긴 한데, 그렇다고 아무 알코올이나 와인에 넣었다는 뜻은 아니다. 보통 포도를 원료로 해서 만든 증류주인 브랜디를 와인에 넣는다. 곡물을 증류해서 만든 대표적인 증류주가 (증류식) 소주, 보드카, 위스키 같은 것들이다. 그렇다면 포티파이드 와인(주정강화 와인)을 강화할 때 우리가 아는 갈색의 브랜디를 넣는다는 것일까? 아니다.

주변에서 흔히 볼 수 있는 브랜디인 헤네시나 레미 마틴 같은 것들은 보통 색이 있다. 이 색은 내부를 불로 그을린 나무통에서 수년 혹은 수십 년 숙성하면서 입혀진다. 하지만 포티파이드 와인에 첨가하는 브랜디는 숙성 이전의 투명하고 순수한 타입이다. 보통 주정의 도수는 77% 정도 수준이지만 포티파이드 와인의 종류에 따라 달라진다. 포르투갈의 포티파이드 와인인 마데이라는 96%의 매우 순수한 주정을 쓴다. 이처럼 주정을 섞어서 만드는 포티파이드 와인은 최종 알코올 도수가 일반 와인보다 높다. 포티파이드 와인의 성격에 따라 조금씩 다르기는 하지만 알코올 도수가 대개 16~20%에 달한다.

그렇다면 세계적으로 유명한 포티파이드 와인의 종류에는 뭐가 있을까? 가장 유명한 게 포르투갈의 포트 와인과 스페인의 셰리다. 이외에도 이탈리아의 마르살라, 포르투갈의 마데이라, 프랑스의 뱅 두 나투렐 등이 있다.

포티파이드 와인은 넓은 범위에서 단맛이 있는 것과 없는 것으로 나뉜다. 단맛이 있고 없고는 어떻게 결정이 될까? 간단하다. 주정을 언제 첨가하느냐에 달렸다. 포도즙이 와인이 되는 데 가장 중요한 역할을 하는 것이 효모다. 효모는 포도즙의 당분을 먹어 치우고 발효를 통해 알코올을 만든다. 그런데 만약 77%에 달하는 주정을 발효 도중에 섞으면 어떻게 될까? 생물인 효모는 알코올이 높은 환경에서 활동을 멈추기 때문에 발효가 중단된다. 발효가 멈췄다는 건, 효모가 미처 먹어 치우지 못한 당분이 와인에 그대로 남는다는 걸 의미한다. 결국 주정을 발효 도중에 첨가하면 스위트한 포티파이드 와인이 된다. 반대로 발효가 모두 끝난 와인에 주정을 첨가하게 되면 드라이한 포티파이드 와인이 된다. 스위트한 포티파이드 와인의 대명사가 포트 와인이고, 드라이한 포티파이드 와인의 대명사가 셰리다. 다만 포트 와인도 깊이 들어가면 드라이한 게 있고, 셰리도 종류가 다양해서 달콤한 것도 있긴 하다.

그런데 왜 와인을 그냥 마시지 않고 독한 주정을 첨가했을까? 해답은 역시 역사에서 찾을 수 있다. 지도를 펴놓고 세계적인 포티파이드 와인이 생산되는 도시를 찾아보면 한 가지 공통점을 발견할 수 있다. 바로 '항구'라는 점이다. 지금도 그렇지만 유럽의 큰손인 영국은 유럽 각지에서 생산한 와인을 수입했다. 과거에는 와인을 수출할 때 배 이외에는 선택의 여지가 없었다. 와인 용기는 나무통뿐이었다. 즉, 당시 유럽 최대의 와인 소비 시장인 런던으로 와인을 수출하려면 매우 오

랜 시간 바다 위에서 항해해야 했다. 조악한 나무통에서 긴 항해를 견딘 와인은 런던에 도착하고 나면 본래의 품질을 잃어버리기 일쑤였다. 이를 안타까워한 선조들이 고육지책으로 내놓은 것이 와인에 브랜디를 섞는 방법이었다. 물론 와인의 본래 향과 맛은 지킬 수 없었지만, 최소한 와인이 변질되는 건 막을 수 있었다. 영국의 와인 소비자들도 점차 그 맛을 좋아하다 보니 포티파이드 와인이 하나의 장르로 굳어졌다.

포티파이드 와인은 종류에 따라 만들어지는 과정이 천차만별이다. 여기서는 가장 중요한 포트 와인과 셰리에 관해 다루겠다. 다소 마니악한 마데이라, 마르살라, VDN(뱅 두 나투렐)은 간단히 그 특징만 살펴보겠다.

포트 와인 PORT WINE

포티파이드 와인의 세계에서 왕좌의 자리를 굳건히 지키고 있는 와인이 포트 와인이다. 포르투갈의 북동쪽 내륙의 도우로 밸리의 가파른 산악 지대에서 생산된다. 특히 포트 와인의 꽃이라고 할 수 있는 빈티지 포트는 세계 최정상급 와인과 어깨를 나란히 한다. 매년 세계 최고의 와인 100가지를 선정하는 미국의 와인 매거진 《와인스펙테이터》는 2014년 다우Dow's의 2011년 빈티지 포트를 1위에 선정한 바 있다.

다우의 2011 빈티지 포트

포트 와인에 '위대한'이라는 단어를 서슴지 않고 쓸 수 있는 배경에는 이 와인이 탄생하는 도우로 밸리가 있다. 도우로 밸리는 포르투갈 북서쪽 오포르투항에서 동쪽으로 80km 정도 떨어진 내륙에 위치한 가파른 계곡이다. 세계에서 가장 경이로운 와인 산지로 꼽힌다. 이곳에서는 적어도 2000여 년 전부터 와인이 만들어졌다. 기록에 따르면, 기원전 200년경 도우로 밸리 지역에 도착한 고대 로마인이 500년 이상 거주하면서 포도나무를 재배하고 와인을 만들어 마셨다고 한다.^{QR} 물론 우리가 아는 포트 와인의 형태로 와인이 만들어진 건 훨씬 나중의 일이다.

포트 와인의 세계적인 성공은 영국인 덕분이라고 해도 과언이 아니다. 포르투갈과 영국 간 체결된 두 차례의 조약이 포트 와인의 성공에 큰 영향을 미쳤다. 특히 양국 간의 정치적·군사적·상업적 동맹을 공고히 했던 윈저 조약(1386) 덕분에 각 나라 상인들은 상대 국가에 거주할 수 있었다. 또 내국인과 동등한 조건으로 거래할 수 있는 권리도 생겼다. 두말할 것도 없이 두 나라의 교역이 강화되면서 많은 영국인이 포르투갈에 정착했다. 15세기 후반에는 상당량의 포르투갈 와인이 영국으로 수출돼, '바칼라우(절인 대구)'와 교환됐다. 1654년에 체결된 영국-포르투갈 통상 조약으로 포르투갈에 거주하는 영국과 스코틀랜드 상인에게 특권과 세금 특

혜도 생겼다. 상인들은 영국에서 모직이나 면직물 등을 수입했고, 포르투갈에서
는 레드 포르투갈이라는 가볍고 산미 있는 와인을 수출했다고 한다.

'포트Port'라는 이름의 와인이 최초로 선적된 해는 1678년이다.^{QR}
와인은 내륙의 도우로 밸리에서 생산됐지만, 이를 수출하기 위해서
는 포르투갈 서쪽 해안의 항구 도시인 오포르투로 와인을 옮겨야 했다. 20세기까

지도 도우로 밸리에서 생산된 와인은
'바쿠즈 라벨루즈Barcos Rabelos'라 부
르는 특수한 나무 보트에 실려 오포르
투까지 운송되었다. 지금도 오포르투
에 가면 이 배를 구경할 수 있다.

바쿠즈 라벨루즈

항구로 옮겨진 와인은 도시의 빌라
노바 데 가이아Villa Nova de Gaia 지구
에 빼곡히 자리 잡은 포트 하우스의
셀러에서 숙성과 블렌딩을 거친 다음
수출되었다. 포트 와인의 가장 큰 소
비국은 두말할 나위 없이 영국이다.
현재 포트 와인을 대표하는 회사들 또
한 영국과 스코틀랜드 무역상들이 창
립했다.

셀러에 보관 중인 포트 와인

도우로 밸리의 포도밭은 1756년
세계 최초로 '법적 통제 지역'으로 지

정되었다. 이는 보르도와 비교해서 무려 1세기나 앞선 것이다. 또한 2001년에는
자연적·문화적으로 그 가치를 인정받아 유네스코 세계문화유산에 등재되는 영광
을 안았다. 현재 도우로 밸리 최고의 포도밭들은 가파른 언덕 지대에 있으며, 전체
포도나무의 2/3 정도가 경사도 30%(16.7°)가 넘는 산비탈에서 재배된다.

· **포트 와인 메이킹**

포트 와인은 기본적으로 단맛이 있는 포티파이드 와인이기 때문에 발효 도중에 주정을 첨가하는 스타일이다. 물론 드라이한 스타일도 있긴 하지만 예외로 치기 때문에, 여기서는 달콤한 포트 와인이 어떻게 만들어지는 살펴보자. 포트 와인 메이킹은 대표적인 포트 회사인 테일러Taylor's에서 받은 자료를 바탕으로 구성했다.

포트 와인은 포르투갈 전통 품종으로 만든다. 이 품종들 대부분이 도우로 밸리에서 나고 자란 토착 품종이다. 도우로 밸리의 덥고 건조한 환경에서 완벽히 적응한 이 품종들은 다른 지역에서 거의 찾아볼 수 없다. 이는 포트 와인 고유의 뚜렷한 캐릭터를 만드는 원천인 셈이다. 포트 와인을 만드는 데는 30여 종의 품종이 쓰인다. 이 중 토우리가 프란카Touriga Franca, 토우리가 나시오날Touriga Nacional, 틴타 호리스Tinta Roriz, 틴타 바호카Tinta Barroca, 틴타 아마렐라Tinta Amarela, 틴토 카웅 Tinto Cão이 주력 품종이다. 이름이 굉장히 생소하겠지만, 반복해서 읽다 보면 어느새 익숙해질 것이다. 이 토착 품종 대부분이 포도알이 작고 껍질이 두꺼워서 포트 와인에 필요한 진하고 농축된 머스트를 만드는 데 매우 이상적이다.

포도는 품종별로 따로 심기도 하지만, 수확과 발효는 한 번에 한다. 서로 다른 품종들은 고유의 성격을 와인에 더하는데, 비유하자면 오케스트라를 구성하는 다양한 악기가 하나의 음악을 위해 조화롭게 소리를 내는 것과 같다. 9월 중순이 되

도우로 밸리의 포도밭

면 포도는 손으로 수확한다. 앞서 언급했듯 도우로 밸리의 포도밭 경사는 매우 가파르다. 계단식으로 구성되어 있어 기계 진입이 불가능하다. 수확한 포도는 작은 손상조차 최소화하기 위해 작은 상자에 담아 와이너리로 운반한 뒤 세심한 검사를 거쳐 양조에 적합한 포도를 다시 골라낸다.

이제 선별한 포도에서 주스를 얻어야 한다. 이 부분이 매우 흥미롭다. 많은 포트 와인 회사가 여전히 '발로 밟아서' 포도의 즙을 내기 때문이다. 전통적으로 '라가르 Lagare'라고 부르는 넓적하고 무릎 정도 높이의 화강암 통에 포도를 넣고 발로 밟아 으깬다. 상상하기

라가르

좀 어려울 텐데, 우리나라 공중목욕탕의 대형 욕조 같은 곳에 포도를 넣고 사람들이 들어가서 발로 으깬다고 생각하면 된다.

밟기의 첫 단계는 '코르트Corte'라고 하며, 사람들이 한 줄로 촘촘하게 늘어서 어깨를 걸고 질서 있게 천천히 라가르를 가로지르며 포도를 밟는다. 단단한 포도알이 고루 으깨지고 과육과 껍질이 분리돼서 주스와 완전히 혼합되어 진하고 걸쭉한 액체 즉 머스트가 된다. 코르트가 끝나면 '리베르다드Liberdade'가 이어진다. 어깨동무를 풀고 각자 통 속에서 자유롭게 포도를 밟고 다니는 과정이다. 리베르다드는 포르투갈어로 '자유'라는 뜻이다. 이 과정에서는 포도껍질이 주스 속에 잠겨 표면에 떠오르지 않도록 하는 게 중요하다. 이렇게 몇 시간이 지나면 발효가 시작된다. 발효로 생성되는 열과 알코올이 포도껍질에서 색, 탄닌, 아로마를 방출시키고 와인 속에 용해된다. 때로는 '마카쿠즈Macacos'라 불리는 긴 나무 막대기를 사용해 껍질층을 와인의 표면 아래 잠기도록 밀어 넣기도 한다.

간혹 발로 포도를 밟아서 와인을 만드는 것을 두고 미개하다거나 비위생적이라

고 말하는 사람도 있다. 하지만 포도를 발로 밟는 전통적인 방법은 고급 포트를 만드는 데 필수적이다. 실제 연구에 따르면 발로 으깨기가 비용과 노동력이 더 많이 들지만, 포도로부터 여러 요소를 완벽하게 추출할 수 있기 때문에, 플레이버가 깊고 구조감과 밸런스가 좋은 와인을 만드는 최선의 방법이라고 한다.^{QR} 물론 모든 포트 와인이 최고급 포트 와인으로 유통되지는 않는다. 또 기계 추출 시스템도 활용되고 있다.

발로 밟은 후 2~3일이 지나면 포도껍질이 라가르의 표면으로 떠올라 딱딱한 캡을 형성한다. 포도의 천연당은 절반쯤 발효돼 알코올로 변한다. 바로 이때 와인 메이커는 알코올 강화를 시작한다. 캡 아래에서 발효되는 와인을 큰 통으로 옮겨 매우 순수하고 영한 브랜디를 첨가한다. 이 브랜디는 앞서 설명했듯 무색의 중성 브랜디로 알코올 도수가 77%이다. 넣는 양은 와인 435ℓ에 브랜디 115ℓ를 첨가한다. 물론 최종적으로 어떤 포트 와인을 만드느냐에 따라 이 비율이 약간씩 달라질 수 있다. 브랜디가 들어간 와인은 발효가 멈추고 잔당을 함유한 채 이후의 삶을 살아간다. 포트가 숙성될수록 증류주와 와인은 은밀히 혼합되어 신비로운 동반 상승 효과를 일으켜, 포트 와인에 미묘한 복합성을 준다.

많은 사람이 간과하는 부분인데, 브랜디의 품질은 좋은 포트 와인을 만드는 데 있어서 매우 중요하다. 많은 포트 와인 하우스에서는 증류주의 품질에 세심한 주의를 기울인다. 와인 메이커들은 증류주 전문 제조 회사와 긴밀히 제휴해 최고 품질의 브랜디를 확보한다.

갓 만든 포트 와인은 도우로 밸리에 위치한 와이너리의 저장고에 우선 저장된다. 하지만 다음 해 봄에는 오포르투의 빌라 노바 데 가이아의 셀러로 옮겨진다. 셀러로 옮겨진 와인을 와인 메이커가 평가해 어떤 포트 스타일을 만드는 데 사용할지 결정한다. 그다음 적합한 통에 넣어 숙성을 진행한다. 포트는 주정이 강화된 와인이기 때문에 다른 와인보다 훨씬 더 오랜 시간을 통에서 견딜 수 있다. 따라서 숙성하는 방법이나 기간을 조절해 여러 스타일의 포트를 만들 수 있다.

· 포트 와인 스타일

포트 와인의 스타일은 포트 와인을 숙성하는 기간과 용기에 따라 달라진다. 다만 모든 포트 와인은 기본적으로 나무통에서 숙성을 거친 다음 출시된다는 점이 가장 중요하다. 숙성을 통해 와인과 주정이 어우러지고, 어릴 때의 강한 탄닌과 과일 향이 점차 매끄럽고 완숙해지며 향도 미묘하게 바뀐다. 색 또한 깊은 레드에서 서서히 옅어지면서 '토니tawny'라 부르는 호박색이 된다. 어떤 포트 와인이든 오래 두면 같은 변화를 겪지만, 변화의 속도는 포트를 숙성하는 용기에 따라 달라진다.

쉬운 예로 포트 와인을 나무통에서 숙성하면 공기와 지속해서 접촉할 수밖에 없다. 이 경우 공기 접촉이 전혀 없는 병 숙성 포트 와인보다 캐릭터가 빨리 변한다. 또한 작은 통은 큰 통보다 와인이 나무와 접촉하는 비율이 크기 때문에 산소 접촉이 더 많아 숙성이 더 빠르다.

이에 따라 포트 와인은 크게 두 종류로 나뉜다. 오크로 만든 작은 통Cask이나 큰 통Vat에서 숙성되는 나무통 숙성 포트와, 이름처럼 생의 대부분을 병에서 보내는 병 숙성 포트다.

나무통 숙성 포트 가운데 큰 통에서 숙성하는 포트는 다시 '루비Ruby', '리저브Reserve', '레이트 바틀드 빈티지Late Bottled Vintage(LBV)'로 나뉜다. 셋 모두 큰 오크통에서 비교적 짧게 숙성한다. 루비 포트는 2~3년, 좀 더 고품질의 리저브 포트는 3~4년, LBV는 4~6년 동안 숙성한다. LBV는 한 해에 수확한 포도로만 만들기 때문에 빈티지를 적는다. 병입한 후에도 숙성이 더 진행될 수 있기 때문에 빈티지 포트의 하위 버전이라고 볼 수도 있다. 이 세 가지 스타일의 큰 오크통 숙성 포트 와인은 복합성과 세련미는 다르지만, 대개 깊고 선명한 붉은색을 띠며 체리, 블랙 베리, 블랙커런트 같은 강한 과일 향을 지니는 게 특징이다.

작은 통에서 숙성되는 포트는 '토니 포트Tawny Port'라고 부른다. 큰 통에서 숙성되는 루비, 리저브, LBV 보다 훨씬 더 긴 시간을 나무통에서 보낸다. 이 때문에 아무리 알코올 도수가 높다고 하더라도 색이 점차 옅어져서 아름다운 호박색을 띤다. 오래 숙성한 올드 토니 포트는 견과류 향, 버터 사탕 향, 섬세한 오크 향을 느낄 수 있다. 숙성된 토니 포트는 10, 20, 30, 40년 단위로 레이블에 적는다. 이 숙성 연도에 관해 꼭 알아야 할 것이 있다. 예를 들어, '20년 토니 포트'라고 병에 적혀 있다고 해서 반드시 병 안의 내용물 전부가 20년 동안 숙성한 포트 와인인 건 아니다. 셀러에는 수년에서 수십 년 동안 숙성된 수많은 포트 와인이 있다. 각 통에서 꺼낸 숙성 연도의 '평균'이 20년이 된다면, 레이블에 '20년 토니 포트'라고 적을 수 있다. 36년, 24년, 18년, 13년, 9년 된 토니 포트를 조금씩 꺼내서 블렌딩한다면, 이들 토니 포트의 숙성 연도 평균이 20년이기 때문에 20년 토니 포트로 출시할 수 있다.

마지막으로 병에서 숙성되는 '빈티지 포트'다. 사실 병 숙성 포트 중에 '크러스티드 포트Crusted Port'라는 것도 있다. 하지만 국내 시장에서 찾아보기 힘들고 빈티지 포트의 하위 버전이기 때문에 여기서는 다루지 않는다. 빈티지 포트는 특별히 작황이 좋은 해에 최고의 포도만 선별해서 만든다. 빈티지 포트는 큰 오크통에서 2년만 숙성한 다음 바로 병에 넣어서 오랜 시간을 보낸다. 빈티지 포트의 생명력은 100년을 가볍게 넘긴다. 어릴 때도 즐길 수 있지만 수십 년 동안 병 속에서 숙성되면서 우아하고 깊은 맛을 낸다.

'화이트 포트White Port'라는 것도 있다. 화이트 포트는 레드 포트 와인과 마찬가지로 도우로 밸리에서 재배되는 전통적인 청포도 품종으로 만든다. 오크통에서 보통 2~3년간 짧게 숙성한 뒤 바로 병입해서 출시한다. 레드 포트 와인은 스위트하지만, 화이트 포트는 스위트와 드라이한 스타일 모두 만든다. 한국 시장에서도 포트 와인을 수입하는 회사라면 구색을 갖추기 위해서라도 화이트 포트 와인을 한 종류 정도는 가지고 있다. 화이트 포트는 그 자체로 즐기기보다 칵테일의 재료로 많이 활용하는 편이다.

셰리 SHERRY

셰리는 스페인 남부 안달루시아 지방에서 만드는 대체로 드라이한 스타일의 포티파이드 와인을 말한다. '대체로'라는 수식어를 붙인 이유는 단 맛이 있는 셰리도 있기 때문이다. 셰리는 별칭이 있다. '헤레스Jerez'와 '세레스Xérès'다. '헤레스'는 스페인에서 부르는 이름이고, 프랑스에서는 '세레스'라고 한다. '셰리'는 영어식 발음이다. 여기서는 일반적으로 가장 널리 알려진 '셰리'로 칭하겠다.

셰리의 고장인 스페인 남서부 안달루시아 지방은 포트 와인의 고장인 도우로 밸리보다 오랫동안 포도를 재배하고 와인을 생산해온 유서 깊은 곳이다. 무려 기원전 1100년 페니키아인이 포도 재배와 와인 양조법을 뿌리내린 이래로 지금 역시도 스페인 와인 산업의 중심지로 꼽힌다. 한때 이 지역을 정복했던 무어인(이베리아 반도와 북아프리카에 살던 이슬람인)은 증류주 생산을 도입해서 브랜디와 포티파이드 와인을 처음 선보였다. 무어인은 이 지역을 '셰리시Sherish'라고 불렀다. 바로 이 말이 '헤레스'와 '셰리'의 어원이 되었다. 역사 기록에 따르면*, 콜럼버스는 신대륙으로 항해할 때 셰리주를 배에 실었다. 마젤란 또한 1519년 세계 일주를 준비할 때 무기보다 셰리주에 돈을 더 많이 썼다고 한다.

셰리가 지금과 같은 세계적인 명성을 얻게 된 결정적 이유는 포트와 마찬가지

---

* *The Oxford companion to wine*(3rd ed.), Jancis Robinson, Oxford University Press, 2006.

로 영국 덕분이다. 당시 안달루시아의 카디즈항은 스페인에서 가장 번화한 항구였다. 영국과 대립하던 스페인은 그곳에서 영국을 침공하기 위해 함대를 준비했다. 하지만 영국의 해군 장교인 프랜시스 드레이크Sir Francis Drake가 카디즈에 정박한 스페인의 무적함대를 격파하고 전리품을 챙겨 갔다. 거기에 셰리 2900배럴이 있었다. 드레이크를 통해 영국 시장에 처음 선보인 셰리는 영국의 와인 애호가들을 단숨에 사로잡았다. 이후 셰리 사업에서 한몫 건질 요량으로 수많은 영국인이 헤레스로 건너오면서 셰리는 전성기를 맞았다. 하지만 필록세라 탓에 와인 산업이 완전히 황폐화되면서 셰리는 오랜 시간 침체기를 겪었다. 필록세라 이전에는 셰리 생산에 무려 100여 가지에 달하는 포도 품종이 활용됐지만, 이후에는 불과 세 품종이 전부였다. 필록세라 이전의 셰리의 아성을 회복하는 건 요원해 보인다. 하지만 셰리 생산자들의 꾸준한 노력 덕분에 셰리는 여전히 스페인을 대표하는 포티파이드 와인으로 굳건히 자리 잡고 있다.

· 셰리 메이킹과 스타일

셰리는 스페인의 안달루시아 지방에서 생산된 것만 '진짜'라고 할 수 있다. 포도밭은 안달루시아 지방 남쪽에 널리 분포해 있다. 이 중 최상급으로 꼽는 포도밭은 산루카르 데 바라메다Sanlúcar de Barrameda, 헤레스 데 라 프론테라Jerez de la Frontera, 엘 푸에르토 데 산타 마리아El Puerto de Santa María다. 이 셋을 두고 '셰리 트라이앵글(셰리 삼각지대)'이라고 부른다.

셰리를 만드는 품종은 세 가지가 전부다. 팔로미노Palomino, 모스카텔Moscatel, 페드로 히메네스Pedro Ximénez로 모두 청포도다. 셰리 생산의 90%를 책임지는 팔로미노가 주 품종이다. 필록세라로 포도밭이 완전히 황폐화된 뒤 포도밭을 재건하는 과정에서 헤레스 주변의 알바리사Albariza 토양(백악질의 흰 토양)에 가장 잘 적응하는 품종이 팔로미노였다. 팔로미노는 재배하기에 까다롭지 않다. 수확량도 많은 편이라서 포도 재배자들의 전폭적인 사랑을 받아왔다. 나머지 품종인 페드로

히메네스와 모스카텔은 주로 달콤한 스타일의 셰리를 만들 때 사용된다. 둘 다 수확 후 햇볕에 건조해 당분을 농축시킨 포도로 스위트 셰리를 만든다. 모스카텔보다는 페드로 히메네스 셰리가 더 대중적이다.

셰리는 크게 두 타입으로 나눈다. '피노Fino'와 '올로로소Oloroso'다. 피노 타입에는 '만사니야Manzanilla', 동명의 '피노', '아몬티야도Amontillado', '팔로 코르타도Palo Cortado'가 있다.* 올로로소 타입에는 동명의 '올로로소', '크림Cream', '페드로 히메네스'가 있다. 드라이한 셰리로는 피노 타입의 피노 셰리와 아몬티야도가 가장 대중적이고, 달콤한 셰리는 크림 셰리가 가장 많이 알려져 있는 편이다.

피노 타입에서 가장 중요한 건 이름이 같은 피노다. 이 피노가 아몬티야도와 팔로 코르타도의 베이스가 되기 때문이다. 피노 셰리는 팔로미노 포도로 만든다. 먼저 팔로미노를 스테인리스스틸 탱크에서 완전히 발효해서 드라이한 화이트 와인을 만든다. 이 베이스 와인을 '모스토Mosto'라고 부른다. 그런 뒤 주정을 첨가하는데, 이후부터가 중요하다. 주정이 첨가된 와인을 '보타Botta'라고 부르는 오크통에 넣는다. 이때 통을 꽉 채우지 않고 3/4만 채운다. 그러면 와인 표면에 '플로르Flor'라는 효모층이 생기기 시작한다. 바로 이 효모층이 와인을 산화로부터

---

* 아몬티야도와 팔로 코르타도는 피노 타입으로 만들다가 플로르가 사라지거나 생성되지 않아, 올로로스 타입으로 만든 와인이다. 피노와 올로로소의 중간 타입인 셈이다.

보호해서 와인을 신선하게 유지하
게 하는 동시에 와인에 독특한 플
레이버를 준다. 신기하게도 이 효
모는 여기서만 번식하므로 진정한
세리는 안달루시아 지방에서만 탄
생할 수 있다.

세리를 세리답게 만들어주는 또
다른 포인트도 있다. 바로 독특한
숙성 과정인 '솔레라Solera 시스템'
이다. 세리는 오크통을 마치 피라미드처럼 쌓아 올린 솔레라 시스템에서 숙성한
다. 각 오크통의 열을 '크리아데라Criadera'라고 부른다. 가장 오래 숙성한 세리는
가장 아래층의 오크통에 들어 있다. 이를 같은 이름의 '솔레라'라고 부른다. 맨 위
에는 갓 만든 세리가 들어 있다. 이를 '소브레타블라Sobretabla'라고 한다. 솔레라
시스템의 핵심은 와인을 최종적으로 병에 넣을 때 반드시 맨 아래 솔레라에 들어
있는 와인만 써야 한다는 것이다. 이때도 전체의 40% 이상은 쓰지 못하도록 법으
로 정해졌다.

맨 아래 통에서 뺀 와인은 어디서 채울까? 바로 위층의 통에서 빼서 넣는다. 그
러면 그 통은? 바로 위의 통에서 빼서 넣는다. 즉 뺀 만큼 계단식으로 채워준다. 매
해 만드는 새 와인은 반드시 맨 위층의 소브레타블라에 채워 넣는다. 보통 이렇게
와인을 옮겨주고 병에 넣는 작업은 1년에 네 번 정도 한다. 최소 숙성 연도는 2년
이지만, 품질이 좋은 피노 세리는 4~7년 정도 숙성하기도 한다. 이처럼 세리는 솔
레라 시스템으로 만들기 때문에 빈티지가 없다.

만사니야는 피노 세리와 같은 품종과 방법으로 만들지만, 세리 삼각지대를 이
루는 한 마을인 산루카르 데 바라메다에서 만든다. 바다와 가까운 산루카르 데 바
라메다는 습도가 높아서 오크통 내부에 효모층이 두텁게 생성되는 게 특징이다.

이런 이유로 피노 셰리보다 플레이버가 더 섬세하고 여리여리한 스타일이다. 만사니야는 피노와 마찬가지로 솔레라 시스템에서 숙성한다. 차이점이라면 크리아데라를 10단 혹은 14단까지 높게 쌓아 올린다는 점이다. 최종 알코올 도수는 피노처럼 15~17% 사이다.

아몬티야도는 숙성 중인 피노 셰리에 알코올을 추가하고 장기간 오크통에서 숙성한 타입이다. 알코올을 중간에 강화하면 피노 셰리의 표면을 덮은 효모막이 사라진다. 효모막은 알코올이 17% 이상 되면 기능을 상실한다. 이미 알코올이 첨가된 피노 셰리에 효모막이 계속해서 존재할 수 있는 건 와인 메이커가 주정을 최초에 강화할 때 알코올 도수를 15.5% 이하로 유지하기 때문이다. 아몬티야도 셰리는 효모막이 존재하지 않는 상태에서 장기간 산화하면서 색이 황갈색으로 변하고, 독특하고 매력적인 견과류 향이 와인에 밴다. 필자가 참 좋아하는 셰리다. 효모층을 없애기 위해 알코올을 조금 더 첨가하기 때문에 아몬티야도는 일반 피노보다 알코올 도수가 1~2% 정도 더 높다.

팔로 코르타도는 아몬티야도보다 훨씬 더 오래 오크통에서 숙성한다. 심지어 30년 이상 숙성한 것도 있다. 장기간 숙성하다 보니 와인 자체가 매우 농축되어 있고 색도 진하다. 팔로 코르타도는 오랜 숙성을 버티기 위해 알코올을 더 많이 첨가한다. 알코올 도수가 보통 17~22% 사이다. 한국에서는 보기 힘들다.

다음은 올로로소 타입이다. 피노 타입의 셰리가 효모의 마술에 의해 탄생한다면, 올로로소 타입은 인간이 인위적으로 만든다. 올로로소 타입은 만들어진 화이트 와인에 일부러 알코올을 많이 부어서 효모막이 생기는 것을 처음부터 방지한다. 그래서 알코올 도수가 17~22%로 높은 편이다. 쉽게 이야기해서 피노 타입과는 달리 효모막에 의한 숙성이 없다.

올로로소는 달콤한 페드로 히메네스 포도 품종의 원액을 첨가하느냐 아니냐에 따라 동명의 올로로소와 크림으로 나뉜다. 올로로소는 첨가하지 않기 때문에 드라이하고, 크림은 반대로 스위트하다.

페드로 히메네스는 오로지 페드로 히메네스 포도 품종 하나만을 가지고 만든다. 수확한 포도를 햇볕에 2~3주 말리고, 수분이 날아가고 당분만 남은 상태로 쪼그라들면 압착해서 농축된 당분을 얻는다. 그 원액을 서서히 발효시키는 동시에 셰리 스타일로 산화시키고 알코올을 첨가해서 만든다. 페드로 히메네스 셰리는 마치 꿀처럼 농도가 진하고, 폭발적인 감미를 지닌 것이 특징이다. 비유하자면 진득한 조청에 알코올이 들어 있는 느낌이다.

마데이라 MADEIRA

마데이라도 포트 와인에 가려 잘 알려지지 않았지만, 포르투갈이 자랑하는 포티파이드 와인이다. 사실 국내에 수입되는 마데이라 브랜드가 워낙 적다 보니, 와인 애호가에게도 가뭄에 콩 나듯 접하는 귀한 와인이 되어버렸다. '마데이라'는 이 와인이 생산되는 섬 이름이기도 하다. 포르투갈 땅이기는 하지만 오히려 아프리카 대륙에 더 근접해 있을 정도로 포르투갈 본토에서 멀리 떨어졌다. 마데이라섬에는 와인 말고도 유명한 게 하나 더 있다. 바로 축구 스타 크리스티아누 호날두다. 이 섬이 바로 그의 고향이다. 정확히는 섬의 중심 도시인 푼샬에서 그가 태어났다. 매년 호날두의 흉상을 보기 위해 수많은 관광객이 섬을 찾는다고 한다.

마데이라섬은 1418년에 발견됐다. 폭풍에 좌초된 배가 마데이라 서쪽에 있는 포르토 산토섬에 정박하면서 망망대해에 있는 섬을 최초로 발견했다. 이듬해에는 조직된 선원들이 탐험차 다시 포르토 산토섬에 왔다가 비로소 마데이라섬을 발견했다. 마데이라섬에 사람이 살기 시작한 때는 1420년에서 1425년 사이라고 한다.

마데이라섬의 풍경

마데이라섬은 대항해시대 때 유럽에서 동인도제도로 항해하는 선박들의 기항 지였다. 멀리 항해하는 배들은 마데이라섬에서 잠시 쉬어 가면서 항해에 필요한 물이나 식량 등 물자를 채웠다. 당연히 와인이 빠질 수 없는 일. 하지만 최초에는 긴 항해 동안 와인이 변질될 수밖에 없었다. 와인의 변질을 막기 위해 브랜디를 첨가하기 시작한 것이 마데이라 와인의 시초다.

자, 여기까지는 포트 와인이나 셰리의 탄생과 다를 바가 없다. 하지만 마데이라섬에서 만든 와인은 동인도제도로 향하면서 뜨거운 적도를 지나야 했다. 그러면 반드시 와인에 열이 가해질 수밖에 없었다. 흥미롭게도 긴 항해 동안 열이 가해진 와인의 향과 맛이 오히려 발전되어 있었다. 이를 소비자들도 좋아했기에 와인에 열을 가하는 독특한 방법이 생겨났다. 18세기는 마데이라 와인의 황금기라 할 수 있다. 미대륙의 식민지는 물론 신대륙의 브라질에서부터 영국, 러시아, 북아프리카까지 범세계적인 인기를 누렸다. 특히 미대륙의 식민지에서는 매년 섬에서 생산되는 와인의 95%를 소비했다고 한다.

하지만 필록세라와 미국의 금주령 탓에 마데이라섬의 산업은 큰 타격을 받았다. 게다가 운송 기술이 발달해 마데이라섬에 더 이상 선박이 정박할 필요가 없어졌다. 마데이라는 섬으로서도 와인으로도 점차 잊혔다. 그런데 내리막길이 있으면 오르막길이 있듯, 세계 와인 애호가들의 트렌드가 독특하고 개성 있는 와인으로 변하고 있다. 그러면서 마데이라 와인 수요도 점차 늘고 있다. 이 와인에 오랜 시간 진심이었던 브랜드들의 끝없는 열정과 노력이 더해져 과거의 명성이 조금씩 재건되고 있다.

· 마데이라 와인 메이킹과 스타일

마데이라는 섬의 토착 품종으로 만든다. 대량 생산용 마데이라가 아닌 이상 화이트 품종이 메인이다. 가장 중요한 품종이 '세르시알Sercial'로 드라이한 마데이라를 만드는 데 쓰인다. '베르델료Verdelho'는 세르시알보다 약간 바디감이 있는 달콤한 마데이라로 만든다. '타란테즈Terrantez'는 거의 사라진 품종이긴 한데, 베르델료보다 바디감이 조금 더 있어서 이국적이고 스파이시한 스타일의 마데이라를 만든다. '부알Bual'은 풀 바디에 과실 향이 풍부하고 스위트한 마데이라를 만든다. '맘지Malmsey'는 꿀 향이 강한 매우 스위트한 마데이라를, 유일한 레드 품종인 '틴타 네그라Tinta Negra'는 짧게 숙성한 저렴하고 대중적인 마데이라를 만든다. 흥미롭게도 틴타 네그라가 섬의 포도 재배량의 90%를 차지한다. 즉, 틴타 네그라로 만든 레드 스타일의 마데이라가 전 세계 곳곳에 유통되는 흔한 마데이라 와인이다. 나머지 청포도로 만든 고급 마데이라는 쉽사리 보기 힘든 소위 '레어템'이다.

마데이라를 만드는 다채로운 포도 품종은 마데이라섬 곳곳에서 재배된다. 남과 북의 테루아르가 현저하게 달라서 품종마다 선호하는 장소가 정해져 있다. 북부는 비가 많이 와서 습하고, 남부는 건조한 편이어서 북쪽에서 물을 끌어와 남쪽에 관개한다. 등산로와 함께 만들어진 독특한 물길을 '레바다 로드Levada Road'라고 부른다. 마데이라는 가

레바다 로드

파른 산과 절벽으로 이루어진 섬이다. 포도밭 역시 경사가 가파른 곳에 있어서 포도 수확은 오로지 손으로만 한다. 수확은 8월 말부터 10월 말까지 두 달에 걸쳐서 한다. 포도 품종마다 익는 속도가 다르고 포도밭이 위치한 고도가 다르기 때문이다. 해발고도가 높은 곳의 포도는 기온이 낮기 때문에 천천히 익어간다. 그래서 다른 곳보다 익는 시간이 더 필요하다.

마데이라는 포트나 셰리처럼 1차로 만든 와인에 주정을 첨가해 알코올을 끌어올린다는 점은 같다. 다만 무려 96%에 달하는 순수 주정을 첨가한다는 점에서 다르다. 알코올 도수를 끌어 올린 마데이라에는 두 가지 방식으로 열을 가한다. 인위적으로 열을 가하는 '에스투파젱Estufagem'과 태양으로부터 얻는 자연적인 열로 느리게 숙성시키는 '칸테이루Canteiro'다. 전자는 대중적인 마데이라, 후자는 고급 마데이라를 만들 때 활용한다.

에스투파젱은 대형 스테인리스스틸 통(혹은 시멘트 통)에 와인을 넣고, 통 내부에 설치된 뜨거운 코일에 물을 흘려서 와인을 히팅하는 방식이다. 1개월을 바짝 히팅하고, 나머지 2개월은 온도를 서서히 낮추면서 안정화한다. 와인에 열이 가해지면 와인에 남은 당분이 캐러멜화해서 와인 색이 진해진다. 한마디로 베이스 와인에 당분이 많을수록 최종 마데이라 와인의 색이 더 진해진다. 히팅이 끝나면 2년 동안 브라질리안 사틴우드 배츠라는 긴 이름의 대형 나무통에서 숙성한 다음 병에 넣는다. 에스투파젱은 유일한 레드 품종인 틴타 네그라로 대중적인 마데이라 와인을 만들 때 쓰는 방법이다. 즉, 우리가 시중에서 보는 저렴한 혹은 요리용으로 쓰는 마데이라는 모두 틴타 네그라 레드 품종을 인위적으로 히팅해서 만든다.

고급 마데이라에 활용되는 칸테이루는 지붕 아래 다락방에서 와인을 숙성한다. 마데이라섬은 한여름에 40℃까지 올라갈 만큼 무덥다. 태양열을 직접 받는 지붕 아래 다락방의 온도는 마치 한증막을 연상케 할 정도로 뜨겁다. 이런 가혹한 환경에서 자연적인 열이 와인에 서서히 가해지면, 와인이 가진 초기의 과일 향이 초콜릿 향, 건과일 향, 스파이시한 향, 열대 과일 향으로 자연스럽게 변한다. 고급 마

집과 집 사이에 와인병 전등을 매단 마을

데이라는 품종별로 섞기도 하고, 여러 해 숙성된 마데이라를 섞기도 하면서 다채로운 스타일로 거듭난다.

마데이라는 대표적으로 여러 해의 와인을 섞어서 만드는 블렌디드가 있다. 여기에는 3, 5, 10, 15, 20, 30, 40년 이상이 있다. 3년 숙성의 대중적인 마데이라는 에스투파젬 방식으로 만들고, 5년부터 칸테이루 방식으로 만든다. 20년부터는 아주 귀하다. 레이블에 '20년'이라고 적혔다고 해서 20년 동안 숙성한 마데이라만 들어가는 게 아니다. 포트와 마찬가지로 블렌딩되는 마데이라의 숙성 연도의 평균이 20년이면 20년 숙성으로 출시된다.

드물지만 좋은 해에만 만들어지는 마데이라도 있다. 바로 그해에 수확한 포도만을 사용해서 단일 품종으로만 만드는 마데이라다. 이를 '데이티드Dated' 마데이라라고 부른다. 데이티드 마데이라는 세 카테고리로 나뉜다. 하베스트Harvest, 콜헤이타Colheita, 빈티지Vintages. 하베스트는 오크통에서 5~8년 숙성한 것이고, 콜헤이타는 8~18년, 빈티지스는 최소 20년 동안 숙성한 것이다. 현지에서는 100년 이상 숙성한 마데이라 와인도 종종 찾아볼 수 있다.

마르살라 MARSALA

와인에 전혀 문외한이더라도 '마르살라'라는 단어가 익숙하다면 요리하는 걸 좋아하거나, 적어도 음식에 관심이 많은 사람일 것이다. 왜냐하면 마르살라는 셰프들이 고기에 끼얹는 달콤한 소스를 만들 때 흔히 쓰는 포티파이드 와인이기 때문이다. 다만 요리용 와인이라는 이미지 탓에 마르살라가 싸구려 와인이라고 생각하는 사람이 대부분이다. 그런데 알고 보면 마르살라도 포트 와인이나 셰리처럼 스타일이 매우 다양하다. 숙성 기간에 따라서는 고급 마르살라도 있다.

마르살라는 이탈리아 시칠리아 섬 서쪽 끝에 있는 동명의 마르살라 항구 인근에서 생산되는 포티파이드 와인을 말한다. 마르살라 와인이 널리 알려지게 된 것도 영국 덕분이다. 1773년 영국 리버풀의 수상이었던 존 우드하우스는 상거

래를 위해 마르살라를 방문했다. 그때 맛본 와인에 한눈에 반해버렸다. 그 와인을 들고 고국으로 돌아간 그는 시장성이 있다고 판단했고, 아예 짐을 꾸려 마르살라에 정착한 뒤 직접 와인을 만들기 시작했다는 이야기다.

마르살라는 한국 시장에서 고급 버전을 찾아보기가 매우 힘들다. 그 이유는 이 와인에 대해 거의 알려진 바가 없어서 수요가 별로 없는 탓이다. 그나마 요리용으로 들어오는 싸구려 마르살라가 다이다. 마르살라가 와인 초보자들이 다가가기에 어려운 진짜 이유가 있다. 바로 마르살라를 만드는 품종의 이름이 너무 난해하고, 스타일도 너무 다양하기 때문이다.

먼저 마르살라는 색에 따라 금색의 오로Oro, 갈색의 암브라Ambra, 루비색의 루비노Rubino로 나뉜다. 여기서 금색과 갈색은 화이트 품종인 그릴로Grillo, 카타라토Catarratto, 인졸리아Inzolia, 다마스키노Damaschino 품종으로 생산된다. 루비색은 레드 품종인 피냐텔로Pignatello, 네렐로 칼라브레제Nerello Calabrese와 네렐로 마스칼레제Nerello Mascalese 품종을 사용한다. 루비노는 30%까지 화이트 품종을 섞을 수 있다. 여기서 진정한 마르살라를 고른다면 오로라고 생각하면 된다. 주

품종은 그릴로.

마르살라도 다른 포티파이드 와인처럼 기본 와인을 먼저 만든다. 베이스 와인이 만들어지면, 여기에 주정 혹은 '모스토 코토Mosto Cotto'라 불리는 걸 섞는다. 모스토 코토는 '쿡트Cooked' 와인 그러니까 달콤한 포도즙을 36시간 동안 가열한 것이다. 포도즙의 수분이 날아가서 매우 달콤하고 갈색을 띤다.

모스토 코토는 암브라 마르살라를 만들 때 섞는다. 그렇기에 암브라 마르살라는 이름처럼 호박색을 띤다. 최고급 마르살라는 '미스텔라Mistella'라고 불리는 스위트한 포티파이드 와인을 섞는다. 미스텔라는 반드시 그릴로 포도로만 만들어야 한다. 쉽게 이야기해서 포티파이드 와인을 만들기 위해 또 다른 포티파이드 와인을 섞는 셈이다. 결국 마르살라는 주정 첨가 시점과, 모스토 코토나 미스텔라의 첨가 여부에 따라 단맛의 세기가 결정된다. 마르살라는 상대적으로 단맛이 덜한 '세코Secco'부터 중간의 '세미세코Semi-Seco', 단맛의 '돌체Dolce'가 있다.

강화된 마르살라는 숙성한다. 1년 숙성한 것을 '피네Fine'라고 부른다. 피네가 가장 흔하게 볼 수 있는 마르살라다. 주로 요리용으로 많이 쓴다. 2년 한 것은 '수페리오레Superiore', 4년 한 것은 '수페리오레 리제르바Superiore Riserva', 5년 한 것은 '베르지네Vergine', 10년 이상 숙성한 것은 '솔레라 스트라베키오Solera Stravecchio' 혹은 '솔레라 리제르바Solera Riserva'라고 부른다. 진정한 마르살라라면 셰리처럼 솔레라 시스템에서 숙성해야 한다.

뱅 두 나투렐VIN DOUX NATURELS

뱅 두 나투렐VDN은 프랑스에서 만드는 포티파이드 와인이다. 'vin'은 '와인'이라는 뜻이고, 'doux'는 '달다', 'naturels'은 '자연적'이라는 뜻이다. 즉 자연적으로 단 와인이라는 의미다. VDN도 포트 와인처럼 발효 중간에 주정을 첨가한다. 기록에 따르면, 1285년 몽펠리에 대학의 아르노 드 빌라노바Arnau de Vilanova라는 교수가 와인의 발효 도중 주정을 첨가해서 스위트한 와인을 만드는 방법, 즉 프랑스어로 '뮈타주Mutage'를 개발하면서 프랑스 내에서 본격적으로 VDN이 만들어지기 시작했다.^{QR}

VDN은 남프랑스 각지에서 만든다. 가장 유명한 곳을 꼽자면 바뉠스, 모리, 리브잘트, 뮈스카 드 봄 드 브니즈, 라스토다. 사용하는 품종은 지역마다 다르다. 가장 유명한 바뉠스의 경우 적어도 75%의 그르나슈 품종을 사용해야 한다. 이외에도 카리냥Carignan, 그르나슈 블랑Grenache Blanc 등을 블렌딩할 수 있다. 모리, 리브잘트, 라스토는 바뉠스와 비슷한 품종으로 만든다. 뮈스카 드 봄 드 브니즈만 이름에서 짐작할 수 있듯이 뮈스카 품종으로 만든다.

바뉠스 레튀알(위)과 뱅 두 나투렐 와인들

알코올을 강화한 와인은 다양한 용기에서 숙성한다. '봉봉bonbonnes'이라는 재미있는 이름의 글라스 용기에 넣고 햇빛에 노출하는 방법도 있다. 뱅 두 나투렐은 기본적으로 스위트한 스타일이기 때문에 포트처럼 식후에 디저트와 함께 즐기는 걸 추천한다.

친환경 와인 만들기

잘 먹고 잘사는 게 정말 큰 이슈인 현대인들에게 특히나 건강한 먹거리는 최대의 관심사다. 이제 마트나 백화점 어디서나 유기농이라는 단어를 쉽게 찾아볼 수 있고, 같은 값이면 다홍치마라고 그런 상품에 더욱 관심이 가기 마련이다. 와인에도 채소처럼 친환경 딱지가 붙은 것이 있다. 바로 유기농 와인, 바이오다이나믹 와인, 내추럴 와인이다. 간혹 비건 와인은 친환경 와인이 아니냐고 묻는 사람들이 있다. 비건 와인은 와인을 만드는 과정에서 동물성 재료를 활용하지 않은 와인으로, 반드시 친환경 와인이라고 볼 수는 없다. 다만 비건 와인 생산자들은 기본적으로 친환경적인 경우가 많기 때문에 비건 와인이 친환경 와인일 가능성이 높다.

와인에 관심이 전혀 없었던 친구의 말이 떠오른다. "건강 신경 쓸 거면 왜 와인을 마시냐." 맞는 말이다. 친환경 와인은 농약을 치지 않은 포도로 만들고 와인에 첨가물을 적게 넣기 때문에 미약하더라도 건강상의 이점은 있다. 하지만 친환경 와인이라고 하더라도 결국은 알코올을 함유한 술이기 때문에 늘 강조하듯 적당량을 마셔야 한다. 여기서는 단 한 모금의 와인이라도 건강하게 즐기고 싶은 이들을 위해 대표적인 친환경 와인의 정의와 특징을 살펴보겠다.

· 유기농 와인 ORGANIC WINE

유기농 와인은 한마디로 정의하기 어렵
다. 유기농 와인에 대한 정의가 국가마다 조
금씩 다르기 때문이다. 그래도 와인에 '유기
농' 딱지를 붙이려면 반드시 지켜야 할 공통
사항이 있다. 바로 유기농법으로 재배된 포
도로 와인을 만들어야 한다는 점이다.

유기농법이란 포도 농사를 지을 때 화학비
료나 농약을 쓰지 않고 천적이나 분변토 등
을 이용하는 농사 방법이다. 포도밭에 무분
별하게 살포되는 농약이나 화학비료는 물론 당장의 생산성을 높일 수는 있다. 하
지만 땅을 오염시키고는 분해되지 않아 자연과 인간의 몸에 남는다. 유기농법은
궁극적으로 포도밭을 이루는 여러 요소가 외부 위협에 자기 스스로 대응할 힘을 길
러준다. 그래서 최종적으로 안전하고 건강한 포도를 생산할 수 있다.

유기농 와인은 와인을 만들 때 양조에 도움이 되는 각종 첨가물과 효소 등이 들
어갈 수 있다. 다만 이 첨가제 또한 유기농이어야 한다. GMO(유전자 변형) 첨가제
는 금지된다. 유럽의 경우 2012년 이전에는 유기농 포도로 만들기만 하면 유기농
와인이라고 불렸지만, 이후 개정되었다.

미국, 유럽, 캐나다의 유기농 와인에 대한 정의는 아황산염의 첨가 여부에 따라
달라진다. 미국의 유기농 와인은 "아황산염 없이 유기농법으로 재배된 포도로 만
든 와인"* 이라고 정의한다. 그래서 미국의 경우 유기농 와인으로 국가 인증을 받
기보다는 'organically grown grapes' 이라고 레이블에 표기하고 아황산염을 사

---

* 　A wine made from organically grown grapes without added sulfites.

용하는 곳이 많다.

유럽이나 캐나다의 경우 "유기농법으로 재배된 포도로 만든 와인이나, 아황산염이 첨가될 수 있다"*라고 정의 내린다. 다만 일반 와인보다 아황산염 허용 최대치가 낮다. 유럽의 경우 레드 와인은 100ppm 이하, 화이트 와인은 150ppm 이하다. 유기농 와인 인증은 미국의 경우 'UDSA ORGANIC' 씰이, 유럽은 'EU ORGANIC' 씰이 있다.

그런데 유기농 와인과 일반 와인이 맛에 차이가 있을까? 없다. 유기농 와인이 좋긴 한데 맛이 없어도 될까? 안 된다. 아무도 맛없는 와인에 돈을 지불하지 않는다. 하지만 맛까지 좋은데 유기농 와인이라면 지갑을 열기에 충분하지 않을까?

· 바이오다이나믹 와인 BIODYNAMIC WINE

바이오다이나믹협회에서는 'Biodynamic'이란 단어를 이렇게 정의한다. "바이오다이나믹이란 농업, 원예, 음식, 영양에 있어서 총체론적이고 생태학적이며 윤리적인 접근이다."** 난해한 문장이다. 포도밭에 초점을 맞춰서 조금 더 쉽게 설명해보자. 포도밭을 구성하는 포도나무, 흙, 사람, 동식물, 심지어 천체까지, 이 모든 것이 서로 영향을 준다. 그래서 이들을 조화롭게 유지해서, 포도밭 자체가 하나의 자연스러운 생태계를 이룰 수 있도록 윤리적으로 포도를 재배하고 와인을 만드는 것을 말한다. 쉽게 푼다고 했지만 쉽게 다가가기 어려운 개념이긴 하다.

'바이오다이나믹'이라는 개념은 1세기 전인 1920년, 오스트리아의 학자인 루돌프 슈타이너Rudolf Steiner가 창시했다. 그가 농업에 관심을 두게 된 것은 거의 생애 막바지였다고 한다. 그는 "농업의 부활을 위한 정신적인 기초"라는 큰 주제로 여덟 개의 강의를 주창했다.*** 그때 이 개념이 최초로 도입되었다. 그가 주창한 바이

---

*   a wine made from organically grown grapes that may contain added sulfites.

**   Biodynamics is a holistic, ecological and ethical approach to farming, gardening, food and nutrition.

오다이나믹의 기본 개념은 농장이 자생할 수
있는 하나의 유기체라는 것이다. 친환경 비료
와 거름이라도 외부가 아닌 농장 자체에서 만
들어진 것을 사용해야 한다는 주장이다. 이를
위해서 포도밭에서 포도만 재배할 게 아니라
거름을 만들기 위한 다양한 식물을 키워 생물
다양성을 높이자는 게 핵심이다. 즉, 포도밭
이 자체로 자급자족할 수 있는 커다란 생태계
가 될 수 있게 만든다고 이해하면 쉽다.

루돌프 슈타이너

또한 바이오다이나믹은 유기농에서 한 단
계 나아가 천체의 개념을 도입했다. 즉 달과 별의 움직임과 리듬이 포도밭에 영향
을 준다는 것이다. 이 때문에 바이오다이나믹 농법은 점성술적인 관측에 기반을
둔다. 언뜻 보기에는 사이비 종교 같은 느낌이 있지만, 과거 우리 선조들이 천체
의 움직임을 관찰하면서 농사를 지었던 걸 생각하면 납득이 된다. 현재 바이오다
이나믹 농법으로 포도밭을 관리하는 바이오다이나미스트들은 이른바 '바이오다
이나믹 캘린더'를 활용해서 포도밭에서 일한다. 이 달력은 독일 태생의 마리아 툰
Maria Thun 여사가 평생을 연구해 만들었다. 이를테면 바이오다이나믹 농법의 바
이블로 여겨진다.

바이오다이나믹 캘린더에는 농업에 중요한 날을 총 네 카테고리로 나눈다. 네
카테고리는 황도 12궁을 기본으로 해서 각 시기마다 포도밭에서 어떤 일을 하는
지 설명한다. 황도 12궁은 열두 별자리를 말하는 천문학 용어다. 영어로는 조디악
zodiac이라고 한다. 네 카테고리는 다음과 같다.

*** Spiritual Foundation of the Renewal of Agriculture.

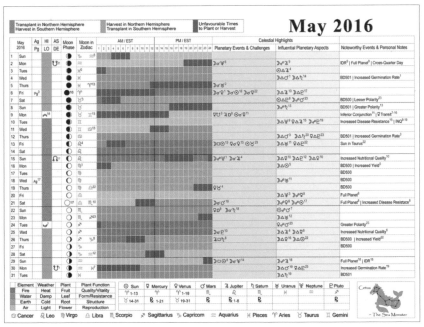

바이오다이나믹 캘린더

출처: www.biodynamics.com

첫째	프루트 데이즈Fruit Days	포도를 수확하기 좋은 시기
둘째	루트 데이즈Root Days	가지치기하기 좋은 시기
셋째	플라워 데이즈Flower Days	포도밭을 잠시 내버려 둬야 할 시기
넷째	리프 데이즈Leaf Days	물을 줘야 할 시기

바이오다이나믹 농법에서 두 번째로 중요한 점은 포도나무에 창궐할 수 있는 각종 곰팡이나 질병을 막기 위해 포도밭 자체가 힘을 기를 수 있도록 돕는 다양한 바이오다이나믹 물질을 비료로 사용한다는 점이다. 이 물질을 'BD'라고 부르는데, 500부터 508까지 숫자가 매겨졌다. 바이오다이나믹 농법을 더 신뢰하기 위해서는 이를 알아야 한다.*

3/ 와인 만들기

500번 뿔 거름 Cow Horn Manure   소뿔에 젖소의 분뇨를 넣고 가을에 땅속에 매장해 숙성했다가 봄에 꺼낸다. 거름이 된 분뇨를 물에 풀어 액체화해서 1년에 네 번 포도밭에 살포한다. 가장 좋은 시기는 10월과 11월이지만, 2월과 3월도 나쁘지 않다. 뿔 거름은 포도나무의 뿌리를 강화하고, 세균 및 진균의 활동을 촉진하는 역할을 한다.

501번 석영 Cow Horn Silica   석영을 갈아서 마찬가지로 소뿔에 넣고 여름에 땅속에 매장했다가 사용한다. 500번과 마찬가지로 물에 풀어서 1월과 6월, 일출 때 포도나무 열의 경계나 대기 중에 살포한다. 석영은 포도나무의 광합성 촉진, 곰팡이 면역 효과, 토양의 미네랄 흡수에 도움을 준다. 또한 포도의 색, 아로마, 플레이버에도 영향을 준다.

502번 서양톱풀 Yarrow   붉은 사슴의 방광에 넣어 자연 부패시킨 다음, 퇴비로 4월과 9월에 사용한다. 대개 포도나무 그루당 한 삽의 분량을 쓴다. 서양톱풀은 해충 피해를 막고 포도나무의 면역력 및 칼륨 흡수에 좋은 영향을 미친다. 또한 미량 원소를 다량 보유하고 있다.

503번 카모마일 Chamomile   봄이 오면 카모마일을 소의 창자에 넣어 가을에 포도밭에 매장한다. 포도나무의 원기를 회복하고, 땅의 질소 안정화에 도움을 준다. 또한 포도나무 생장을 자극하는 토양의 미생물을 증식시킨다.

504번 애기쐐기풀 Stinging Nettle   꽃을 피운 쐐기풀을 1년에 한 번 봄에 토양 하층부와 포도밭 주변에 매장한다. 애기쐐기풀은 철과 마그네슘이 풍부해서 비옥한 토양을 만드는 데 도움을 준다.

505번 참나무 껍질 Oak Bark   참나무 껍질을 얇게 잘라내서 죽은 가축의 두개골에 넣어 겨우내 양지바른 곳에서 말린다. 보통 소의 두개골을 사용한다. 이렇게 말린 참나무껍질을 우기에 포도밭에 뿌려준다. 말린 참나무 껍질은 칼슘을 함유한 자연 퇴비로 포도나무의 질병에 대한 면역력 향상과 토양 유기물의 밸런스를 조정하는 역할을 한다.

*   demeter.net/biodynamics/biodynamic-preparations/

석영 서양톱풀 카모마일 애기쐐기풀
참나무 껍질 서양민들레 발레리안 속새풀

506번 서양민들레 Dandelion　민들레를 말려서 소의 복막에서 숙성한다. 숙성된 민들레
는 봄에 포도밭에 사용하며, 포도나무의 개화에 도움을 준다.

507번 발레리안 꽃 Valerian　인을 함유한 다년초로, 활용법이 다양하나 빻은 발레리안을
물에 섞어서 포도밭에 살포하는 게 가장 대중적이다. 포도나무의 성장을 돕고 이로운
박테리아의 활동을 촉진한다.

508번 속새풀 Horsetail　쇠뜨기풀이라고도 불린다. 풀 1kg을 10ℓ 용량의 물에 넣고 두 시
간 동안 끓인 후 이틀간 방치한다. 빗물을 섞어서 1월부터 9월 사이에 포도나무에 살
포한다. 포도나무의 성장을 돕고 이로운 박테리아의 활동을 촉진하며, 진균과 곰팡이
로부터 포도나무를 보호하는 역할을 한다.

　바이오다이나믹 와인 생산자들은 500~508번의 BD를 때에 따라 선택해서 사용
한다. 예를 들어 바이오다이나믹 와인 생산자가 비건 와인을 만든다고 가정해보
자. 언급했듯, 비건 와인은 포도 재배부터 와인 메이킹 과정에서 동물성 재료를 일
절 사용하지 않는다. 그런데 BD의 대부분을 동물성 재료를 활용해서 만들기 때문
에 비건 와인에 쓰기에는 적합하지 않다. 이 때문에 비건 와인 생산자는 온전히 식
물성 재료만 활용하는 BD 물질을 사용한다. 혹은 동물성 재료가 들어가는 BD에

서 식물성 재료만을 활용하기도 한다.

바이오다이나믹 농법은 포도밭에서만 국한된 것이 아니라, 양조장에서도 지속된다. 와인을 만들 때 어떤 화학물질이나 인공물질을 넣어서도 안 된다. 심지어 효모의 경우에도 자연의 야생 효모만을 사용해야 한다. 다만 아황산염

바이오다이나믹 물질BD

은 넣을 수 있다. 바이오다이나믹 인증기관에서는 리터당 최대 100ppm까지 아황산염을 첨가할 수 있도록 허용한다.

바이오다이나믹 와인은 반드시 공식 인증기관에서 인증을 받아야 한다. 대표적인 인증기관으로 'DEMETER'와 'BIODYVIN'이 있다. 인증을 받을 때도 굉장히 까다롭다. 포도밭을 반드시 바이오다이나믹 농법으로 최소 2년 이상 유지해야 하고, 평균 3년의 와인 성분 분석 평가를 거쳐야 인증 마크를 획득할 수 있다. 이후에도 매년 성분 분석표를 제출해야 인증을 유지할 수 있다.

사실 바이오다이나믹 와인이라고 해서 맛이 일반 와인보다 강렬하다거나 특별하다고 말할 수 없다. 필자 경험으로는 몇몇 위대한 바이오다이나믹 와인에서 과실의 뛰어난 응축미를 강하게 느끼기는 했다. '탄닌이 강하다'거나 '바디가 무겁다' 등과는 완전히 다른 개념이다. 표현하기 어렵지만, 와인에서 힘이 느껴졌다. 분명한 건 일반 와인을 만드는 와이너리와 비교했을 때, 비료조차 자연에서 얻은 부산물로 자급자족하고 건강한 토양의 힘을 온전히 받아낸 포도로 와인을 생산하는 바이오다이나믹 와인이 건강하고 개성 있다는 사실은 분명하다.

바이오다이나믹 농법을 실천하는 곳들은 전 세계에 700여 군데가 있다. 이 중 프랑스 루아르 밸리의 니콜라 졸리Nicola Joly는 바이오다이나믹 농법의 선구자로서 바이오다이나믹 와인에 굵직한 획을 그은 기념비적인 인물이다. 그가 만든 와인이 싸지는 않지만, 기회가 된다면 마셔보기를 권한다.

· 내추럴 와인 NATURAL WINE

내추럴 와인에 대한 관심이 여전히 뜨
겁다. 솔직히 필자는 처음 한국 시장에 내
추럴 와인 붐이 불 때 이 관심이 오래 갈
거라고 생각하지 않았다. 하지만 관심은
여전히 수그러들지 않았다. 필자의 판단
이 틀렸다.

물론 그렇다고 하더라도 필자는 내추
럴 와인을 100% 신뢰하지는 않는다. 왜
냐하면 내추럴 와인은 어떻게 만들어야

하는지에 관한 법적 기준이 없기 때문이다. 앞서 이야기를 나눈 유기농 와인이나
바이오다이나믹 와인의 경우 이를 공식적으로 인증하는 기관이 있다. 유기농이나
바이오다이나믹 와인이라고 증명하려면 와이너리가 반드시 지켜야 할 기준이 있
다. 소비자는 이를 입증하는 씰이나 인증 혹은 문구를 와인 레이블에서 확인할 수
있고, 이를 보고 믿고 구매할 수 있다. 그런데 내추럴 와인은 인증기관이 극히 드
물다(2020년 루아르내추럴와인조합이 설립되었다). 어떤 와인이 내추럴 와인이라고 한다
고 한들 무작정 믿을 수 없다.

그럼 어떻게 좋은 내추럴 와인을 고를 수 있을까? 방법은 하나밖에 없다. 내추럴
와인을 만드는 생산자에 관해 공부하면 된다. 혹은 좋은 내추럴 와인을 수입하거
나 다루는 와인숍을 알아두면 좋다. 내추럴 와인을 조금 더 깊이 알고 싶다면, 우
리나라 내추럴 와인 발전에 혁혁한 공을 세운 최영선 작가의《내추럴 와인메이커
스》와 마스터 오브 와인Master of Wine인 이자벨 르쥬롱Isabelle Legeron의《내추럴
와인Natural Wine》을 읽어보기를 추천한다.

비공식적이지만, 내추럴 와인업계에서는 진정한 내추럴 와인이라면 몇 가지 기
준을 충족해야 한다고 암묵적으로 정해놓았다.

❶ 포도 재배는 관리 가능한 범위의 작은 규모여야 하며, 대형 브랜드가 아닌 독립 와이너리야 한다. 또한 포도밭은 친환경적으로, 즉 유기농이나 바이오다이나믹 농법으로 관리되어야 한다.

❷ 수확은 손으로 한다.

❸ 와인의 발효는 야생 효모로 자연스럽게 진행한다. 배양 효모는 배제한다.

❹ 와인을 만드는 과정에서 최소의 아황산염을 제외한 첨가물을 철저히 배제한다.

❺ 여과나 정제를 가능한 한 배제한다.

소비자는 내추럴 와인이라고 무조건적인 신뢰를 하기보다 이와 같은 요소가 충족된 와인인지 알아보고 구매하는 게 옳다. 사실 말은 쉽지만, 이 다섯 가지 룰을 제대로 지켜서 와인을 만들기가 굉장히 까다롭다. 심지어 많은 내추럴 와인 생산자가 아황산염조차도 배제한 채 와인을 만들고 있다. 기준대로 한다면, 내추럴 와인은 유기농 와인이나 바이오다이나믹 와인보다 더 까다롭게 만들어진다. 이 때문에 이 모든 기준을 철저히 지킨 내추럴 와인이라고 하면, 그야말로 인간의 개입을 최소한으로 한 자연적인 와인이라 할 수 있다.

많은 사람이 간과하는 점이 있다. 와인이 만들어지는 과정에서 자연적으로 소량의 아황산염이 생길 수 있다. 물론 충분한 양이 아니기 때문에 인위적으로 아황산염을 첨가한다. 아황산염은 몇 번 설명했듯이 와인 메이킹 과정을 돕고, 최종적으로 병입된 와인의 보존에 중요한 역할을 한다. 와인 메이킹에 거의 필수적인 첨가제다. 다만 한 가지 조건이 충족되면 아황산염 없이도 와인을 만들 수 있다. 바로 오염되지 않은 건강한 포도를 매우 깨끗한 공정으로 양조하는 것이다.

물론 이에 관해서도 갑론을박이 있다. 필자 생각에는 아황산염이 미첨가된 와인의 향이나 맛이 소비자에게 공감이 될 만한 퀄리티를 지니기란 쉽지 않다고 생각한다. 대량 생산 와인의 향과 맛에 익숙한 사람이 아황산염 없이 만들어진 와인을 처음 맛보면 약간 이상하다고 느낄 수 있다. 또한 내추럴 와인은 여과나 정제를 거

치지 않기 때문에 탁하다. 자연 효모로 자연 발효를 지향하기 때문에 산도가 다소 높아 불쾌할 수도 있다. 이런 특징 때문에 와인을 잘 모르는 사람이 트렌디한 레이블에 혹해서 내추럴 와인을 마셨다가는 향과 맛에 실망할 수 있다.

아황산염을 배제한 내추럴 와인의 경우 그렇지 않은 와인보다 상대적으로 안정성에 있어서 취약할 수 있다는 점도 어느 정도 염두에 두어야 한다. 장기 보관이나 숙성을 통한 진화가 어려울 수 있다는 점도 중요하다. 실제로 대부분의 내추럴 와인은 1~2년 이내에 소비해야 한다. 물론 장기 숙성이 가능한 것도 드물지만 있다.

한 가지 더. 아황산염을 배제하고 여과와 정제를 하지 않은 내추럴 와인이라면, 병입할 때 소량의 효모가 남아 있을 수 있다. 이 효모가 죽지 않고 살아서 병 안에서 후발효를 일으킬 가능성이 있다. 이 경우 소비자는 와인을 오픈했을 때 약간의 탄산기를 느낄 수 있다. 간혹 내추럴 와인을 마실 때 입에서 느껴지는 자글자글한 기포감이 바로 그것이다.

오렌지 와인 만들기

오렌지 와인이 뭘까? 진짜 오렌지로 만든 와인일까? 당연히 아니다. 오렌지 와인은 만들어진 와인의 색깔이 오렌지색 같아서 붙은 이름이다. 다만 오렌지 와인은 오렌지보다 조금 더 진한 색을 띠는 게 대부분이다. 그래서 호박색을 뜻하는 '앰

버 와인'이라는 표현도 함께 쓴다. 필자는 '앰버'가 더 맞는 표현이라고 생각하지만, 여기서는 널리 알려진 명칭인 '오렌지 와인'을 쓰겠다.

오렌지 와인을 정의하면 다음과 같다. "마치 레드 와인처럼 청포도를 파쇄해서 얻은 즙을 껍질, 씨와 함께 오랜 시간 침용시켜 진한 오렌지빛을 띠는 와인." 여기서 '청포도'라는 단어에 집중하자. 오렌지 와인을 만들기 위해서는 반드시 청포도가 필요하다. 적포도는 침용을 통해서 진한 적색이 우러나기 때문에 오렌지색을 낼 수가 없다.

땅속에 묻힌 크베브리에서 오렌지 와인을 숙성하는 그라브너 와이너리의 숙성실

오렌지 와인을 만드는 방법은 단순하다. 수확한 청포도를 가볍게 으깬 뒤 용기에 넣는다. 보통 화이트 와인을 만들 때는 청포도의 즙만 이용하지만 오렌지 와인은 껍질과 씨를 적극적으로 활용한다. 그 이유는 껍질과 씨에서 얻어지는 여러 천연 방부제, 즉 폴리페놀류 등이 와인의 숙성에 필요한 힘을 주기 때문이다. 용기의 경우 대개 시멘트나 세라믹 재질을 쓴다. 이 분야의 거장이라 할 수 있는 그라브너Gravner의 경우 크베브리Qvevri(항아리)를 사용하고, 또 라디콘Radikon의 경우 나무통을 쓴다. 중요한 건 용기 안에 들어 있는 와인에 용기의 특성이 영향을 미치면 안 된다는 점이다. 예를 들어 뉴 프렌치 오크 같은 건 배제한다. 오렌지 와인의 콘셉트는 순수한 포도의 향과 맛을 숙성을 통해 진화시키는 것이기 때문이다. 용기 안에 들어간 포도즙은 발효와 숙성이 동시에 진행된다.

진정한 오렌지 와인은 인간의 개입을 최소한으로 제한하고 아황산염을 제외한 그 어떤 첨가물도 넣지 않는다. 사실 생산자가 할 일이 별로 없다. 제대로 된 오렌지 와인이라면 자연 효모로 발효하며, 발효와 숙성 기간 내내 혹은 그 이후 병입까지 아황산염을 제외한 첨가물을 넣어서는 안 된다. 별도의 온도 조절도 없고, 당연히 필터링도 없다. 와인 메이커는 그저 숙성 중인 와인을 인내심을 가지고 세심히 관찰한다. 가끔 뚜껑을 열어 내부를 저어주거나 시기가 되면 걸러주기를 하는 정도다. 생산자의 철학에 따라 숙성 기간은 다르다.

오렌지 와인의 숙성 기간은 수개월에서 1년 이상이다. 대표적인 오렌지 와인 생산자인 그라브너의 경우 크베브리에서 약 6개월간 오래 침용한다. 마침내 위에 둥둥 떠 있던 부유물이 크베브리 밑으로 가라앉으면 와인을 걸러내고 다시 6개월을 크베브리에서 보관하면서 안정화를 거친다. 시적으로 표현하면 땅으로부터 탄생한 포도가 땅으로 회귀하는 셈이다. 이후 크베브리에서 숙성을 끝내면 대형 오크 배트에서 추가로 6년 동안 숙성한다. 즉 포도를 수확한 뒤 무려 7년이 지나야 세상에 나와 빛을 보게 된다. 그라브너의 오렌지 와인 가격이 비쌀 수밖에 없는 이유가 여기에 있다.

필자 부부는 여행을 다니면서 네 곳의 와이너리에서 오렌지 와인을 접했다. 물론 와이너리마다 특징이 조금씩 달랐지만, 대체로 이런 느낌을 받았다. 오렌지 와인을 맛보고 느낀 것은 마치 명인이 만든 숙성 김치와 같았다. 향과 맛에서 새콤한 듯한 뉘앙스가 특징적이다. '와인이란 이래야 한다'는 확고한 기준이 있는 와인 애호가에게는 추천하고 싶지 않다. 오랜 시간 와인을 마셔왔기 때문에 새로운 와인에 갈증이 있는 와인 애호가나, 독특한 와인의 풍미를 특히 즐기는 소비자라면 취향 저격일 것이다.

마지막으로 한 가지 덧붙이고 싶은 건 오렌지 와인의 독특한 산도에 관해서다. 이 산도는 산소와의 접촉으로 인한 산화 때문에 생긴다고 알려졌다. 물론 100% 아니라고 할 수는 없겠지만, 대체로 이는 오랜 숙성 과정에서 얻어지는 것이지 산화에 의한 게 아니라고 말해야 옳다. 와인 메이커 또한 산소와의 접촉을 최대한 막는 방향으로 와인을 만든다.

오렌지 와인을 정의하는 법적인 기준은 없다. 내추럴 와인처럼 이를 인증하는 국제 기준이 없기 때문이다. 하지만 오렌지 와인의 대가들이 이야기하는 제대로 된 오렌지 와인의 기준은 이렇다. 친환경 포도밭, 자연 효모 사용, 오랜 침용, 발효와 숙성 과정에서 온도 조절 배제, 청징과 여과 배제.

오렌지 와인으로 유명한 국가 가운데 가장 친근한 곳이 이탈리아다. 이외에도 인근의 슬로베니아, 크로아티아 같은 곳에서도 수준 높은 오렌지 와인을 생산한다. 내추럴 와인이 유행하는 요즘에는 오렌지 와인을 벤치마킹해서 만든 다양한 오렌지 와인을 여러 와인 생산국에서 선보이고 있다.

3/ 와인 만들기

√ **크베브리**QVEVRI

오렌지 와인에서 '크베브리'는 굉장히 중요하다. '크베브리'는 조지아어로 의미는 'that which is buried' 즉 '파묻힌 것'으로, 레몬 모양의 테라코타 용기를 말한다. 고고학 발견에 따르면 조지아 남부 크베모 카르틀리에서 기원전 6000년경으로 추정되는 포도씨가 크베브리에서 발견되었다.**QR** 이런 역사적 사 실에서 짐작하듯이, 크베브리를 만드는 기술이라든지 크베브리를 활용한 와인 메이킹으로는 조지아 혹은 아르메니아가 단연 선두다.

크베브리는 땅속에 묻어서 쓰는 용기다. 고대에는 냉장고가 없다 보니 음식이나 술을 땅속에 묻어서 보관했다. 이 방법이 현대 조지아에서 여전히 활용된다. 최첨단 기술이 난무하는 21세기에 내추럴 와인에 이목이 쏠리면서, 크베브리를 활용한 고대 양조 방법이 다시 조명을 받는다. 크베브리 와인 양조법은 2013년 유네스코 무형문화유산에 등재되었다. 다만 크베브리로 만든 와인의 양은 극히 적다. 종주국인 조지아도 2023년 기준, 전체 와인 생산량의 겨우 10%에 불과하다.

크베브리는 만드는 장인이 따로 있다. 2000ℓ 용량의 크베브리를 만드는 데 보통 3개월이 걸린다. 크베브리를 큰 화덕에서 굽는 데만 일주일 정도가 필요하다. 워낙 크기 때문에 레몬 모양으로 빚는 것도 어렵지만, 화덕으로 옮기는 것은 물론 쉽게 깨지지 않는 강도로 굽는다는 것 모두 쉽지 않다. 크베브리가 다 구워지면, 아직 따뜻할 때 밀랍으로 내부를 코팅한다.
코팅의 가장 큰 목적은 내부를 쉽게 청소하  기 위함이다. 굳이 밀랍을 사용하는 이유는 밀랍이 천연 멸균 역할을 하고, 방수 효과가 있는 동시에 미세한 공기의 투과가 가능하다는 이점 때문이다. 그야말로 내부에서 와인을 숙성시키기 딱 좋은 재료인 셈이다.

오크통 OAK BARREL

오크통은 말 그대로 오크나무로 만든 통을 말한다. 흔히 와인, 브랜디, 위스키 등을 숙성하거나 보관하는 데 쓴다. 오크나무를 우리는 '참나무'라고 부른다. 참나무는 어느 한 종을 지칭하는 것이 아니라, 참나무과 참나무속에 속하는 여러 수종을 가리킨다. 참나무는 '쓰임새가 많아 유용한 나무'라는 뜻인데, 참나무속에 속하는 나무는 모두 '도토리'라고 불리는 견과를 생산하므로 '도토리나무'라고도 부른다.

지금이야 유리병이라는 어마어마한 발명품이 있어서 와인을 대부분 병에 보관한다. 유리병이 없던 시절에는 오크통이 가장 일반적인 와인 보관 용기였다. 나무라는 재질이 썩기 쉬워서 오크통 사용의 기원을 추적하기가 쉽지는 않다. 역사학자들의 연구에 따르면, 약 2000년 전으로 거슬러 올라갈 정도로 그 역사가 길다.^{QR} 그리스의 역사학자 헤로도토스는 고대 메소포타미아에서 유프라테스강을 따라 와인을 운반하기 위해 야자수로 만든 나무통을 사용했다고 전한다.

나무로 만든 통이 활발하게 쓰이기 이전에는 주로 동물의 가죽이나 암포라가 와

인을 보관하는 대표적인 용기였다. 다만 가죽은 찢어질 수 있고 용량이 작으며 와인이 잘 변질되는 단점이 있다. 암포라는 무게가 무겁고 깨지기가 쉬워서 종국에는 나무통으로 발전했다. 먼 과거에는 밤나무, 아카시아, 참나무 등 다양한 나무로 통을 만들었다. 이 모두 오크통이라고 볼 수는 없고, 그냥 '나무통'이라고 하는 게 맞다.

고대의 와인 상인들은 더 나은 목재를 찾기 위해 여러 시도를 한 끝에 참나무가 나무통을 만들기에 가장 이상적인 나무임을 깨달았다. 지금의 프랑스와 이탈리아 북부에 자리 잡은 골족은 로마인에게 오크통의 유용성을 전파했다. 와인을 물처럼 마신 로마인에게 어느새 오크통은 없어서는 안 될 중요한 물품이 되었다. 심지어 둥글게 생긴 오크통은 운반에도 용이했다. 유리병이 발명되기 전까지 오크통은 와인을 보관하는 데에 가장 중요한 용기로 오랫동안 사랑을 받았다. 물론 지금까지도.

재미있는 사실은, 오크통은 2000년 전부터 거의 최근까지 와인을 저장하거나 운반하는 데 쓰이는 도구에 불과했다. 지금처럼 와인을 숙성하는 용도가 아니었다. 실제로 1980년 이전 많은 양조학 서적에는 와인을 마실 때 풍기는 오크 향과 맛을 없애는 방법이나 예방하는 방법 등이 적혀 있다. 하지만 오늘날 오크통은 와인의 양조 특히 숙성에 없어서는 안 될 필수품이다. 대체로 레드 와인을 만들 때 오크통을 더 많

이 사용하지만, 화이트·로제·스파클링 와인을 만들 때도 와인 메이커의 철학에 따라 오크통을 사용하기도 한다. 이제 와인과 오크통은 떼려야 뗄 수 없는 불가분의 관계에 있다.

그런데 왜 오크통에서 와인을 숙성시킬까? 다른 용기에서는 얻을 수 없는 유니크한 플레이버를 오크나무에서 얻기 위함이다. 오크나무의 미세한 기공을 통한 공기 접촉으로 와인의 향과 맛을 한결 부드럽게 만들 수도 있다. 오크통에서 비롯하는 물질은 이미 과학적으로 분석됐다.^{QR} 몇 가지 살펴보자. '펄퓨럴Furfular'이란 물질은 말린 과일이나 구운 아몬드 향을 낸다. '구아이아콜Guaiacol'은 태운 향을, '오크 락톤Oak Lactones'은 나무·딜·코코넛 향을, '유지놀Eugenol'은 스파이시·정향·스모크 향을 준다. '바닐린Vanillin'과 '시링알데히드Syringaldehyde'는 바닐라 향을 준다.

오크통에 보관된 와인은 오크나무의 기공을 통해 서서히 증발하는 동시에 미세하게 산소와 접촉한다. 다만, 이 접촉은 과도한 산화나 변질을 일으킬 정도는 아니다. 와인이 서서히 숙성되기 좋은 환경인 것이다. 참나무의 리그닌Lignins 구조에서 비롯하는 가수분해형 탄닌인 '엘라지탄닌Ellagitannins'은 와인의 산화를 방지하는 역할을 한다.

대체로 오크통 사용 여부는 순전히 와인 메이커의 철학에 따라 갈린다. 만약 포도 품종이 가진 고유의 과실 향과 맛을 지닌 와인을 만든다면 오크통을 아예 사용하지 않는다. 혹, 사용하더라도 여러 번 사용한 오크통을 쓴다. 또한 품종에 따라서 오크통 숙성에 적합한 게 있고 아닌 게 있다. 샤르도네는 오크통 숙성에 적합한 품종이다. 리슬링은 오크통과 별로 친한 사이가 아니다. 오크통도 종류가 다양한데, 프렌치 오크 배럴과 궁합이 좋은 품종이 있는가 하면, 아메리칸 오크 배럴과 좋은 매칭을 보여주는 품종도 있다. 카베르네 소비뇽이나 피노 누아, 샤르도네는 프렌치 오크가 어울린다. 진판델은 아메리칸 오크와 어울린다. 물론 이것도 와인 메이커의 철학에 따라 변주가 가능하다.

중요한 건, 레드 와인이든 화이트 와인이든 포도 자체가 지닌 고유의 과실 향과 맛이 오크통에서 얻어지는 향미에 지나치게 가려지지 않아야 한다는 점이다. 과거 한때 '오크 터치'가 진하게 들어간 와인이 인기가 있었다. 그런데 내추럴 와인이 유행하는 최근에는 포도 품종 자체가 주는 향과 맛을 즐기는 시대다. 요즘은 오크통을 쓰더라도 새 오크통만을 고집하지 않고 헌 오크통을 섞어서 쓴다든지, 아예 헌 오크통만 쓰는 곳도 많다. 오크 숙성이 고급 와인을 만드는 필수 코스라는 건 인정하지 않을 수 없다. 하지만 필자 역시 과도하면 안 된다고 본다.

이처럼 오크통은 새로운 통과 한 번 이상 사용한 헌 통으로 구분된다. 당연하지만, 새 오크통에서 숙성한 와인에 오크에서 비롯한 향과 맛이 더 많다. 오크통은 대략 대여섯 번 정도 사용하면(네 번째부터는 탄닌이나 풍미가 부여되지 않는다) 이후에는 위스키나 코냑 또는 와인 가운데 헌 오크통을 주로 쓰는 셰리나 포트를 저장하거나 숙성하는 데 쓰인다. 오크통 하나를 여러 번 사용하는 이유는, 물론 사용 횟수가 와인의 풍미에 영향을 다르게 미치기 때문이기도 하지만, 근본적으로 오크통이 비싼 데 있다. 개당 한화로 약 80~150만 원 정도다. 물론 더 비싼 것도 있다. 오크통을 만드는 오크나무가 비싸고, 만드는 방법 또한 까다롭기 때문이다.

그럼, 오크통을 어떻게 만드는지 간단히 살펴보자. 225ℓ 프렌치 오크통 제작 과정이다.

Step 1. 오크나무 구입   프랑스의 경우 전체 삼림의 약 1/3을 지방정부나 국가가 소유하고 있다. 전통적으로 산림관리청ONF에서 오크 원목 판매를 공지하면, 구입을 원하는 오크통 제작 업체가 경매에 참여해 거래되는 방식이다. 매년 9, 10월에 경매가 열린다. 수령이 100년 이상 된 오크나무(평균 수령 120년)만 입찰할 수 있다. 잠재적 구매자는 직접 숲으로 들어가서 나무의 사이즈를 잴 권리가 있다. 나무의 결을 확인하기 위해서 30cm까지 나무에 구멍을 내서 내부의 결도 확인할 수 있다. 오크나무는 최대 25m까지 자랄 수 있고 수령은 300년 정도다. 아주 드물지만, 유명 와이너리 가운데는 어마어마한 자금을 투자해 오크나무 숲을 사들여서 오크통을 만드는 곳도 있다.

Step 2. 오크나무 재단과 숙성   프렌치 오크는 나무의 결을 따라 나무통을 쪼개야 하므로 수율이 20~25% 정도로 낮은 편이다. 아메리칸 오크는 톱질이 가능하기 때문에 수율이 약 50% 정도로 높은 편이다. 숙성할 때는 짧게는 1년, 길게는 2년 반 동안 야외에 오크나무를 널어놓는다. 비도 맞고, 눈도 맞고, 태풍도 겪고, 햇볕에 이글이

글 타기도 하면서 결이 견고해지는 과정을 거친다. 간혹 인위적으로 열을 가해서 숙성하는 경우도 있다. 아무래도 자연 건조한 것이 더 고급이라 할 수 있다. 이 과정을 통해 나무에서 비롯할 수 있는 바람직하지 않은 화학 성분이나 과도한 쓴맛을 내는 탄닌 등을 없앨 수 있다.

Step 3. 오크통 조립   깨끗한 상태로 만든 오크 판자를 오크통 사이즈로 자른 뒤 조립을 한다. 상당히 까다로운 작업으로 숙련된 장인이 필요하

3/ 와인 만들기

다. 잘 건조하고 숙성한 통널은 열을 가하면 살짝 구부러뜨릴 수 있는 여지가 생긴다. 구부러뜨린 통널을 철로 된 원형 틀에 틈 없이 잘 끼워 맞추면 된다. 말이 쉽지, 와인이 한 방울이라도 새면 안 되기 때문에 한 치의 오차도 없이 통널을 재단해야 한다.

Step 4. 토스트 '아침에 먹는' 토스트가 아니라 오크통 내부를 그을려주는 작업을 말한다. 토스트 작업은 크게 라이트, 미디엄, 헤비 토스트로 나뉜다. 이는 오크통의 성격을 결정짓는 매우 중요한 작업이다. 라이트 토스트는 와인에 이미  탄닌이 풍부할 경우 오크통에서 비롯하는 탄닌이나 플레이버가 크게 필요가 없을 때 사용한다. 반대로 미디엄이나 헤비 토스트로 갈수록 바닐라, 캐러멜, 견과류, 육두구, 계피, 커피, 훈제 향, 다크 초콜릿 같은 부케가 더 많이 와인에 입혀진다. 예외적으로 오크통의 바닥과 위만 토스트하는 경우도 있다. 가벼운 레드 와인을 오크통에서 숙성할 때 종종 사용하는 스타일이다. 헤비 토스트는 위스키를 숙성할 때 아름다운 호박색을 입히는 역할도 한다. 토스트야말로 오크통의 성질을 결정하는 아주 중요한 과정이다. 특히 토스트는 인간이 인위적으로 개입할 수 있고 조절할 수 있기 때문에 더욱 중요하다.

Step 5. 완성 모양 잡기와 토스트를 마친 뒤 오크통의 뚜껑을 닫고 철로 된 원형 틀을 끼워 우리가 알고 있는 오크통 모양으로 만들면 끝이다. 이후에는 오크통에 물을 채워 새는 곳이 없는지 확인한다. 이상이 없다면 오크통을 주문한 와이너리나 회사의 요청에 따라 로고를 새긴다.

오크통에도 종류가 많다. 세계적으로 가장 많이 쓰는 오크통은 프랑스산과 미국산이다. 조금 더 자세히 말하자면, 프랑스산의 경우 '화이트 오크'로 불리는 쿼르쿠스 페트레아Quercus petraea와 조금 더 평범한 쿼르쿠스 로부르Quercus robur가 있다. 쿼르쿠스 페트레아가 나무에서 비롯하는 향미와 탄닌 등이 풍부해서 고급으로 친다. 미국산은 미주리, 미네소타, 위스콘신과 미 동부에서 서식하는 화이트 오크인 쿼르쿠스 알바Quercus alba와 오리건주의 쿼르쿠스 가리아나Quercus garryana로 크게 나뉜다. 오리건주의 오크나무는 유럽종과 성질이 비슷해서 최근 사용량이 늘었다고 한다.

프랑스에 비해 미국의 오크나무는 성장이 빠른 편이어서 나무의 결이 넓고 큰 것이 특징이다. 프랑스의 오크나무는 성장이 더딘 만큼 결이 촘촘하다. '결'은 영어로는 '그레인Grain'이라고 하는데, 나무의 '나이테'를 뜻한다. '결과 결 사이가 넓으냐/촘촘하냐'가 오크나무의 성격을 결정짓는 매우 중요한 요소다. 와인의 숙성에도 큰 영향을 미친다. 보통 프랑스의 페트레아와 로부르는 결이 촘촘하고 미국의 알바는 결이 넓다. 연구에 따르면, 아메리칸 오크는 와인에 강한 바닐라, 코코넛, 딜의 풍미를 준다. 프렌치 오크는 탄닌, 바닐린 및 기타 페놀성 화합물이 더 많이 함유되어 있는 것이 특징이다.ᴼᴿ 이는 와인에 캐러멜, 커피, 향신료 및 꽃과 같은 복잡하고 미묘한 풍미를 준다.

사실 뭐가 더 좋고 나쁘고는 없다. 와인 메이커가 어떤 스타일을 좋아하고 시장에서 원하는 스타일이 어떤가에 따라 선택될 뿐이다. 때로는 섞어서 쓰기도 한다. 요리사가 음식에 갖가지 양념을 해서 완성도를 높이듯, 와인 메이커는 전 세계의 다양한 오크통으로 실험을 거듭한다.

프랑스산과 미국산이 대부분이지만, 그 외에도 슬라보니아산이나 헝가리산 오크통도 종종 쓴다.

슬라보니아는 크로아티아 북동부에 있는 지역이다. 여기서 생산된 슬라보니안 오크 배럴은 업계에서 매우 높은 평가를 받는다. 이 지역에서 자란 참나무는 섬유

질과 결이 촘촘한 것으로 유명하다. 결이 촘촘한 나무는 그렇지 않은 나무보다 탄닌이 상대적으로 적게 우러나지만 향미는 더 많이 낸다. 슬라보니안 배럴의 가장 독특한 점은 대체로 대형 사이즈로 제작이 된다는 것이다. 용량이 클수록 와인에 미묘한 향과 부드러운 탄닌을 더 주기 때문이다. 이런 장점에 매료된 사람들이 바로 크로아티아에서 지리적으로 가까운 이탈리아의 와인 메이커들이다. 특히 피에몬테의 명주인 바롤로, 바르바레스코 와인을 만드는 전통 생산자들은 대용량의 슬라보니안 오크통을 쓰는 걸 현지에서도 많이 볼 수 있다. 이들의 말에 따르면, 슬라보니안 오크통에서 숙성한 와인은 병에서 더 오랜 시간을 견디면서 우아하게 익는다.

마지막으로 헝가리산 오크통은 와인과 접촉하면 나무를 구성하는 셀룰로오스가 다른 오크보다 상대적으로 더 쉽게 분해되는 특징이 있다. 그래서 와인에 토스티, 바닐라, 스위트 스파이시, 카라멜 향을 더 많이 전달한다. 장점이 뚜렷한 헝가리산 오크는 20세기 초까지 프랑스의 와인 메이커들이 즐겨 사용했다. 그런데 세계대전이나 헝가리 자체의 정치·경제 문제 등으로 공급량이 줄면서 하락세를 걸었다.

이외에도 러시아나 캐나다산 오크통이 있는데, 실제로 사용하는 와인을 찾아보기 어렵다. 일부 와이너리에서는 오크통을 사용하지 않으면서 오크통에서 숙성한 듯한 효과를 낸다. 오크칩이나 분말 같은 대체품을 와인에 넣는 방법이다. 쉽게 생각해서 티백으로 차를 우리는 것과 비슷하다. 오크통에서 얻을 수 있는 플레이버를 와인에 주고는 싶은데, 만드는 와인의 양이 너무 많다거나 오크통 구매 자금이 부족한 생산자들이 이 방법을 활용한다. 꼼수 같아 보일 수도 있지만, 엄연히 와인 메이킹의 한 방법이다.

아황산염 SULFITES

"CONTAINS SULFITES". 와인 (백)레이블을 자세히 살펴보면 대부분 이 문구를 발견할 수 있다. 이 말인즉슨, 와인에 '아황산염이 첨가되었다'는 뜻이다. 와인을 포도로만 만든다고 생각한 사람들은 '배신감'을 느낄 수도 있겠다. 사실 와인에는 여러 첨가물이 들어갈 수 있다. 대표적인 것이

아황산염이다. 그렇다면 도대체 왜 와인에 아황산염을 넣을까?

첫째, 와인의 색과 맛에 영향을 줄 수 있는 산화를 방지하기 위해서다. 아황산염이 와인에 존재하는 다양한 물질과 어떻게 반응하는지 아직은 완벽히 이해할 수 없다. 다만 확실한 건 '황'은 다른 원소와 매우 활발히 반응한다는 점이다. 특히 산소와 결합해 산화를 막는다. 또 아세트알데하이드와 결합해 안정된 황 화합물을 형성하며, 이를 통해 와인의 색과 질감에 긍정적인 역할을 한다.

둘째, 박테리아나 원하지 않는 효모의 성장을 억제하기 위해서다. 특히 와인이 발효될 때 아황산염을 처리해 발효를 방해할 수 있는 박테리아나 야생 효모의 기능

을 억제한다. 이것이 아황산염의 가장 큰 역할이다. 또 와인을 병에 넣을 때도 처리해서 와인이 소비자에게 안전하게 도착할 수 있도록 돕는다. 여담이지만, 고대 로마인은 와인이 식초로 변하는 걸 막기 위해 빈 암포라에 유황으로 만

아황산염을 첨가하는 장면

든 양초를 태웠다고 한다. 지금도 이 방법으로 나무통을 살균한다. 고대 로마인은 여러모로 영특한 민족인 듯하다.

셋째, 와인 양조 과정에서 와인 메이커가 원하는 스타일의 와인을 만들기 위해 첨가한다. 예를 들어 소비뇽 블랑을 만들 때 아황산염을 과감하게 첨가하면 유기황 화합물인 티올thiol의 양이 급증하면서 와인에 패션푸르트, 자몽 같은 향을 더 낼 수 있다. 반대로 적게 넣으면 미네랄, 시트러스 향이 강해진다.QR 게다가 아황산염이 포도의 폴리페놀 추출에 도움을 준다는 연구 결과도 있다.QR

그렇다면 아황산염은 와인에 얼마나 들어 있을까? 먼저 반드시 알아야 할 상식은 '아황산염이 없는 와인은 없다'는 점이다. 미국 캘리포니아의 유명한 친환경 와인 생산자인 프레이Frey의 와인 레이블에는 이런 문구가 있다. "자연적으로 발생한 아황산염만 존재한다. 아황산염을 넣지 않았다."* 아황산염은 와인 발효 중에 자연적으로 생성된다. 그러니 친구가 아황산염을 넣지 않은 내추럴 와인을 마셨다고 자랑한다면 진실을 알려주자. 물론 자연적으로 생성되는 아황산염은 수치가 매우 낮아서 그 자체로는 효과가 없다.

---

* Contains only naturally occurring sulfites. No Added Sulfites.

와인의 아황산염 수치는 와인마다 다르다. 같은 품종이라 하더라도 와인 메이커의 재량에 따라 아황산염을 적게 혹은 많이 첨가할 수 있다. 와인에 들어 있는 아황산염의 수치는 대략 리터당 5~200mg 정도 사이다. 'mg' 대신 'ppm'이라는 단위를 쓰기도 한다(1mg=1ppm). 여하튼 수치의 간극이 꽤 큰 편이다. 이는 와인 스타일에 따라 아황산염 처리 수준이 달라지기 때문이다. 아황산염이 가장 많이 들어 있는 건 스위트 와인이다. 스위트 와인에는 잔당이 많이 남아 있기 때문에 효모가 재발효를 일으키지 않도록 하기 위해 아황산염을 많이 첨가한다. 그리고 레드 와인보다 화이트 와인에 대개 더 많이 첨가한다. 보통 화이트 와인에 100mg을 넣는다면 레드 와인에는 50~75mg을 첨가한다.

수치로는 도대체 얼마나 들어 있는지 감을 잡을 수 없다. 다른 식품과 비교해보자. 〈식품첨가물공전〉(식품의약품안전처)에 따르면, 아황산염은 자연계, 특히 식물체에 널리 분포해 있다. 실파 5~150ppm, 양파 4~75ppm, 흰 파 6~40ppm, 청파 0.7~30ppm, 마늘 2~25ppm, 떡잎 무 1~3ppm, 콜리플라워 0.5~3ppm 정도다. 이외에도 주변에서 쉽게 찾아 먹을 수 있는 냉동 감자튀김, 피클, 피자, 절인 고기, 통조림, 사탕, 빛 새우, 건표고, 조미 김, 구운 김, 맥주, 연와사비, 말린 과일 등 가공식품에도 아황산염이 함유되어 있다. 말린 과일은 3700mg, 감자튀김에는 1850mg의 아황산염이 첨가되어 있다. 수치에서 알 수 있듯이 다른 식품들과 비교해도 와인의 아황산염 함량은 높은 편이 아니다.

간혹 와인을 마시고 두통을 호소하는 사람들이 아황산염을 의심하고는 한다. 물론 100% 아니라고 할 수는 없다. 하지만, 와인을 너무 많이 마셨거나, 와인의 다른 물질(예를 들어 히스타민)이나 첨가물에 의한 영향이거나, 아니면 와인 자체의 대사가 어려운 특이 체질이라서 그런 경우가 더 많다. 위에서 언급한 식품을 먹었을 때도 알러지 반응이 일어나는 사람이라면 물론 미량의 아황산염에도 반응을 일으킬 수 있다. 미국 식품의약국FDA의 연구에 따르면, 미국 인구의 1% 미만이 아황산염 알러지가 있다고 한다.^{QR} 특히 천식

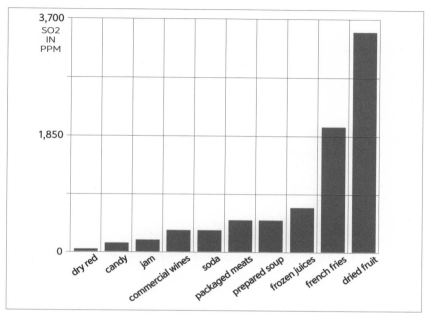

3,700
SO2
IN
PPM

1,850

0

dry red | candy | jam | commercial wines | soda | packaged meats | prepared soup | frozen juices | french fries | dried fruit

식품별 아황산염 함량

출처: Wine Folly 홈페이지의 〈The Bottom Line on Sulfites in Wine〉 재구성

을 앓고 있는 알러지 환자라면 아황산염에 노출된 뒤 30분 이내에 두드러기가 발생하고 호흡 곤란이 올 수도 있다.

한국의 경우 아황산염이 첨가된 와인은 반드시 레이블에 이를 명시하게 되어 있다. 민감한 사람은 와인에 리터당 50mg 이상의 아황산염이 들어 있을 때 이를 느낄 수 있다. 와인을 오픈했을 때 코를 찌르는 '불쾌한 황 냄새'를 느꼈다면, 와인을 디캔팅하거나 잔에 따라 스월링해주면 된다.

주석산염 WINE DIAMONDS

　와인을 마시다 보면 가끔 유리알처럼 투명한 결정을 발견할 때가 있다. 와인업계에서는 이걸 애정 어린 표현으로 '와인 다이아몬드'라고도 한다. 정확한 명칭은 '주석산염'이다. 많은 사람이 와인의 주석산염을 먹지 않고 남겨두는 편이다. 마시면 건강에 해로울까 싶어 우려의 시선을 보내기도 한다. 결론부터 말하면 주석산염은 포도에서 비롯한 천연 물질로 인체에 무해하다. 한 와인 전문가는 와인의 주석산염이 수박의 씨처럼 자연스러운 것이라고 말한다.

　주석산염은 구체적으로 어떤 물질을 말할까? 주석산염은 주석산과 칼륨이 만나 결정을 이룬 것이다. 칼륨은 포도에 풍부하게 함유되어 있다. 주석산은 사과산, 구연산과 함께 와인을 구성하는 매우 중요한 유기산이다. 와인을 만드는 과정에서 포도의 다른 산은 다른 물질과의 쉽게 반응해 변화한다. 반면, 주석산은 안정적으로 유지되면서 와인의 플레이버와 전체 밸런스에 영향을 미친다. 대략 4℃ 이하의 낮은 온도에서 칼륨과 만나면 마치 유리알처럼 결정화되는 성질이 있다. 즉, 와이너리에서 의도하지 않았다 하더라도 와인을 숙성하는 과정에서 와인이 겨울의 차가운 날씨에 노출되면 주석산염이 생성될 가능성이 커진다. 또 와인을 구매한 소비자가 와인을 매우 차가운 온도에서 장시간 보관하면 없던 주석산염이 생길 수 있다. 만약 그 와인이 영 빈티지이고, 저온 안정화 작업을 거치지 않았거나, 정제하거나 여과하지 않은 와인일 경우 더 높은 확률로 주석산염을 볼 수 있다.

주석산염은 레드 와인보다는 화이트 와인에서 더 자주 볼 수 있다. 화이트 와인이 투명해서 눈에 더

주석산염 혹은 '와인 다이아몬드'

잘 띄기도 하거니와, 레드 와인보다 주석산 비율이 더 높기 때문이다. 또 레드 와인보다 차가운 온도에서 보관될 확률도 높기 때문이기도 하다. 물론 주석산염은 레드 와인에도 있다. 레드 와인의 주석산염은 와인의 색소를 빨아들여서 자주색을 띠는 게 특징이다.

화이트 와인은 와이너리에서 저온 안정화 작업을 거치면서 미리 주석산염을 제거하기도 한다. 온도 조절이 가능한 스테인리스스틸 탱크에 와인을 넣고 영하 2℃에서 약 10일 정도 보관하는 방법이다. 하지만 이 과정은 오직 한 가지 목적, 그러니까 완성된 와인이 심미적으로 깨끗해 보이기 위한 것으로 대량 생산되는 값싼 와인에 주로 쓰이는 편이다. 주석산은 와인의 향미에 크게 관여하는 산이기 때문에 주석산염을 제거할지는 신중하게 선택해야 한다.

만약 와인에 주석산염이 보이면 미리 와인을 세워서 침전물을 가라앉힌 다음에 천천히 따라 마시거나 디캔팅한다. 이미 언급했지만 인체에 해가 없기 때문에 필자는 그냥 마신다. 다이아몬드를 발견해서 운이 좋다고 말하면서.

블렌딩 BLENDING

와인에 있어서 블렌딩이란, 간단히 말하면 여러 품종을 섞어서 와인을 만드는 과정을 말한다. 나아가 같은 품종이라도 다른 포도밭의 품종을 섞어서 만드는 경우, 혹은 다른 해의 와인을 섞어서 만드는 경우에도 '블렌딩'이라고 한다. 그런데 왜 여러 품종이나 다른 포도밭의 품종 혹은 다른 해의 와인을 섞어서 와인을 만들까? 이유는 단순하다. 더 맛있는 와인을 만들기 위해서다. 와인 메이커는 블렌딩을 통해 와인의 향미를 더 나은 방향으로 재구성한다. 마치 물감을 섞어서 새로운 색을 내듯 블렌딩은 '섞고 섞이는 것의 미학'이라 할 수 있다.

칠레의 유명 와이너리인 쿠지노 마쿨Cousino Macul의 수석 와인 메이커인 파스칼 마티Pascal Marty는 블렌딩을 이렇게 말한다. "와인을 블렌딩하는 것은 특별한 와인을 창조하는 가장 우아한 방법이다. 개성 있는 각각의 악기가 어우러져 아름다운 울림을 선사하는 교향곡과 비슷하다." 그의 말처럼, 포도가 한 병의 와인으로 탄생하는 데 있어 블렌딩이야말로 와인 메이커가 가장 멋지게 활약할 수 있는 파트다. 오랜 경험과 고도로 숙련된 테이스팅 능력을 갖춘 사람만이 멋진 블렌딩 기술로 완벽한 와인을 창조할 수 있다.

필자가 과거 와인 매거진 기자였을 때 블렌딩이라는 주제로 호주의 유명 와이너리인 토브렉Torbreck과 서면 인터뷰를 진행한 일이 있다. 그 당시 오너이자 수석 와인 메이커였던 데이브 포웰Dave Powell(현재는 토브렉을 떠나 자기 이름을 딴 와이너리를 운영한다)은 블렌딩을 이렇게 말했다. "블렌딩의 목적은 블렌딩을 거치기 전의 와인보다 더욱 높은 품질의 와인을 만들기 위한 것이다. 완벽하고 균형이 잘 잡힌 와인

을 만들기 위해서, 서로 다른 포도밭과 서로 다른 포도 품종의 특징을 활용하는 것은 와인 메이커가 부릴 수 있는 마법이다."

토브렉의 대표 와인인 런릭Runrig의 블렌딩 기법을 보면 '블렌딩'에는 단순히 포도를 섞는 것 이상의 중요한 의미가 있음을 알 수 있다. 런릭은 두 가지 블렌딩 절차를 거친다. 우선 여섯에서 여덟 군데의 서로 다른 포도밭에서 수확한 쉬라즈(혹은 시라)를 섞어서 베이스 쉬라즈 와인을 만든다. 예를 들어, 2010년 빈티지의 경우 일곱 군데 포도밭의 쉬라즈를 사용했다. 각각의 포도밭에서 수확한 쉬라즈는 개별 관리하며, 약 50%의 비율로 사용하는 새 오크통의 풍미가 와인에 배면 단 한 번으로 블렌딩을 마무리한다. 2010 런릭의 경우 수확한 지 약 30개월이 지난 2012년 9월 11일에 블렌딩을 마쳤다고 한다.

쉬라즈 베이스 와인이 완성되면 청포도인 비오니에를 섞을 차례다. 레드 와인을 만들 때 청포도를 섞는 건 현대 와인 메이킹에서 흔한 사례는 아니다. 쉬라즈에 소량의 비오니에를 블렌딩하는 관례는 프랑스에서 처음 시작된 매우 전통적인 기법이다. 이를 여러 와이너리에서 벤치마킹하는 과정에서 전 세계로 퍼져 나갔다. 비오니에 블렌딩은 토브렉의 와인 메이커가 모두 모여 테이스팅 룸에서 진행한다고

한다. 비오니에는 전체의 0.5~5% 내에서 0.5%에 해당하는 양만큼 조금씩 블렌딩하면서 테이스팅한다. 데이비드 포웰은 인터뷰에서 비오니에를 무척 소량만 블렌딩하지만, 그 작은 양이 미치는 엄청난 영향력을 관찰하는 건 매우 놀라운 과정이라고 전했다. 이처럼 블렌딩은 와인 메이커가 부리는 마술과도 같다.

쉬라즈-비오니에 블렌딩처럼 유명한 블렌딩 사례에는 또 무엇이 있을까? 사실 와인의 블렌딩 세계에서 가장 유명한 건 '프랑스 보르도 블렌딩'이다. 세계에서 가장 유명한 와인 산지인 보르도는 와인을 만들 때 레드든 화이트든 대개 블렌딩한다. 물론 지금은 단일 품종으로 만든 와인도 나오긴 하지만, 상대적으로 비율이 낮다. 왜 보르도에서는 포도 품종을 블렌딩해서 와인을 만들까? 결론부터 이야기하면, 들쑥날쑥한 날씨 탓이다.

대서양과 맞닿은 보르도의 와인 산지는 매해 기후가 일정치 않다. 보르도에는 포도 재배자들이 수확기에 비가 올 것에 대비해 익는 시기가 다른 여러 품종을 포도밭에 함께 재배하는 관습이 오랫동안 있었다. 예를 들어, 메를로는 카베르네 소비뇽보다 일찍 익는 조생종이다. 그래서 함께 재배하면 혹여나 카베르네 소비뇽을 수확하기 전에 비가 내리더라도 최악은 면할 수 있다. 이런 전통이 오래 이어지면서 보르도에서는 여러 품종을 블렌딩해서 와인을 만들게 되었다.

보르도 블렌딩이 필요에 의해 탄생했다고는 하지만, 보르도가 오랜 시간 세계 최고의 와인 산지로 군림하다 보니, 전 세계 많은 레드 와인 생산자가 보르도 블렌딩을 활용한다. 다만, 와인 설명서의 품종 설명에 "Bordeaux Blend"라고 한 줄로 설명을 끝내는 경우도 많기 때문에, 어떤 품종들로 블렌딩했는지 안다면 와인을 고르는 데 도움이 된다.

보르도에서 레드 와인을 만들 때는 여섯 가지 포도 품종으로 블렌딩할 수 있다. 메를로, 카베르네 소비뇽, 카베르네 프랑, 프티 베르도, 말벡, 카르메네르 품종이다. 화이트 와인에는 세미용, 소비뇽 블랑, 뮈스카델, 콜롱바르Colombard, 메를로 블랑Merlot Blanc, 소비뇽 그리Sauvignon Gris, 위니 블랑Ugni Blanc을 쓴다. 대부분

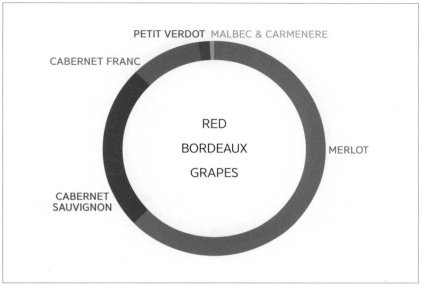

PETIT VERDOT MALBEC & CARMENERE

CABERNET FRANC

RED
BORDEAUX
GRAPES

MERLOT

CABERNET
SAUVIGNON

보르도 블렌드 　　　　　　　　출처: Wine Folly 홈페이지의 〈What Grape Varieties Make up a Bordeaux Blend?〉 재구성

은 와인 레이블에 어떤 품종을 얼마만큼 블렌딩했는지 표기하지 않는다. 최근에
는 프랑스 와인 생산자들도 마케팅에 노력을 기울이는 추세라 백레이블에 품종과
블렌딩 비율을 적기도 한다. 하지만 여전히 그렇지 않은 생산자가 더 많다. 레이블
에서 품종 이름을 확인할 수 없다면 어떻게 알아낼까? 가장 쉬운 방법은 와이너리
홈페이지에서 확인하는 것이다.

　보르도 블렌딩만큼 유명한 사례는 샴페인이다. 앞서 살펴보았듯, 샴페인에는
세 품종이 주요 블렌딩 재료로 활용된다. 샤르도네, 피노 누아, 피노 뫼니에다. 샤
르도네는 샴페인에 신선함, 섬세함, 우아함을 준다. 피노 누아는 샴페인의 뼈대를
마련하고 플레이버의 복합성에 기여한다. 피노 뫼니에는 과일이나 꽃 향을 미세
하게 줄 수 있다.

　한 가지 더 알아 두면 좋을 블렌딩은 GSM이다. 그르나슈, 시라, 무르베드르의

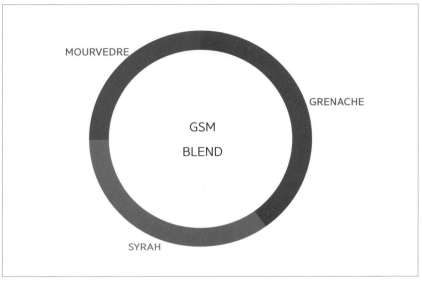

GSM 블렌드   출처: Wine Folly 홈페이지의 〈What Grape Make the Best Wine Blend?〉 재구성

약자인 GSM은 프랑스 론 지방에서 재배되는 중요한 세 가지 적포도 품종이다. 이 세 품종은 어울렸을 때 서로의 단점을 보완하면서 더 나은 하나가 된다. 다소 거칠지만 과실 향이 좋은 그르나슈에 묵직한 바디감과 복합성을 주는 시라가 더해지고, 무르베드르가 마치 오른손을 거들 듯 와인에 안정감을 선사한다. GSM 블렌딩은 프랑스에서 시작됐지만, 현재 가장 유명한 나라는 호주다. 호주의 무덥고 건조한 기후에 그르나슈, 시라(호주에서는 '쉬라즈'라 부른다), 무르베드르(호주에서는 '마타로Mararo'라 부른다)가 훌륭히 적응했기 때문이다. 이외에도 대체로 무덥고 건조한 나라인 스페인, 남아프리카공화국, 미국에서도 종종 GSM 와인을 찾아볼 수 있다.

폴리페놀POLYPHENOL

와인을 잘 몰라도 '폴리페놀', '탄닌', '안토시아닌anthocyanin' 같은 말을 들어보았을 것이다. 탄닌은 레드 와인의 맛 표현에 가장 많이 등장하는 단어다. 안토시아닌은 와인의 색을 담당하는 물질이다. 둘 다 폴리페놀의 일종이다.

1991년 미국의 티비 프로그램인 〈60분60minutes〉에서 프랑스인이 고지방식이를 하고도 심장병 발병률이 낮은 이유가 어쩌면 그들이 즐기는 레드 와인 덕분일수 있다는 얘기가 나왔다. 이 방송 이후 미국에서는 레드 와인 판매량이 무려 40%가까이 증가했다. 우리나라에서 레드 와인이 유독 인기가 많은 것도 이와 무관하지 않다. 그동안 많은 연구자가 와인을 구성하는 화합물을 인간의 건강이나 장수와 연관 지으려는 연구를 꾸준히 해왔다. 연구는 현재진행형이지만 그동안의 연구에 따르면, 와인에 존재하는 폴리페놀이 건강에 좋을 수 있다. 물론 어디까지나개인의 체질을 고려한 적당량의 섭취가 전제되어야 한다.

폴리페놀은 와인, 특히 레드 와인의 품질에 큰 영향을 미친다. 또 와인의 장기 보관에 지대한 역할을 담당한다. 심지어 소비자의 선호도, 가격, 전문가 스코어 등도폴리페놀 함유량과 관련이 크다. 예를 들어, 폴리페놀이 풍부한, 즉 색과 질감이 뛰

어난 와인은 장기 숙성에 적합하다. 이런 와인이 소비자는 물론 전문가에게도 대체로 높은 점수를 받는다. '과다노출증후군'*도 폴리페놀과 관련이 있다. 과다노출증후군이란 수십 여종의 레드 와인을 시음할 때, 아무리 객관적으로 평가한다고 할지라도 색이 진하고 향미가 풍부한 와인에 높은 점수를 주는 현상을 말한다. 게다가 그 와인을 기준 삼아서 다른 와인을 평가한다. 이는 아무리 잘 훈련된 평가자라고 하더라도 예외가 아니다.

과학적으로 폴리페놀은 화학식 구조에서 페놀링을 지닌 물질 그룹을 말한다. 그 종류가 수천 가지에 이른다. 녹차에 들어 있는 카테킨류, 커피의 클로로겐산, 과일의 색을 내는 안토시아닌, 식물에서 흔하게 볼 수 있는 탄닌 등이 모두 폴리페놀이다. 특히 폴리페놀은 활성산소에 노출되어 손상되는 DNA의 보호나 세포 구성 단백질 및 효소를 보호하는 항산화 능력이 커서 여러 질병의 위험도를 낮춘다고 보고된다. 또한 항암 작용과 함께 심장질환까지 방지한다. 흥미로운 건, 폴리페놀은 '식물 왕국'에 널리 분포되어 있고, 식물을 질병이나 자외선 등 외부 위협으로부터 보호하는 역할을 한다는 점이다. 이런 폴리페놀의 기능이 결국 인간에게도 도움이 되는 셈이다.

와인의 폴리페놀은 대부분 포도에서 비롯한다. 그런데 와인을 숙성하는 참나무나 여러 첨가물에 의해 생길 수도 있다. 오크통에서 숙성되는 와인에는 오크나무

---

* 맷 크레이머의 《와인력》에서 참조.

3/ 와인 만들기

에서 비롯한 탄닌이 배어든다. 인위적으로도 여러 첨가물을 넣을 수 있는데 탄닌도 첨가물의 하나다.

포도의 폴리페놀은 크게 플라보노이드flavonoid와 비플라보노이드로 구분된다. 플라보노이드에는 특징적인 3개의 페놀링(3링 백본 구조)이 반드시 포함된다. 바로 안토시아닌이나 플라보놀, 플라반 3-ol, 여기서 파생된 탄닌이다. 플라보노이드는 포도의 껍질, 씨앗, 줄기에서 비롯하기 때문에 특히 레드 와인과 매우 밀접한 관계가 있다. 비플라보노이드는 3링이 플라보노이드보다 부족한 페놀 화합물을 일컫는다. 와인에 포함된 비플라보노이드 물질은 포도 과육에서 비롯한 것이 많아, 레드나 화이트 와인 모두에서 발견된다.

결국 폴리페놀은 화이트 와인보다 레드 와인에서 더 많이 발견될 수밖에 없다. 연구에 따르면, 레드 와인에는 리터당 1~4g 정도의 폴리페놀이 있고, 화이트 와인에는 레드 와인 함량의 약 10% 정도가 있다.* 물론 대략 그렇다는 말이다. 포도를 재배하는 환경, 포도 품종, 와인 메이킹 방법에 따라 다를 수 있다.

· 안토시아닌 ANTHOCYANIN

'안토시아닌'은 그리스어로 '꽃'을 의미하는 'anthos'와 푸른색을 의미하는 'kyanous'에서 유래했다. 자연에서 안토시아닌은 과일, 채소, 꽃의 빨강·자주·파랑 등 색소를 담당한다. 과일과 식물의 화려한 색상은, 당연하지만 번식을 위한 것이다.

와인의 색은 와인을 판단하는 시음자에게 매우 중요한 정보를 준다. 예를 들어, 색이 진한 와인을 보면 풍미가 화려할 것이라고 짐작할 수 있다. 색이 옅으면 반대다. 영한 와인에는 불안정한 스타일의 활성 안토시아닌이 풍부하게 들어 있다. 이

---

* www.ncbi.nlm.nih.gov/pmc/articles/PMC2903024/

물질은 와인이 숙성하는 동안 탄닌 등 다른 물질과 결합해서 고분자 색소로 알려진 '결합 안토시아닌'을 형성한다. 이 결합형 안토시아닌은 안정적인 형태이기는 하지만, 활성 안토시아닌과 비교했을 때 와인의 색에 영향을 덜 미친다. 영한 와인이 숙성되면서 색에 변화가 생기는 이유가 여기에 있다. 레드 와인을 오래 숙성하면 색이 옅어지는 까닭도 마찬가지다.

연구에 따르면, 와인에서 발견되는 안토시아닌은 말비딘malvidin, 시아니딘cyanidin, 델피니딘delphinidin, 페투니딘petunidin, 페오니딘peonidin, 좀 드문 페랄고니딘pelargonidin이다. **QR** 이름만 들어도 머리가 지끈거리는데, 외울 필요는 전혀 없다. 중요한 건 이 여섯 종의 안토시아닌이 약간씩 다른 색조를 띤다는 점이다. 어떤 건 약간 더 붉은색이고, 어떤 건 약간 더 보라색이다. 이 물질들이 섞여서 와인 고유의 색을 낸다.

· 탄닌 TANNIN

탄닌은 와인의 떫은 맛을 표현하는 일종의 은어라고 할 수 있다. 즉, 탄닌이 세다는 건 와인이 떫고 거칠다, 반대로 탄닌이 약하다는 건 와인이 좀 밋밋하게 느껴진다고 볼 수 있다.

그런데 사실 탄닌은 '떫다'는 단어 하나로 정의를 내리기에는 꽤 복잡한 녀석이다. 폴리페놀의 일종인 탄닌은 식물의 여러 기관, 그러니까 참나무 껍질이나 포도의 껍질, 씨, 잔가지 등에 함유되어 있다. 탄닌이라는 단어는 '무두질'이라는 뜻의 '태닝tanning'에서 유래했다. 무두질은 인류가 터득한 오래된 기술 가운데 하나로, 가장 오래되고 전통적인 무두질 방법이 '베지터블vegetable 태닝', 즉 '식물 태닝'이

3/ 와인 만들기

다. 이는 식물에서 얻은 탄닌으로 가죽을 무두질하는 것을 말한다. 과학적으로 살펴보면 이해가 더 빠를 수 있다. 음전하를 띠는 탄닌은 양전하를 띠는 단백질과 결합하는 성질이 있다. 그래서 식물의 탄닌이 가죽의 단백질과 반응하는 것이다. 마찬가지로 탄닌이 많은 와인을 마시면 탄닌이 입안의 단백질과 결합한다. 이 때문에 입에서 까끌까끌한 느낌이 난다. 떫은 감을 먹었을 때를 떠올리면 이해하기 쉽다. 탄닌은 모든 식물에서 발견된다. 탄닌 특유의 불쾌한 맛이 잎이나 익지 않은 과일을 먹으려고 하는 동물과 곤충을 억제하는 역할을 한다. 결국 안토시아닌이든 탄닌이든 다 식물이 살기 위한 생존의 방편에서 생긴 것이다.

와인에는 두 종류의 탄닌이 있다. 하나는 '컨덴스드condensed 탄닌(축합형 탄닌)'으로 '프로안토시아니딘proanthocyanidin'이라고도 불린다. 축합형 탄닌은 와인의 폴리페놀 함량의 약 25~50%를 차지한다. 레드 와인은 대개 이 축합형 탄닌을 리터당 0.3~2g 정도 함유한다. 다른 하나는 '가수분해성 탄닌'이다. 이 탄닌은 와인 리터당 20mg을 넘는 경우가 없다. 결국 흔히 와인에서 탄닌이라고 하면 축합형 탄닌을 말한다고 봐도 무방하다.

포도의 경우에는 당연한 이야기지만, 포도 품종과 환경에 따라 함유한 탄닌의 양이 천차만별이다. 많은 사람이 적포도가 청포도에 비해 탄닌 함량은 높다고 오해한다. 사실 비슷하다. 대부분의 화이트 와인을 청포도 과육의 즙만 이용해서 만들기 때문에 최종 화이트 와인의 탄닌 함량이 레드 와인보다 적을 뿐이다. 오렌지 와인처럼 청포도를 껍질째 오랜 시간 침용해 만든 와인은 탄닌 함량이 당연히 높다. 이런 특징 때문에 오렌지 와인을 블라인드 테이스팅하면 레드 와인이라고 착각하기도 한다.

탄닌은 화학적으로 '플라반 3-ol'이라는 작은 폴리페놀의 중합체다. 이게 무슨 말인가 하면, 플라반 3-ol이라는 화학구조가 작게는 두 개부터 많게는 수십 개가 탄소 결합으로 이루어져 있다는 뜻이다. 결국 탄닌은 하나의 물질을 뜻하는 게 아니라 플라반 3-ol을 포함한 성분을 총칭한다. 연구에 따르면, 플라반 3-ol이 많은 탄닌은 그만큼 민감하게 단백질과 결합하려는 성질이 있다.QR 그렇지 않은 탄닌은 쓴맛이 더 많은 게 특징이다.

씨에서 얻은 탄닌과 껍질에서 얻은 탄닌의 성격도 미묘하게 다르다. 껍질에서 얻은 탄닌이 조금 더 떫은 맛이 많은 반면, 씨에서 얻은 탄닌은 쓴맛이 더 많다. 이 때문에 와인 생산자들은 씨보다는 껍질에서 탄닌을 얻는 걸 더 선호하는 편이다. 그런데 만약 추운 지역이거나 유독 그해의 날씨가 추워서 껍질만으로는 탄닌을 얻는 게 부족하다면 일부러 씨를 활용하기도 한다.

· 폴리페놀과 와인 메이킹

와인 메이킹에서 어떻게 폴리페놀을 활용하고 관리하는지 레드 와인을 통해 알아보자. 레드 와인 양조에서 폴리페놀을 측정하고 관리하는 건 매우 중요한 과제다. 일단 수확시기가 가장 중요하다. 봄과 여름의 포도는 시고 떫어서 동물의 먹이가 되지 못한다. 하지만 8~10월 수확기 포도알은 안토시아닌 함량이 높아져 탐스러운 보라색을 띤다. 당도도 축적돼서 아주 먹음직스러운 상태가 된다. 충분히 성숙한 포도씨도 탄닌을 듬뿍 함유하면서 뚜렷한 갈색을 띤다. 포도의 달콤한 향에 이끌린 동물은 포도를 먹고 소화되지 않은 씨를 곳곳에 뿌린다. 그렇게 포도나무는 새 터전에서 자랄 준비를 한다. 자연의 오묘한 섭리가 아닐 수 없다.

과거에는 포도의 당도가 수확 시기를 결정하는 중요 기준이었다. 과학이 발달한 지금은 폴리페놀 수치 또한 매우 중요한 요소다. 연구 결과에 따르면, 고도가 높은 곳에서 재배된 포도가 그렇지 않은 포도보다 평균적으로 폴리페놀 함량이 더

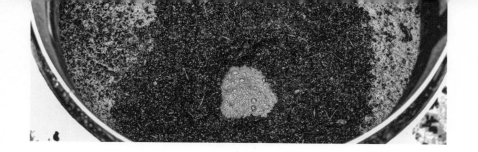

높다. 고도가 1000피트(약 305미터) 높아지면 자외선 노출이 2% 증가하는데^{QR} 자외선으로부터 포도가 자기 자신을 지키기 위해 폴리페놀을 더 많이 생산한다. 이 또한 자연의 오묘한 섭리가 아닐 수 없다.

원하는 포도를 수확하면 바로 발효 과정에 돌입한다. 안토시아닌은 포도를 으깨자마자 바로 추출된다. 포도껍질로부터 색이 우러나는 것이다. 포도를 강하게 압착할수록 포도에서 얻을 수 있는 폴리페놀의 양이 더 많아진다. 폴리페놀이 많다고 해서 무조건 좋은 와인이 되는 건 아니다. 와인은 기호식품이기 때문에 무엇보다 맛이 좋아야 한다. 쓰고 텁텁하기만 한 와인을 좋아할 사람은 없을 것이다.

안토시아닌은 3~5일 사이에 그 농도가 최대치가 된다. 이후부터는 탄닌 등 여러 물질과 결합해 고분자 색소가 되면서 그 수치가 계속 감소한다. 연구에 따르면, 발효가 끝날 무렵이면 안토시아닌의 약 25~50%가 탄닌과 중합되어 고분자 색소가 된다.^{QR} 씨에 존재하는 탄닌은 초기에는 거의 우러나지 않지만, 발효나 침용 시간이 길어질수록 더 많이 우러난다. 이를 조절하는 것도 관건이다.

발효가 진행되는 동안 와인 메이커가 해야 할 매우 중요한 일이 있다. 바로 발효통 위로 떠오르는 포도의 부산물, 즉 껍질·씨·줄기 등을 아래에 있는 즙과 계속 섞어야 한다. 이 행위(침용)를 통해 색이 점점 더 짙어지고 탄닌도 더 많이 추출된다. 다만, 이 과정이 너무 길어지면 쓴맛의 탄닌이 씨에서 많이 우러날 수 있기 때문에 조절이 필요하다.

일부러 침용을 길게 하는 품종도 있다. 대표적인 품종이 이탈리아 피에몬테의 주요 품종인 네비올로다. 네비올로는 포도 자체에 천연 탄닌이 매우 높다. 와인 메이커는 포도에 있는 폴리페놀을 모두 활용하기 위해 침용을 길게 한다. 물론 침용 과정이 긴 만큼 이를 마시기 편하게 만들기 위해 숙성도 오래 한다. 사실 침용을 길게 하면 장기 숙성 와인을 만들 수도 있지만, 밸런스가 깨진 안 좋은 와인을 생산할 수도 있다. 늘 말하지만, 와인은 밸런스가 가장 중요하다.

발효를 마친 와인은 숙성을 한다. 스테인리스스틸 탱크나 세라믹, 콘크리트 같은 용기에서 숙성을 거칠 경우에는 폴리페놀을 더 이상 얻을 수 없다. 하지만 나무통의 경우는 얘기가 다르다. 나무에서 비롯한 폴리페놀이 와인에 영향을 미칠 수 있기 때문이다. 나무통에서 얻는 여러 물질은 알고 보면 다 폴리페놀의 종류다. 특히 오크통에는 휘발성 페놀, 페놀산, 엘라지탄닌이 폴리페놀 성분으로 와인 숙성에 큰 영향을 미친다. 몇몇 연구에 따르면, 페놀산이 와인의 색상 안정에 중요한 역할을 한다.^{QR}

긴 숙성을 거친 뒤 비로소 세상의 빛을 본 와인은 소비자의 손에 들어간다. 포도 품종이나 재배 환경 혹은 와인 메이킹에 따라 와인은 폴리페놀 함량이 저마다 다르다. 이에 따라 와인의 생애 그래프도 달라진다. 폴리페놀이 가득한 와인은 장기 숙성을 통해 더 풍미가 나아지기도 한다.

산 ACID

산도는 당도, 탄닌, 알코올과 함께 와인을 구성하는 4대 요소다. 당도가 단맛을, 탄닌이 떫은맛을, 알코올이 입에서 타는 듯한 질감을 준다면, 산도는 와인에 톡 쏘는 맛과 신맛을 낸다. 와인 테이스팅에서 얼마나 신맛이 있는지를 나타낼 때 산도가 '많다/적다' 혹은 '세다/약하다'고 말한다. 우리 입은 와인의 산에 즉각적으로 반응한다. 와인을 한 모금 마셨을 때 입에 침이 고이기 시작하면 산에 반응한다는 증거다. 침이 많이 고이면 고일수록 산이 많은 와인이라 볼 수 있다.

와인의 산도는 다른 음료처럼 'pH'로 표현이 된다. pH는 물질의 산성도, 즉 산성이나 염기성의 척도가 되는 수소이온이 얼마나 존재하는지 나타내는 수소 이온 농도 지수를 의미한다. pH는 0부터 14까지 있다. pH 수치가 낮을수록 산도는 높다. 물은 pH가 7, 레모네이드는 2.6이다. 흥미로운 사실은 콜라의 pH가 2.5라는 점이다. 여기서 중요한 사실을 알 수 있다. 신맛이 별로 안 느껴진다고 해서 pH 수치가 높은 것은 아니다. 콜라의 경우 지나치게 강한 단맛이 신맛을 가릴 뿐이다. 와인의 경우도 달콤한 스위트 와인의 pH 수치가 가장 낮다.

대부분의 와인은 pH 2.9~3.9로 산성을 띤다. 하지만 와인에는 알칼리성 무기

질이 많이 함유되어 있기 때문에 체내에서 흡수돼서는 알칼리성 식품으로 작용한다. 포도가 산성 식품이지만 체내에서 흡수되어 분해되면 알칼리성 식품으로 기능하는 것과 같은 이치다. 그리고 산성 식품이라고 무작정 기피하는 것은 옳지 않다. 우리 몸은 산성과 알칼리성이 모두 필요하기 때문에 식품을 섭취할 때 어느 한쪽으로 기울지 않는 것이 중요하다.

와인에는 여러 산이 존재한다.^{QR} 어떤 산은 강도가 세고 어떤 산은 강도가 약하다. 산의 양이 많다고 해서 pH가 더 낮지는 않다. 예를 들어 A와 B라는 와인이 있고, B가 A보다 산의 양이 더 많다고 가정하자. 그런데 산의 강도가 가장 높은 주석산의 비율이 A가 B보다 높다면, pH 수치는 A가 B보다 낮을 수 있다. 물론 이와 같은 특수한 경우를 제외하면 총 산의 양이 많을 때 pH가 낮을 가능성이 높다.

와인의 pH 수치가 1이 낮아지면 산의 강도는 10배 높아진다. 즉 pH 3인 와인은 pH 4인 와인보다 산의 강도가 10배 높다는 뜻이다. 와인을 예로 든다면, 독일처럼 선선한 지역에서 만든 리슬링 와인은 pH가 대략 3 정도 나온다. 미국 캘리포니아의 건조하고 무더운 지역에서 재배된 포도로 만든 레드 와인은 pH가 4 정도된다. 둘 사이 산의 강도는 리슬링이 10배 정도 높다.

와인의 산은 기본적으로 포도에서 비롯한다. 당도나 탄닌의 성숙도가 포도의 수

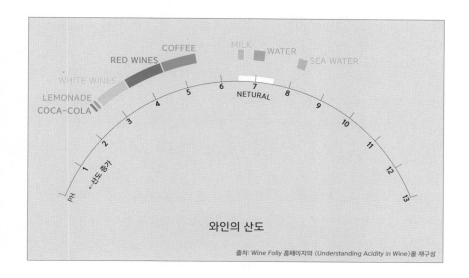

와인의 산도

출처: Wine Folly 홈페이지의 〈Understanding Acidity in Wine〉을 재구성

확 시기를 정하는 데 중요한 역할을 하듯, 산도 또한 포도 수확 시기를 정하는 데 매우 중요하다. 다른 모든 과일이 그렇듯, 포도도 익어갈수록 당도가 높아지고 산도는 낮아진다. 덜 익은 포도가 신 것을 떠올려보자. 여러 번 강조하지만, 포도의 천연 산도는 와인의 생동감과 생명력에 지대한 영향을 미친다. 당도와 산도가 적절히 조화를 이룰 때 포도를 수확하는 것이 고급 와인을 만드는 기본이다. 또한 산도는 와인을 발효시킬 때 효모의 생명력과 성장에도 영향을 미친다. 이외에도 와인을 박테리아로부터 보호하고, 와인의 색과 밸런스는 물론 숙성과 맛에도 영향을 미친다.

산도가 지나치게 높은 와인은 뾰족한 창처럼 날카롭지만, 산도가 부족하면 흑백사진처럼 무미건조하다. 대표적으로 프랑스의 스위트 와인인 소테른의 귀부 와인의 경우 산도가 얼마만큼 중요한지 가늠하게 해준다. 소테른의 귀부 와인은 꿀처럼 단맛이 특징이다. 하지만 꿀은 한 숟갈만 먹어도 질려버린다. 그런데 이 귀부 와인은 단맛을 받쳐주는 충분한 산도 덕분에 몇 잔을 연거푸 마셔도 거리낌이 없다. 스위트 화이트 와인의 pH가 3 정도로 와인 가운데 가장 낮다는 사실을 상기하면 이해하기 쉽다. 마찬가지로 산도는 레드 와인에도 중요하다. 산도가 부족한 레드 와인은 덜 떨어진 인상을 줄 수 있다. 보디빌더보다 잔근육이 섹시한 남자가 더 인기가 많은 것과 비슷하다고 할까. 아, 물론 개인의 취향에 따라 다를 수 있다.

포도에는 중요한 산이 세 가지가 있다. 주석산tartaric acid, 사과산malic acid, 구연산citric acid이다. 그리고 와인이 만들어지는 과정에서 초산acetic acid이나 낙산butyric acid, 젖산lactic acid, 숙신산succinic acid 등이 생긴다.

첫째, 주석산은 포도 외에 다른 과일에서는 잘 발견되지 않는 매우 독특한 산이다. 주석산은 와인의 안정성이나 pH 수준에 중요한 역할을 한다. 와인을 발효할 때 와인 메이커도 매우 유심히 주석산의 수치를 확인한다. 주석산은 안정적인 형태로 와인에 존재하다가 온도가 낮아지면 칼륨과 엉겨 붙어 결정화된다. 다시 말하지만, 주석산염은 보기와 다르게 포도의 천연 산이 결정화된 것이라 인체에 전혀 해가 없다.

둘째, 사과산은 주석산과는 달리 대부분의 과일에서 발견되는 흔한 산이다. 사과산의 'malic'은 라틴어로 사과를 뜻하는 'malus'에서 비롯했다. 와인에 청사과 플레이버를 준다. 사과산은 포도가 착색되는 시점에 최고조에 이르렀다가 수확기가 되면 반 이하로 줄어든다. 젖산전환을 거치면 젖산으로 변할 수 있다.

셋째, 젖산은 와인에 마치 우유와 같은 부드러운 향을 준다. 실제로 젖산은 요거트에 들어 있는 주요한 산이기도 하다. 언급했듯이 젖산전환을 통해 생성된다. 젖산전환은 젖산균LAB에 의해 진행된다. 이 과정은 와인에 복합성을 더하고 사과산의 날카로운 신맛을 감소시킬 수 있다. LAB는 가끔 히스타민을 생성해서 시음자에게 두통을 유발할 수 있다. 이 때문에 와인 메이커는 젖산전환을 일부러 막기 위해 아황산염 처리를 하기도 한다. LAB는 오크통의 나무 섬유 안에 깊숙이 서식한다. 만약 젖산전환을 원치 않는다면 주의를 기울여서 통을 세척하고 관리해야 한다. 오크통에서 젖산전환이 한 번이라도 진행됐다면, 그 후로는 그 통에서 숙성되

는 와인은 언제든 젖산전환이 진행
될 수 있다.

넷째, 구연산은 라임, 오렌지, 자
몽 같은 감귤류에서 매우 흔하게 볼
수 있지만, 포도에는 아주 미세한 양
만 존재한다. 주석산의 약 1/20 정
도다. 와인을 만들 때 산 보충제로
일부러 넣기도 하는데, 국가에 따라
법적으로 금지하는 곳도 있다.

다섯째, 초산은 발효 도중이나 발
효 후에 와인에서 생성된다. 지금까
지 설명한 산 가운데 가장 휘발성이
강하기 때문에 양이 많으면 톡 쏘는

냄새로 감지할 수 있다. 와인이 발효되는 도중에는 효모에 의해 초산이 미량 생
성된다. 와인이 산소에 노출되면 초산 발효가 일어나 자연스럽게 식초화가 진행
된다.

이외에도 비타민C로도 알려진 아스코르빈산ascorbic acid도 있다. 이는 포도가
익기 전에는 많지만 익어가면서 빠르게 소실된다. 와인 메이커는 종종 와인의 항
산화제로 아황산염과 함께 아스코르빈산을 활용한다. 물론 첨가 최대치가 정해
져 있다.

마지막으로 '숙신산'은 와인 발효 중에 생성되는 흔한 산으로, 숙성한 포도알에
서도 미량 발견될 수 있다. 포도 품종마다 농도가 다르지만, 보통 레드 품종이 농
도가 높다. 숙신산은 알코올과 결합해서 와인에 부드러운 과실 아로마를 부여하
는 물질로 다시 태어난다.

청징 FINING

간혹 와인에 알 수 없는 부유물이 둥둥 떠다닌다거나 (내추럴 와인이 아님에도) 무언가 탁한 느낌이 들 때가 있다. 그러면 선뜻 그 와인을 마시기가 꺼려진다. 와인 메이킹에서 탁한 와인을 영롱한 보석처럼 빛나는 상태로 만들어주는 물질이 바로 청징제다.

양조 과정에서 발효가 막 끝난 와인은 매우 혼탁하다. 이런 상태의 와인을 '와인답게' 만드는 과정인 정제, 특히 청징은 그래서 매우 중요하다. '정제clarification'란 발효되어 갓 만들어진 와인을 맑게 하고 과도한 탄닌을 제거하며 와인의 질감과 밸런스를 향상해 와인을 안정화하는 과정이다. '청징fining'은 와인에 흡착력 있는 물질을 첨가해 혼탁함을 일으키는 물질과 결합시켜 이를 제거하는 정제 과정이다. 이 목적으로 사용되는 물질을 '청징제'라고 부른다. 눈으로 보기에 와인이 아무리 맑다고 하더라도 실제로는 그 안에 수많은 입자가 있다. 그 입자는 크기나 성질이 모두 다르기 때문에 청징 상태가 아무리 좋더라도 상당수의 입자가 남아 있을 수밖에 없다. 와인에 있어서 절대적인 청징이란 있을 수 없다.

청징에 사용되는 첨가제는 대부분 단백질이다. 이들은 와인의 탄닌과 작용하여

여러 가지 청징제. 계란 흰자, 젤라틴, 카세인, 부레풀, 실리카겔, 벤토나이트 (왼쪽 상단부터 시계방향)

응집되거나 와인의 산 때문에 스스로 응집하기도 한다. 와인에 청징제를 첨가해 와인을 맑게 하는 방법은 옛날부터 경험적으로 다양한 것이 사용됐다. 대개는 일상생활에서 쉽게 얻을 수 있는 우유, 계란 흰자, 소의 피 등이다. 요즘에는 젤라틴, 알부민, 카세인, 진흙, 벤토나이트 등을 주로 이용한다.

청징의 원리는 쉽게 이야기해서 자석의 양극이 서로 끌어당기는 원리와 같다. 청징제로 사용되는 단백질은 양전하(+)를 띠는 콜로이드colloid(아주 작은 미립자가 기체나 액체에 분산된 것) 입자이며, 콜로이드 상태의 탄닌은 음전하(-)를 띤다. 두 입자가 가까이 있으면 서로 끌어당겨 응집된다. 예를 들어, 젤라틴을 화이트 와인에 투입하면 몇 분 뒤 와인이 혼탁해지면서 점점 진해진다. 그러다가 혼탁 물질이 엉겨서 입자로 변해 가라앉으면서 와인이 점차 맑아진다. 레드 와인의 경우 바로 혼탁해지고, 몇 분 내에 응집 상태가 된다. 응집 입자는 부피가 점점 커지면서 색깔이 진해지다가 용기 바닥에 고인다. 전체적으로 맑아지는 데는 불과 며칠이면 된다.

결국 청징이란 시간이 많이 걸리거나 자연적으로 침전되지 않는 물질을 빨리 가라앉히는 조작 과정이다. 이 과정에서 콜로이드성 색소가 고정되고, 탄닌의 중합체 형성에 변화를 주어 떫은맛도 변한다. 청징은 두 단계로 나눌 수 있다. 청징제와 탄닌이 반응해서 응집되어 불용성 물질을 형성하는 과정과, 침전이 형성되면서 다른 불순물을 안고 떨어지는 과정이다.

대부분의 청징제는 온도가 높으면 정제가 잘되지 않는다. 겨울에 10℃에서 할 때와 여름에 25℃에서 할 때 상당히 다른 결과가 나온다. 온도가 낮아야 응집된 물질이 떨어지는 속도와 맑아지는 상태가 좋아지므로 청징은 겨울에 하는 편이 좋다. 다만 과잉 투입된 청징제는 와인을 불안정한 상태로 만들어, 온도가 내려가거나 올라가면 다시 혼탁해질 수 있다.

청징제는 여러 가지가 있다. 혼탁을 일으키는 단백질 안정화에는 벤토나이트나 실리카겔 등이 사용된다. 거친 맛을 줄이고 과잉된 색을 제거하는 데는 젤라틴, 부레풀, 카세인, 계란 흰자 등이 사용된다. 청징제는 한 가지만 사용하지 않고 서로 다른 것을 병용해 앙금과 침전 형성이 잘되도록 한다.

4/
포도 품종과 클론

포도 품종 GRAPE VARIETY

　와인을 만드는 양조용 포도 품종은 전 세계에 약 5000종에서 1만여 종이 존재한다. 상업적으로 성공한 포도 품종만 꼽아도 대략 150여 종에 이른다. 1만 개에서 150개로 줄기는 했지만 여전히 너무 많다. 150개를 살짝 '찍먹'만 해도 한 권의 책으로 만들 수 있을 정도다. 여기서는 이른바 '귀족'이라 일컬어지는 18개 품종을 자세히 살펴본다. 그 외 필자 부부가 중요하다고 생각하는 몇 가지 품종을 더해 그 특징을 간단히 살펴보겠다.

18가지 귀족 품종18 NOBLE GRAPES

· 카베르네 소비뇽 CABERNET SAUVIGNON

그 어떤 품종보다 먼저 이야기해야 할 양조용 적포도 품종의 슈퍼 스타다. 왜 'Cabernet'가 '카베르네'로 발음되고 'Sauvignon'이 '소비뇽'으로 발음되느냐면, 이 품종의 고향이 프랑스이기 때문이다. 카베르네 소비뇽은 범세계적으로 재배되기 때문에 영어식 발음도 있다. '카버넷 소비뇽(혹은 줄여서 캡)'. 비슷하긴 한데, 둘 가운데 편한 걸로 부르면 된다.

카베르네 소비뇽은 엄청난 유명세에도 불구하고 포도 품종 자체의 역사가 그리 긴 편은 아니다. 카베르네 소비뇽에서 '소비뇽'은 프랑스어 '소바쥬sauvage' 즉, '야생의'라는 뜻이 있다. 이 이름 때문에 '프랑스에서 오랜 시간 재배되어온 야생 포도종이 아닐까'라고 오해도 받았다. 하지만 과학의 눈부신 발전에 힘입어, 1996년 미국의 UC 데이비스UC Davis 대학에서 카베르네 소비뇽의 유전자 감식을 진행했다. 이 품종은 17세기에 프랑스 남서부에서 적포도인 카베르네 프랑과 청포도인 소비뇽 블랑의 교배로 태어난 품종임이 밝혀졌다.

카베르네 소비뇽은 두껍고 튼튼한 껍질과, 기후와 질병에 대한 저항력을 인정받아 20세기에 전 세계에서 가장 많이 재배되는 품종이었다. 1990년대에 메를로에게 잠시 왕좌를 내줬다가, 2015년 다시 왕좌를 재탈환한 이후 지금까지 왕의 자리에 군림하고 있다.

카베르네 소비뇽은 포도알이 작고 껍질이 두꺼운 편이다. 포도알 크기에 비해 씨가 큰 편인데, 과육과 씨의 비율이 대

략 1:12다. 유명한 청포도 품종인 세미용의 경우는 1:25다. 즉 카베르네 소비뇽은 과육이 적고 껍질과 씨의 비율이 상대적으로 많다. 그래서 포도에서 얻는 탄닌과 안토시아닌 같은 페놀릭 컴파운드의 양이 높은 편이다. 포도 자체가 가진 천연 산도도 많다. 한마디로 이야기해서, 잘만 재배하면 고급 레드 와인을 만들기에 적합한 품종이다.

카베르네 소비뇽의 주요 플레이버로는 블랙체리, 블랙커런트, 삼나무, 향신료, 연필심, 민트, 유칼립투스가 있다. 만약 서늘한 기후에서 재배한 카베르네 소비뇽이라면 독특한 청피망 뉘앙스를 감지할 수도 있다. 와인에서는 이 플레이버를 내는 물질을 '피라진pyrazine'이라고 부른다.**QR** 피라진은 모든 카베르네 소비뇽 포도에 존재하는데, 포도가 익어가면서 햇빛에 파괴된다. 서늘한 기후에서 재배된 카베르네 소비뇽으로 만든 와인이 이 청피망 플레이버를 피하기가 어려운 까닭이다. 흥미로운 건, 인간은 피라진이 와인에 리터당 2ng 정도만 있어도 이를 감지할 수 있다는 점이다. 물론 이 청피망 향은 와인의 결점이 아니다. 다만 이 향과 맛을 싫어하는 사람이 은근히 많다.

카베르네 소비뇽으로는 대개 드라이한 와인을 생산한다. 포도 품종의 껍질이 두꺼운 편이라 풀 바디한 와인을 만들기 쉽다. 또한 탄닌이 높고 산도가 적당하다. 물론 이 또한 누가 어떻게 만들었느냐에 따라 차이가 있다.

추천 와인 산지 프랑스 보르도와 랑그독 지역, 스페인 페네데스 지역, 이탈리아 토스카나의 볼게리 지역, 미국 캘리포니아주와 워싱턴주, 칠레 중부(마이포, 콜차구아, 카차포알), 아르헨티나의 멘도사, 남아프리카공화국의 스텔렌보스

· **메를로 MERLOT**

카베르네 소비뇽의 단짝인 적포도 품종이다. 이 역시 프랑스가 고향이다 보

니, 발음을 '메를(흘)로'라고 한다. 지금의 메를로는 '작은 검정 새merle'라는 의미이다. 포도의 모양을 뜻한다거나 이 포도를 즐겨 먹는 작고 검은 새를 가리킨다는 설이 있다.

메를로는 카베르네 소비뇽과 비교해서 조금 더 일찍 익는다. 자갈 토양을 좋아하는 카베르네 소비뇽과는 달리 점토에서 잘 자란다. 카베르네 소비뇽과 함께 프랑스 보르도의 고급 와인을 구성하는 주력 품종으로 늘 인기가 많았다. 덕분에 묘목 수출도 일찍이 이루어졌다. 1990년대 레드 와인이 심혈관계 질환에 좋을 수 있다는 '프렌치 패러독스'의 영향으로 말미암아 미국에서 메를로의 인기가 폭발적으로 높아지면서 자연스럽게 전 세계 곳곳에서 메를로 재배가 증가했다.

앞서 언급했듯, 메를로의 재배량이 카베르네 소비뇽을 눌렀던 적이 있다. 이런 인기의 이유를 두 가지로 분석한다. 하나는 메를로가 향과 맛에서 조금 더 부드럽다는 대중적인 인식, 다른 하나는 흥미롭게도 카베르네 소비뇽보다 발음이 훨씬 더 쉽다는 점. 사실 메를로가 카베르네 소비뇽에 비해 부드럽고 마시기 쉽다는 인식은 절대적이라고 보기 어렵다. 어디서 재배되고, 누가 다루었느냐에 따라서 달라질 수 있기 때문이다. 쉬운 예로, 세계에서 가장 비싸면서 화려한 플레이버를 자랑하는 페트뤼스Petrus가 메를로 100%로 만든 와인이다.

메를로를 대표하는 캐릭터는 체리, 자두, 은은한 초콜릿, 바닐라, 월계수이다. 드라이한 스타일의 미디엄에서 풀 바디 와인으로 탄생한다. 탄닌도 중간 정도이고 산도도 중간 정도로, 와인 애호가들 사이에서는 부드럽고 원만해서 편하게 마시기 좋은 품종으로 평가받는다. 메를로는 보르도에서 블렌딩용으로 소량 재배하는 카베르네 프랑과 '막들렌느 누아르 데 샤랑트Magdeleine Noire des Charentes'라는 긴 이름의 포도 품종의 자식이다. 즉 카베르네 소비뇽과 유전적으로 연관이 있다. 그래서 카베르네 소비뇽과 메를로를 블라인드 테이스팅하면 전문가라고 하더라도 헷갈릴 수 있다. 이럴 때는 그 안에서 모카라든지, 초콜릿 향을 감지할 수 있는지 살펴보도록 하자.

추천 와인 산지　프랑스 보르도와 랑그독 지역, 이탈리아 토스카나와 프리울리, 미국 캘리포니아주와 워싱턴주, 칠레 중부(콜차구아, 쿠리코, 카사블랑카, 마이포), 아르헨티나 멘도사, 뉴질랜드 혹스베이, 호주의 남호주, 남아프리카공화국의 케이프반도

· 피노 누아 PINOT NOIR

　피노 누아는 세계에서 가장 오랫동안 재배된 유서 깊은 품종 가운데 하나로, 유명한 양조용 적포도 품종이다. 역시 원산지가 프랑스다 보니 프랑스 발음으로 '피노 누아'라고 한다. 여기서 '피노'는 '솔방울'이라는 뜻이고, '누아'는 '검다'는 뜻이다. 피노 누아의 전체적인 외관이 마치 검은색 솔방울을 연상케 하고, 포도알도 솔방울처럼 빽빽해서 이런 이름이 붙었다.

　피노 누아라는 품종의 핵심 키워드는 '까다로움'이다. 피노 누아는 잘 만들면 황홀할 정도로 우아한 와인으로 탄생한다. 그런데 그렇게 만들려면 여러 조건을 충족해야 한다. 깍쟁이처럼 다루기 까다로운 품종이기 때문이다. 피노 누아하면 가장 먼저 영화 〈사이드웨이Sideways〉가 떠오른다. 주인공 마일즈는 피노 누아광인데, 마일즈랑 '썸'을 타던 마야가 그에게 피노 누아를 왜 그렇게 좋아하는지 묻는다. 그때 마일즈의 답변이 정말 인상적이다.

　"글쎄요. 피노는 재배하기 어려운 품종이에요. 알다시피, 껍질이 얇고, 환경에 민

감하고, 빨리 익어요. 그냥 방치해도 어디서나 잘 자라는 카베르네 소비뇽과는 다르죠. 꾸준한 관심과 보살핌이 필요해요. 피노는 세상과 격리된 특별한 장소에서만 자랄 수 있어요. 그리고 인내심 있게 보살피는 포도 재배자만이 피노를 기를 수 있죠. 피노는 자신의 가능성을 진심으로 이해하기 위해 시간을 들이는 사람에게만 전부를 보여줘요. 그럴 때 피노의 플레이버는 절대 잊을 수 없어요. 눈부시고, 스릴 있고, 미묘한, 지구의 태곳적을 연상하게 해요."

피노 누아가 어떤 와인으로 만들어질 수 있는지 정확하게 표현한 대사다. 사실 이런 감상을 느낄 수 있는 피노 누아 와인이 그렇게 많지는 않다. 하지만 이런 극찬을 받을 만한 피노 누아가 실제로 존재한다는 것, 그리고 이런 피노 누아가 전 세계에 얼마 없다는 일종의 희소성이 오늘날 피노 누아의 위상을 만들었다.

품종의 어원에서 설명했듯, 피노 누아는 포도알이 굉장히 빽빽한 편이어서 습기가 많은 지역에서는 곰팡이가 필 가능성이 매우 크다. 또한 다른 포도 품종에 비해 포도껍질이 얇은 편이라 곰팡이 등 포도나무 질병에도 취약하다. 포도껍질이 얇다는 건 폴리페놀 컴파운드 함유량이 적다는 의미다. 폴리페놀이 적다는 말은 최종적으로 생산된 와인의 색이 옅고, 바디가 낮으며, 탄닌이 적다는 뜻이다. 이런 이유로 와인 메이킹 과정에서 여러 예기치 못한 변수가 발생할 수 있다. 숙성과 보관에도 각별히 신경 써야 한다.

피노 누아는 바람과 냉해, 포도송이의 수율, 토양, 가지치기 등 온갖 변수에 민감하게 반응한다. 다른 시각에서 보면 테루아르를 정직하게 표현하는 포도 품종이라고 볼 수 있다. 또 피노 누아는 일찍 익는 조생종이다. 부르고뉴에서는 종종 청포도인 샤르도네와 피노 누아를 동시에 수확하기도 한다. 이런 특징 때문에 피노 누아가 만약 더운 지역에서 자라면, 피노 누아가 천천히 익으면서 포도알에 담기는 적당한 산도와 당도의 밸런스, 즉 우아한 플레이버가 쌓일 시간을 갖지 못한다. 특히 피노 누아 와인에 필수적인 산도가 급락하기 때문에, 피노 누아는 다소 선선한 기후에서 재배되어야 한다.

피노 누아로 좋은 와인을 만들려면 가지치기와 그린 하베스트를 통해 포도나무 당 낮은 수율을 유지하는 것이 중요하다. 심지어 어떻게 발효하고, 어떤 효모종을 썼느냐에 따라 굉장히 다른 캐릭터의 피노 누아가 탄생한다. 한마디로 까다롭다. 오죽하면 와인업계의 유명 인사인 잰시스 로빈슨Jancis Robinson이 피노 누아를 두고 "깍쟁이 여자아이 같은 포도"라고 했을까? 지금은 타계했지만, 캘리포니아 와인의 전설인 앙드레 첼리스체프Andre Tchelistcheff는 "신이 카베르네 소비뇽을 만들었다면, 악마가 피노 누아를 만들었다"*라고 말했다.

피노 누아 와인의 전반적인 캐릭터는 대개 라이트에서 미디엄 바디를 보인다. 카베르네 소비뇽이나 메를로 혹은 이에 준하는 다른 와인에 비해 색이 옅은 편이다. 블랙체리나 레드체리, 라즈베리, 딸기, 제비꽃 향을 느낄 수 있다. 숙성되면 짚, 토양, 감초, 가을 덤불을 연상시키는 부케로 진화한다. 물론 이 같은 풍미는 피노 누아 와인을 생각할 때 연상되는 정석 같은 표현이다. 계속 언급했듯이, 이 품종은 테루아르가 지닌 특성을 고스란히 와인에 쏟아내는 정직한 품종이다. 좀 더 운 지역에서 생산되는 피노 누아는 일반 캐릭터보다 더 진한 색에 파워풀하고 프루티함이 강조된다. 즉 어디서 재배된 피노 누아인가에 따라 캐릭터가 매우 다르다.

추천 와인 산지　프랑스 부르고뉴와 알자스, 뉴질랜드 센트럴 오타고와 마틴보로, 미국의 오리건주와 캘리포니아주 일부, 호주의 서늘한 기후 지역(빅토리아 주, 태즈매니아 섬 등)

· 시라 SYRAH & 쉬라즈 SHIRAZ

거친 야생마가 연상되는 유명 적포도 품종. 다른 품종과는 달리 '시라/쉬라즈'

---

*　God made cabernet sauvignon whereas the devil made Pinot noir.

라고 이름을 둘로 적은 이유는 두 이름 모두 유명하기 때문이다. 사실 많은 품종은 저마다 별칭이 있다. 피노 누아는 독일에서 '슈패트부르군더 Spätburgunder'라고 부른다. 하지만 피노 누아를 설명할 때 '피노 누아/ 슈패트부르군더'라고 하지 않은 이유는, '슈패트부르군더'라는 이름을 일부 지역에서만 쓰기 때문이다. 하지만 시라는 다르다. 시라가 본래 명칭이기는 하지만, 쉬라즈도 굉장히 높은 비율로, 특히 신대륙(특히 호주)에서 널리 불린다.

시라가 왜 쉬라즈로 변형이 됐는가에 관해서는 여러 설이 있다. 가장 널리 알려진 설은 시라가 이란의 대도시인 '쉬라즈Shiraz'에서 건너왔다는 것이다. 이란과 그 일대는 기원전 6000년 전부터 와인을 만들었다는 증거가 발견된, 이른바 태초의 와인 생산지다. 실제로 이란의 '쉬라지Shirazi' 와인은 중동에서 가장 뛰어났으며, 도시 쉬라즈는 '와인의 수도'로 불렸다고 한다. 이 가설만 보면 마치 '시라의 고향이 프랑스가 아니라 이란이다'에 더 무게를 두게 된다. 그런데 이는 프랑스의 몽펠리에 대학과 미국의 UC 데이비스 대학의 유전자 감식 결과, 사실이 아님이 밝혀졌다. 두 대학의 조사 결과에 따르면, 시라는 프랑스에서 오랫동안 재배되었던 뒤르자Dureza와 몽되즈 블랑슈Mondeuse Blanche 품종 사이에서 태어난 자식이라고 한다. 부모종은 이제 거의 찾아볼 수 없는 고대의 '레어템'이 되었다.

그렇다면 어떻게 시라가 프랑스에서 호주로 전파되었을까? 호주 와인의 아버지라 불리는 제임스 버스비James Busby가 그 이야기의 주인공이다. 그는 스페인과 프랑스를 여행하고 호주로 돌아올 때 시라 품종을 들여왔다. 1826년에 발행한 저널(Œnologie Française)에 따르면, 프랑스의 'Scyras'는 페르시아에 살던 산속의 은둔자에 의해 쉬라즈(도시)에서 가져온 것이라 전한다. 제임스 버스비는 시라를 'Scyras'와 'Ciras'라는 두 표기로 적었다고 한다. 프랑스어를 그냥 영어로 옮기는 과정에서 벌어진 해프닝이다. 또 다른 자료에 따르면, 프랑스에서 종교 박해를 받던 위그노 교도들이 남아프리카공화국으로 이민을 가면서 시라의 일부를 가져갔고, 그곳에서부터 쉬라즈라는 이름이 붙었다는 설이 있다.^{QR} 진실이 무엇이든 지금 두 이름으로 불리고 있다는 점만 기억하면 된다.

시라로 만든 와인은 대부분 파워풀한 풍미와 풀 바디한 텍스처를 보여준다. 물론 어디서 재배되고 어떻게 만들어지느냐에 따라서 차이가 많다. 그래도 시라를 표현할 때 자주 쓰는 표현이 있다. 강렬하고 화려한 향과 풍미. 그중에서도 가죽, 젖은 흙, 블랙베리, 특히 스파이시한 후추와 향신료의 뉘앙스가 특징적이다. 입안에서는 진하고 역동적인 풍미가 일품이다. 한 와인 전문가는 시라를 '카우보이'에 비교하기도 했는데, 필자도 동감한다.

시라의 최정점이라고 한다면, 필자는 프랑스의 론 지역을 꼽는다. 론은 북부와 남부로 구분된다. 시라 자체의 특징을 경험하고 싶다면, 북부 론에서 시라 100%로 만든 와인을 맛보면 된다. 물론 호주도 빼놓을 수 없다. 쉬라즈는 현재 호주에서 가장 많이 재배하는 품종이다. 호주는 약 4만 헥타르의 재배 면적을 자랑하며, 세계 1위인 프랑스(약 6만 헥타르)를 맹렬하게 뒤쫓고 있다.

호주 쉬라즈의 또 다른 특징은 '올드 바인'이다. 1843, 1847, 1860년에 식재된 쉬라즈 포도나무가 필록세라의 피해에서 극적으로 살아남아 적지만 농축된 와인을 만들고 있다. 100년이 훌쩍 넘은 쉬라즈 와인의 맛이 궁금하다면 호주 캐슬러 Kaesler 와이너리의 올드 바인 쉬라즈를 찾아보도록 하자.

추천 와인 산지　프랑스 론, 호주 전역, 이탈리아 토스카나와 시칠리아, 미국 캘리포니아, 남아프리카공화국의 케이프반도에서 생산된 와인들, 칠레 중부(콜차구아, 카차포알, 아콩카과), 미국 캘리포니아주와 워싱턴주

4/ 포도 품종과 클론

· 그르나슈 GRENACHE

세계에서 가장 널리 재배되는 적포도 품종 가운데 하나다. 전 세계적으로 재배되기에 주요 와인 생산국마다 이른바 그르나슈 특정 지역이 있다. 프랑스의 경우 론이 유명하고, 이탈리아는 사르데냐섬에서 '칸노나우Cannonau'라는 완전히 다른 이름으로 활약한다. 이 품종에 관한 한 세계에서 가장 '진심'인 스페인에서는 '가르나차Garnacha'  라고 부르며 전 국토에서 재배된다. 고향 또한 스페인의 아라곤 지방일 가능성이 크다. 미국 캘리포니아도 그르나슈의 제2의 고향이라고 할 만큼 널리 재배되고, 뛰어난 품질을 지닌 와인이 다수 탄생한다. 호주에서도 꽤 많이 재배한다. 호주로 물 건너온 최초의 양조용 포도 가운데 하나였다. 쉬라즈가 지금처럼 호주의 국가대표 품종으로 자리 잡기 전까지는 그르나슈가 가장 많은 재배량을 자랑했다. 그르나슈는 만생종이기 때문에 기본적으로 덥고 건조한 지역에서 잘 자란다. 프랑스 남부와 스페인, 미국 캘리포니아, 호주에서 대량으로 재배되는 이유도 바로 이와 같은 성격 때문이다.

그르나슈는 만생종인 카베르네 소비뇽보다도 늦게 익는 품종으로 대개 가장 마지막에 수확한다. 워낙 늦게 수확하다 보니 포도의 천연 당분도 매우 높아서 와인의 알코올 도수가 15%를 가볍게 넘기는 경우도 많다. 그르나슈는 강렬한 레드베리 및 블랙베리 향과 흰 후추, 스파이시한 캐릭터를 보여준다. 또한 와인에 라운드한 풍미를 준다. 그르나슈의 특징 하나는 와인으로 만들어지면 산화되기 쉽다는 점이다. 다소 어릴 때도 와인잔에 담아 기울여서 보면 가장자리가 희미한 주황색을 띠는 걸 관찰할 수도 있다. 비슷한 맥락에서 그르나슈로 만든 와인은 산도, 탄닌, 색이 다소 부족한 경향이 있다. 그래서 절친한 친구들인 시라, 무르베드르, 카리냥, 생소Cinsaut 같은 품종과 블렌딩하는 경우가 많다. 특히 그르나슈를 블렌딩 재료로 가장 활발히 쓰는 지역이 바로 프랑스의 론, 그중에서도 남부 론이다. 론 지역에서 그르나슈는 남부 론에서만 재배한다. 블렌딩 와인이 대다수인 남부 론 와인의 블렌드 비율의 80% 이상을 이 품종이 차지한다.

남부 론의 유명 AOP인 샤토뇌프뒤파프에서는 100만 원에 육박하는 그르나슈 메인 블렌딩 와인도 나온다. 스페인이나 미국에서는 고급 와인의 재료로 폭 넓게 쓰이면서 고가 와인을 만들기도 한다.

추천 와인 산지 프랑스 남부 론, 스페인 아라곤과 리오하 그리고 나바라 지역, 미국 캘리포니아주

· 말벡 MALBEC

단단한 고목이 연상되는 적포도 품종이다. 말벡은 프랑스가 원산지이지만, 대륙을 건너 아르헨티나의 국가 대표 품종으로 활약하면서 순식간에 양조용 적포도 품종의 슈퍼스타가 됐다. 아르헨티나에서는 마치 잉크처럼 진한 색에 입안을 압도하는 과실 플레이버와 풀 바디한 질감이 인상적인 와인으로 만들어지지만, 프랑스에서는 얘기가 달라진다.

한때 프랑스 30개 지역에서 널리 재배된 말벡은 필록세라와 1956년의 기록적인 봄철 서리 탓에 설 자리를 잃어버렸다. 말벡은 중세 프랑스에서 꽤 인기 있는 품종이었기에 '오세루와Auxerrois', '프르삭Pressac', '두누아Doux Noir', '케르시Quercy', '플랑 뒤 로

Plant du Lot' 등 수많은 별칭이 있었다. 하지만 지금의 말벡은 프랑스 전체에서 그리 활발히 재배한다고 보기는 어렵다. 그나마 보르도 남부의 카오르에서는 예부터 주연으로 활약하면서 뛰어난 와인을 만든다. 하지만 오랜 기간 보르도 와인의 유명세에 밀려 빛을 보지 못한 비운의 품종이다. 그런데 현대에 들어 카오르의 몇몇 와이너리가 말벡 와인으로 국제적인 성공을 거두면서 차츰 인기를 더하고 있다. 카오르에서 말벡은 '코Côt'라는 이름으로 불린다. 우아하고 실키한 장기 숙성 와인을 만드는 고귀한 재료다.

압도적인 과실 플레이버를 보이는 아르헨티나 말벡과는 달리 프랑스 말벡은 건포도, 검은 자두, 블랙베리, 담배 같은 다소 건조하고 다크한 플레이버가 특징이다. 입에서도 강렬하기보다는 우아하고 부드러운 쪽에 속한다. 카오르의 생산자들은 말벡을 오랜 시간 숙성해서 출시하는 경향이 있다. 카오르보다 상대적으로 춥고 습한 루아르에서는 산도가 높고 가벼운 말벡을 생산한다. 이 와인은 대중적인 레드 와인의 블렌딩용으로 활용된다. 루아르의 말벡 와인은 한국 시장에서는 구하기 어렵다.

아르헨티나 말벡은 국가의 와인 산업을 움직이는 대표 품종이다. 2022년 기준으로 대략 4만 4000헥타르에 달하는 엄청난 재배량을 보인다.^{QR} 물론 아르헨티나 전체 포도 품종 가운데 재배량 1위다. 쉽게 얘기해서 아르헨티나에서 재배하는 포도나무 다섯 그루 가운데 하나가 말벡일 정도다. 주요 재배지는 멘도사로 전체의 85%가 이곳에서 재배된다. 아르헨티나 말벡은 프랑스 카오르 지역의 100% 말벡과는 본질적으로 다르다. 잉크를 연상케 하는 진한 색에 폭발적인 과실 향, 특히 체리, 딸기, 자두, 후추, 졸인 과일의 아로마를 느낄 수 있다. 만약 오크 숙성을 하면 커피, 바닐라, 초콜릿 풍미가 코팅된다. 입에서는 달콤하고 실키한 탄닌이 입안을 꽉 채우며 긴 여운으로 마무리된다.

추천 와인 산지 프랑스 카오르, 아르헨티나 멘도사

· 산지오베제 SANGIOVESE

산지오베제는 이탈리아를 대표하는 양조용 적포도 품종이다. 이탈리아 통계청에 따르면, 2015년 이탈리아에서 가장 많이 재배되는 품종(5만 5100헥타르)으로 집계됐다. ^{QR} 산지오베제의 어원은 라틴어 'Sanguis Jovis(주피터의 피)'에서 유래했다. 주피터는 '목성'이라는 뜻도 있지만 로마 신화의 '제우스'를 의미하기도 해, '제우스의 피'로도 해석된다. 후자가 대중적으로 더 많이 알려졌다.

학자들의 연구에 따르면*, 산지오베제는 고대 로마 시대부터 재배되어온 유서 깊은 품종이다. 최초의 기록은 1590년으로, 농학자인 지오반베토리오 소데리니 Giovanvettorio Soderini의 저작물에 등장한다. '산지오게토'라는 모종의 포도 품종에 관한 설명으로 산지오게토가 좋은 와인을 만들지만, 만약 와인 메이커가 신중하게 다루지 않으면 식초가 될 수 있다고 지적한다. 이후 와인 메이커이자 정치가였던 베티노 리카솔리 Bettino Ricasoli가 토스카나의 토착 품종인 산지오베제, 카나이올로 Canaiolo, 말바지아 Malvasia로 뛰어난
와인을 만드는 와인 명가로 거듭나면서, 자연스럽게 산지오베제의 위상도 높아졌다.

산지오베제는 토스카나를 대표하는 키안티, 브루넬로 디 몬탈치노, 비노 노빌레 디 몬테풀치아노 같은 산지오베제 베이스 와인의 세계적인 성공 덕분에 이름을 드높였다. 1970년대 슈퍼 투스칸 Super Tuscan이 대대적인 성공을 거두자 산지오베제 와인도 프

---

*   The Oxford companion to wine(3rd ed.), Jancis Robinson, Oxford University Press, 2006.

4/ 포도 품종과 클론

렌치 오크 배럴 숙성을 도입했다. 카베르네 소비뇽 같은 국제 품종을 블렌딩하면서 제2의 전성기를 누리고 있다. 필자는 지금 산지오베제가 역사상 최고의 전성기를 누린다고 생각한다.

산지오베제는 재배하기 쉬운 품종이 아니다. 가장 이상적인 재배지는 해발 300~350m에 위치한 남서향의 비탈이다. 좋은 향과 우아한 텍스처를 지닌 와인을 생산하는 토양은 대체로 석회암과 편암이 많다. 오늘날 산지오베제 와인을 대표한다고 할 수 있는 토스카나 키안티 클라시코 지역은 '갈레스트로galestro'라고 알려진, 부서지기 쉬운 혈암점토(편암의 일종)에서 재배된다. 또한 최고의 산지오베제 와인인 브루넬로 디 몬탈치노의 본고장 몬탈치노 지역은 석회암 비율이 매우 높은 '알베레세alberese' 토양과 토스카나에서 특징적으로 발견되는 편암 토양인 갈레스트로가 교차된다.

산지오베제는 싹을 일찍 틔우고 천천히 익기 때문에 긴 생육기가 필요하다. 싹을 일찍 틔운다는 건 서리나 냉해의 위협에 노출될 가능성이 높다는 의미다. 또 충분히 익기 위해서 기온이 따뜻해야 한다. 그렇다고 지나치게 따뜻한 기후는 산지오베제 특유의 플레이버를 억누를 가능성이 있다. 껍질이 얇아 습한 기후에는 쉽게 썩을 가능성이 있고, 햇빛이 너무 강하면 포도껍질이 탈 수 있다. 앞서 설명한 피노 누아처럼 재배하기 까다롭다.

와인 초보자에게는 산지오베제로 만든 와인이 어려울 수 있다. 가장 큰 이유는 이 품종이 환경에 맞춰서 유전학적으로 변이가 잘 일어난다는 데에 있다. 이름은 같지만 이탈리아 전역에 다채로운 '변이' 산지오베제가 존재하기 때문에 각각의 와인 성격도 조금씩 다르다. 즉, 섬세한 꽃이나 딸기 향이 좋은 와인에서부터 강렬한 플레이버와 어두운 캐릭터까지, 그리고 입안을 압도하는 탄닌을 보여주는 타입도 있다.

산지오베제로 만드는 와인 가운데 역사적으로 가장 유명한 와인은 키안티다. 다만 슈퍼 투스칸이 등장하기 이전의 키안티는 적포도인 산지오베제에 청포도인 말바지아나 트레비아노Trebbiano를 블렌딩하도록 법으로 정해져 있었다. 레드에 화이트 품종을 섞다니, 지금 생각하면 이상하지만 그때는 그랬다. 그러다 보니 키안티 와인은 자연스럽게 산도가 높았다. 더구나 키안티의 수요가 늘자 생산자들은 질보다는 양에 우선했다. 심지어는 다른 지역에서 가져온 저급의 산지오베제 클론으로 와인을 만들어 수요를 충당했다. 당연히 품질이 날로 떨어지고 국제적인 명성도 추락했다. 그 당시 키안티의 별칭이 '스파게티 키안티'였을 정도다. 이 말은 키안티가 불티나게 팔리는 대중적인 와인이라는 뜻도 있지만, '싸구려 와인'이라는 의미도 섞여 있다. 그래서 몇몇 고급 산지오베제 와인은 저급의 산지오베제 와인과 차별화하기위해 산지오베제를 '브루넬로Brunello'라든지 '프루뇰로 젠틸레Prugnolo Gentile', '산지오베제 디 라몰레Sangiovese di Lamole' 등으로 부르기도 한다. 여기서는 산지오베제 클론의 모든 버전의 성격을 이야기하는 건 어렵기 때문에 대표적인 특성만 간단히 알아본다.

산지오베제는 포도 재배자가 적절히 관리하지 않으면, 덩굴이 무성하게 자라고 포도를 과잉 생산하는 경향이 있다. 그래서 반드시 그린 하베스트나 가지치기로 성장을 제어해야 한다. 만약 브레이크 없이 고성장한 산지오베제로 와인을 만들면 색도 연하고, 산도도 높고, 알코올이 적은, 한마디로 싸구려 와인이 될 가능성이 높다. 또 포도 자체에 탄닌과 안토시아닌 함량, 즉 폴리페놀 함량이 적기 때문에 와인이 일찍 산화할 수도 있다.

현대의 와인 메이커들은 산지오베제의 단점을 가리기 위해 여러 방법을 적용한다. 대표적으로 수확량 제한, 침용 및 발효 시간 연장, 오크 배럴에서의 숙성이다. 이밖에 전통적으로도 많이 쓰였고, 지금도 널리 활용하는 방법이 바로 블렌딩이다. 옛날에는 산지오베제에 전통 품종인 카나이올로, 칠리에지올로Ciliegiolo, 맘몰로Mammolo, 콜로리노Colorino 같은 레드 품종은 물론 화이트 품종인 트레비아노나 말바지아를 섞는 일도 흔했다. 사실 이런 무분별한 화이트 품종 블렌딩이 산지오베제 와인의 인기를 떨어뜨린 주요 원인이다. 아무튼 20세기 후반, 슈퍼 투스칸 와인이 대성공을 거두자 산지오베제에 카베르네 소비뇽이나 카베르네 프랑, 메를로 같은 국제 품종을 법적으로 블렌딩할 수 있게 되었다. 현재는 세계 시장에서 활약하는 수많은 산지오베제 베이스 블렌딩 와인을 찾아볼 수 있다.

산지오베제는 이탈리아가 전 세계 생산량의 대부분을 재배한다. 이외에 눈에 띄는 곳이 프랑스의 코르시카섬과 아르헨티나와 미국 정도인데, 아직 이탈리아 토스카나의 산지오베제 와인을 능가하는 와인을 찾아보기는 힘들다.

추천 와인 산지   이탈리아 토스카나

· 네비올로 NEBBIOLO

산지오베제와 더불어 이탈리아를 대표하는 적포도 품종이다. 산지오베제가 대중적인 면에서 이탈리아의 다른 품종을 압도한다면, 네비올로는 재배량은 적지만 '고귀함', '고결함'이라는 단어가 잘 어울리는 귀족적인 품종이다.

'네비올로'라는 이름은 이탈리아어로 '안개'라는 뜻의 '네비아Nebbia'에서 유래했다. 여기에는 두 가지 설이 있다. 첫째, 잘 익은 네비올

로 껍질에 유독 많은 흰 분이 마치 안개처럼 보여서 네비올로라 불렸다는 설이다. 둘째, 네비올로는 10월 중순 혹은 11월 초에 수확하는 만생종인데, 수확기에 주요 재배지인 피에몬테의 랑게와 로에로 지방을 뒤덮는 가을 안개에서 이름을 따왔다는 설이다. 양조용 포도 품종에 대해 연구하는 연구자들은 네비올로가 피에몬테 지방의 토착 품종이라고 생각한다. 그러나 유전자 감식 결과 피에몬테의 북부, 그러니까 롬바르디아의 발텔리나 지역에서 기원했을 가능성이 크다. 롬바르

디아의 발텔리나 지역에서도 네비올로로 수준 높은 레드 와인이 나오는 걸 보면 가능성이 높다.

네비올로는 역사가 오래된 품종이다. 1세기 고대 로마의 정치가이자 작가였던 플리니 디 엘더Pliny the Elder는 현재의 바롤로 지역의 북서쪽, 폴렌조 지역에서 생산된 와인의 뛰어난 맛에 관해 언급했다. 물론 그 와인이 어떤 품종으로 만들었는지는 언급하지 않지만, 와인을 묘사한 특징이 지금의 네비올로 와인과 흡사하다고 역사학자들은 추측한다. 이후 네비올로 품종에 관한 확실한 기록은 1268년에 등장한다. 한 기록에 따르면, 토리노 근처 리볼리라는 지역에서 왕성하게 재배되는 포도 품종이 있는데 그 이름을 '니비올Nibiol'이라 불렀다. ^{QR} 이 포도 품종을 네비올로의 전신으로 본다. 이 밖에 1303년
지금의 피에몬테 로에로 지방에서는 한 와인 생산자가 '네비올로Nebiolo'라는 와인통을 가지고 있었다는 기록이 있다. 지금의 네비올로와 스펠링이 조금 다를 뿐이라 충분히 납득되는 근거 자료다.

15세기 라 모라, 그러니까 지금의 바롤로 지역의 칙령을 보면, 라 모라 지역에서 자라는 네비올로 포도나무와 관련한 엄격한 법을 확인할 수 있다. 당시 법에 따르면, 네비올로 포도나무를 자르거나 뽑으면 무거운 벌금을 내렸다. 만약 또다시 이를 어길 시 오른손을 자르거나 교수형에 처했다. 그만큼 당시에도 중요한 포도였다는 걸 보여준다.

네비올로가 최초로 국제적인 관심을 받은 때는 18세기다. 당시 유럽 제1의 와인 수입국이었던 영국은 프랑스 보르도에서 와인을 주로 수입했다. 그러나 영국과 프랑스가 정치적으로 갈등을 빚으면서 보르도 와인이 수입 금지됐다. 즉, 대체와인이 필요했다. 그 과정에서 네비올로 와인이 대안이 되었다. 문제는 운송이었다. 지금이야 여러 운송 수단으로 와인을 쉽게 운송할 수 있지만, 당시 피에몬테에는 변변치 않은 항구조차 없었다. 이 탓에 피에몬테 와인이 지속적으로 판매되기 어려웠다. 보르도가 일찍이 와인 세계에서 선두를 달릴 수 있었던 이유도 항구를

끼고 있었기 때문이다. 피에몬테 지역에서 꾸준히 재배된 네비올로는 안타깝게도 필록세라 탓에 재배량마저 급감했다. 필록세라 피해로 황폐화된 포도밭을 다시 갈아엎는 과정에서 재배하기 까다로운 네비올로보다 편하고 수확량이 많은 바르베라 품종을 심었다. 그 결과 현재 피에몬테에서 재배하는 포도 품종 가운데 네비올로는 겨우 10%에 불과하다. 반면 바르베라는 30%에 달한다.

네비올로는 다른 피에몬테 포도 품종과 비교했을 때 가장 일찍 싹을 틔우지만, 10월 말까지 기다려야 충분히 익는 대표적인 만생종이다. 이런 특성 때문에 주요 재배지인 피에몬테의 랑게 지역에서는 네비올로를 심을 때 조금이라도 더 햇빛을 많이 받을 수 있는 구릉지, 그중에서도 남서향 혹은 서남향의 포도밭을 선호한다. 가장 이상적인 위치는 해발 250~400m다. 실제로 피에몬테 지역에는 포도밭이 대개 비탈진 구릉에 위치해 있다. 네비올로는 습한 날씨에 매우 취약한데, 피에몬테의 그레이트 빈티지를 보면 유독 건조한 날씨가 이어진 해가 많았음을 알 수 있다. 또한 네비올로 품종의 가장 큰 특징이라 할 수 있는 매우 많은 양의 천연 산도와 탄닌을 제대로 농익게 하려면 반드시 날씨가 따뜻해야 한다.

네비올로는 토양도 많이 가린다. 가장 좋아하는 토양은 석회질이 포함된 이회토다. 이런 토양을 가진 곳이 바로 최고의 네비올로 와인이 탄생하는 바롤로와 바르바레스코다. 이외에도 모래토에서도 잘 자라지만, 와인으로 만들어졌을 때 특징적인 아로마인 타르 향이 부족하다. 한마디로 재배하기가 매우 까다롭다.

네비올로의 와인 메이킹에 관해서는 특별히 언급할 필요가 있다. 네비올로는 전통 방식과 현대 방식으로 만든다. 전통 방식은 과거 네비올로 포도 품종을 오랜 시간 다루어온 전통주의자의 관습과 관련이 많다. 지금처럼 발효통 온도를 자유자재로 조절할 수 없었던 과거에는, 늦게 수확한 네비올로 포도를 발효하기 위해 통에 넣을 때가 되면 이미 날씨가 추워진 탓에 발효가 더디게 진행되었다. 혹은 추위가 일찍 오면 발효가 아예 멈추기도 했다. 한때 네비올로 와인이 스위트 와인이었던 이유가 여기에 있다.

발효가 지연되면서 자연스럽게 긴 침용으로 이어졌다. 네비올로 포도가 지닌 풍부한 산과 폴리페놀, 그러니까 탄닌이나 안토시아닌 등이 와인에 많이 우러날 수밖에 없었다. 이를 조절할 수 없었던 과거에는 생산자들이 시멘트나 큰 나무통에서 5년 이상 장기 숙성을 할 수밖에 없었다. 네비올로 와인의 높은 산도와 통렬한 탄닌을 부드럽게 만들기 위함이었다. 바롤로가 장기 숙성 와인의 대명사가 된 까닭이다. 문제는 과거 생산자들은 위생 관념이 별로 없었다는 점에 있다. 대대로 전해진 '좀 먹고 낡은 나무통'에서 와인을 숙성하니 박테리아 감염을 유발했다. 당연히 좋지 못한 향과 맛을 지닌 와인이 나오기 일쑤였다.

현대 와인 메이킹은 3~4주나 소요되는 긴 침용에서 벗어났다. 7~10일 정도로 기간을 줄이고 온도도 낮춘 저온 침용으로 네비올로의 과실 맛과 향을 보존하는 데 중점을 둔다. 날카로운 산도를 부드럽게 만들기 위해 MLC를 진행한다. 탄닌을 더욱 빠르게 진정시킬 수 있는 작은 배럴, 대표적으로 프렌치 바리크를 사용한다. 사실 네비올로의 현대 와인 메이킹은 요즘에는 흔하다.

결국 네비올로는 전통 와인 메이킹을 거쳤느냐, 현대 와인 메이킹을 거쳤느냐에 따라 플레이버에 차이가 있다. 전통 방법으로 만든 네비올로 와인은 벽돌색이나 오렌지색을 띤다. 향에서도 장미, 제비꽃, 타르, 스모키, 트러플, 마른 허브 향이 감미롭게 다가온다. 입에서는 기분 좋은 산도와 오밀조밀한 탄닌이 부드럽게 혀를 감싼다.

현대 방법으로 생산된 네비올로 와인은 선명한 루비색에 체리, 장미, 가죽, 아니스, 감초 등의 강력한 아로마와 부케가 인상적이다. 입안을 가득 채우는 힘과 좋은 결의 탄닌 그리고 긴 여운이 특징적이다. 전통적이든 현대적이든 네비올로 와인은 천연 산도와 탄닌 덕분에 병 속에서 오랜 시간 숙성할 수 있다. 대개 10년 이상. 바롤로나 바르바레스코 같은 최상급 와인은 30년 넘게 병에서 진화하기도 한다.

네비올로는 카베르네 소비뇽이나 샤르도네처럼 전 세계 어디서나 잘 자라는 품종이 아니다. 가장 유명한 곳이 이탈리아의 피에몬테와 아까 살짝 언급했던 롬바르디아가 있다. 물론 피에몬테의 위상이 훨씬 높다. 이밖에 미국이나 호주 등 소수 있지만, 솔직히 네비올로 와인은 피에몬테 외에 다른 곳을 추천하기가 어렵다.

추천 와인 산지 이탈리아 피에몬테

· 템프라니요 TEMPRANILLO

스페인 와인 산업을 대표하는 적포도 품종이다. '울 데 예브레Ull de Llebre', '센시벨Cencibel', '틴토 피노Tinto Fino', '틴타 델 파이스Tinta del Pais' 등 수십 가지의 별칭이 스페인 각지에서 쓰인다. 오랜 시간 학자들은 템프라니요가 피노 누아와 연관이 있다고 추측했다. 전설에 따르면, 프랑스 부르고뉴의 승려들이 산티아고 순례길을 따라 스페인의 수도원에 피노 누아 묘목을 전달했다. 하지만 유전자 감식 결과 피노 누아와 템프라니요 간의 유전적 연관성이 전혀 없다고 밝혀졌다. 즉 템프라니요는 스페인에 강한 뿌리를 둔 토착 품종이다.

템프라니요로 세계에서 가장 가치 있는 와인을 생산하는 와이너리는 베가 시실리아다. 이 와이너리가 스페인의 리베라 델 두에로 지역에 자리 잡고 있다는 사실은 이 품종이 어떤 테루아르를 좋아하는지 가늠하게 한다. 또한 템프라니요가 좋은 환경과 좋은 와인 메이킹을 만났을 때 얼마나 환상적인 와인으로 탄생할 수 있는지 보여주는 사례이기도 하다.

템프라니요는 껍질이 두꺼운 편이다. 산은 중간 정도이고 당·탄닌이 꽤 높다. 이 요소들을 조화롭고 우아하게 와인에 담으려면 낮은 무덥고 밤은 서늘해야 한다. 리베라 델 두에로는 한낮은 40℃에 육박하지만, 해발고도가 높아 밤이 되면 기온이 드라마틱하게 떨어져 평균 15℃를 유지한다. 템프라니요를 재배하기에 이상적인 환경이다. 이를 간파한 전 세계 와인 생산국에서는 이와 테루아르가 비슷한 장소에서 템프라니요를 재배해, 인상적인 와인을 여럿 탄생시킨다.

템프라니요 와인은 루비 레드색을 띠며 딸기, 자두, 담배, 바닐라, 가죽 및 허브 향을 낼 수 있다. 다만 템프라니요만으로 만든 와인은 드물다. 템프라니요의 천성적인 단점을 보완하기 위해 그르나슈, 카리냥, 그라시아노Graciano, 메를로, 카베르네 소비뇽과 블렌딩한다. 템프라니요의 핵심 지역은 스페인의 리오하와 리베라 델 두에로로, 여기서 생산되는 대부분의 레드 와인과 로제 와인에 주요 품종으로 쓰인다.

추천 와인 산지   스페인 리오하와 리베라 델 두에로

· 샤르도네 CHARDONNAY

레드 와인을 만드는 적포도 가운데 가장 유명한 품종이 카베르네 소비뇽이라면, 화이트 와인을 만드는 청포도 가운데 가장 유명한 품종은 샤르도네다. 워낙 유명한 품종이기 때문에 와인 초보자라면 마치 통과의례처럼 거쳐야 하는, 즉 반드시 마셔봐야 하는 품종이다. 샤르도네의 고향이 프랑스라서 '샤르도

네'라고 발음하는데, 영어 발음인 '샤도네이'라고도 부른다. 두 표현 모두 널리 쓰이기 때문에 편한 걸로 부르면 된다.

샤르도네는 역사가 오래됐다. 상당 기간 피노 누아, 피노 블랑과 연관이 있다고 여겨졌다. 그러다가 미국의 UC 데이비스에서 DNA 지문 연구를 통해 샤르도네가

피노 누아와 구아이 블랑Gouais Blanc의 교배종이라는 사실이 밝혀졌다. 구아이 블랑은 오늘날에는 거의 재배되지는 않지만, 프랑스와 독일에서 재배되는 양조용 포도 품종의 조상으로 매우 중요하다.

샤르도네는 카베르네 소비뇽처럼 재배하기 쉬운 편이다. 다양한 토양과 기후에 잘 적응하고, 테루아르의 특성을 잘 흡수하며, 심지어 와인 메이커의 철학에 따라 다채롭게 변신할 수 있다. 필자는 샤르도네가 마치 햇살 좋은 날 이젤 위에 펼쳐놓은 순백의 캔버스 같다고 생각한다. 텅 빈 캔버스 상태의 샤르도네는 주인을 잘못 만나면 개성 없는 밋밋한 와인이 되겠지만, 반 고흐와 같은 거장을 만나면 폭발적인 과실 향과 황홀한 텍스처를 지닌 와인으로 탄생하니까.

샤르도네도 제어하지 않으면 매우 왕성하게 자란다. 품질을 고려하지 않고 재배한다면 포도 자체로는 고수익을 낼 수 있다. 하지만 품질이 분명 떨어지기 때문에 가지치기나 그린 하베스트를 통해 수확량을 제한한다. 샤르도네는 포도가 익기 시작하면 화이트 와인의 생명인 산도가 매우 급격하게 떨어진다. 이 때문에 수확시기가 중요하다. 또 조생종이기 때문에 봄철 서리 피해에도 주의해야 한다.

샤르도네는 어디서나 잘 자라지만, 가장 적합한 토양은 '초크Chalk'라 불리는 백악질과 점토, 석회암 토양이다. 샤르도네 명산지로 꼽히는 곳은 대개 이 토양이다. 세계에서 가장 유명한 샤르도네 재배지인 프랑스 부르고뉴의 샤블리는 쥐라기 시대에 형성된 석회암과 백악질 토양이고, 뫼르소나 몽라셰 같은 최고급 샤르도네 와인이 탄생하는 부르고뉴의 코트 도르는 석회암과 점토 토양이다.

샤르도네 와인의 최종 플레이버에 가장 결정적인 역할을 하는 건 MLC와 오크통 숙성이다. 먼저 MLC는 앞서 살펴보았듯, 시큼한 사과산이 조금 더 부드럽고 덜 시큼한 젖산으로 변하는 과정이다. MLC 과정 중에 디아세틸이라 불리는 부산물이 생성되는데, 바로 이게 와인에 버터리한 풍미를 준다. MLC는 레드 와인을 만들 때 대부분 진행하는 편이나, 화이트 와인에서는 샤르도네가 대표적이다. 다음으로 오크통 숙성을 통해 캐러멜, 스모키, 향신료, 코코넛, 계피, 정향, 바닐라 같은 플레이버가 입혀진다. 오크통 숙성에 적합하지 않은 청포도 품종도 있지만, 샤르도네는 매우 적합하다.

이외에도 여러 와인 메이킹 기법이 있다. 술지게미lees와의 접촉은 샤르도네에 복합적인 향미를 준다. 발효 온도를 낮추는 방법으로는 파인애플과 같은 열대성 과일 향과 맛을 낸다. 사실 MLC나 오크통 숙성이나 술지게미 접촉 등은 다른 포도 품종에도 활용할 수 있다. 다만 샤르도네가 이런 방식에 조금 더 친근한 편이다. 이런 방법은 모두 인간이 조절할 수 있다. 따라서 샤르도네는 와인 메이커의 철학에 따라 쉽게 변신을 꾀할 수 있다. 샤르도네가 '와인 메이커의 품종'이라는 별칭이 붙은 이유이기도 하다.

샤르도네의 카멜레온 같은 캐릭터 탓에 오히려 일부 전문가는 샤르도네가 특징이 없다고도 한다. 샤르도네에 적용할 수 있는 뚜렷한 보편적인 스타일이나 교집합적인 특징이 없다는 비판이다. 판단은 각자 몫이지만, 샤르도네 하면 사과·파인애플·바닐라·버터 플레이버가 연상된다. 이외에도 덜 숙성된 샤르도네 와인에서는 레몬 향을, 잘 익은 샤르도네 와인에서는 열대 과일 향을 많이 느낄 수 있다.

추천 와인 산지　프랑스 부르고뉴와 랑그독 그리고 샹파뉴(블랑 드 블랑), 미국 캘리포니아주와 워싱턴주, 기타 주요 샤르도네 재배지(호주, 뉴질랜드, 칠레, 아르헨티나 등)

· 소비뇽 블랑 SAUVIGNON BLANC

샤르도네와 더불어 세계에서 가장 유명한 청포도 품종이다. 소비뇽은 프랑스어로 '야생'이라는 뜻의 'Sauvage'에서 유래했다. 생김새가 마치 야생에서 막 자란 포도 덩굴을 연상케 한다고 해서 이런 이름 붙였다고 한다. 참고로 블랑은 '화이트'라는 뜻이다. 프랑스 보르도의 주요 청포도 품종으로, 18세기 무렵 등장해 카베르네 프랑과 짝을 이루어 위대한 카베르네 소비뇽을 탄생시켰다. 보르도 와인의 인

기에 힘입어 19세기부터 여행을 다니면서 칠레와 미국에도 뿌리를 내렸다. 1970년대에는 뉴질랜드에 처음 소개된 이후 드라마틱하게 성장해, 뉴질랜드 국가 품종으로 자리를 잡았다.

소비뇽 블랑은 때때로 싹이 늦게 나는 경향이 있지만, 일찍 익는 편이기 때문에 서늘한 지역에서 재배한다. 만약 소비뇽 블랑을 무더운 지역에서 재배하면 포도가 너무 빨리 익고 과숙해 칙칙한 향과 단조로운 산도를 가진 와인이 나온다.

고향 프랑스 보르도에서는 소비뇽 블랑 100%로 된 와인을 보는 일이 드물다. 대개 세미용이나 뮈스카델과 블렌딩해 밸런스를 맞추는 재료로 쓴다. 오히려 보르도보다 기후가 더 서늘한 루아르 밸리, 그중에서도 상세르와 푸이 퓌메에서 독보적인 품질의 와인이 탄생한다. 역사는 짧지만, 드라마틱한 성장을 보여준 뉴질랜드에서는 세계에서 가장 상큼하고 발랄한 소비뇽 블랑 와인을 만나볼 수 있다.

단일 품종으로 양조하면 구즈베리, 멜론, 자몽, 복숭아, 패션프루트, 싱그러운 풀 향이 지배적이다. 와인 애호가들 사이에서는 고양이 오줌 냄새를 내는 품종으로 유명하다. 즉 독특하고 강렬한 플레이버를 자랑하기 때문에 다른 청포도 품종과 비교했을 때 초보자라도 쉽게 눈치챌 수 있다. 라이트 미디엄 바디에 산도가 높은 와인을 만든다. 또한 품종 특유의 캐릭터를 보존하기 위해 대개 나무통에서 발효하거나 숙성하지 않는다. 물론 예외도 있다.

추천 와인 산지　프랑스 보르도와 루아르 밸리, 뉴질랜드 전역, 미국 워싱턴주와 캘리포니아주, 남아프리카공화국의 케이프반도, 이탈리아 프리울리, 칠레 카사블랑카 밸리

· 리슬링 RIESLING

세계에서 가장 위대한 청포도 품종이다. 대
표 생산국은 독일이다. 독일과 국경을 마주한
프랑스 알자스에서도 정상급 리슬링 와인을
만날 수 있다. 독일의 리슬링이 향긋하고 신선
하며 살짝 감미가 있다면, 알자스의 리슬링은
드라이하고 뛰어난 복합미를 지녔다.

리슬링은 다재다능한 품종이다. 드라이한
화이트 와인에서부터 폭발적인 감미를 느낄
수 있는 화이트 스위트 와인은 물론, 사랑스

러운 플레이버의 스파클링 와인까지 다양한 스타일을 낼 수 있다. 특히 어디서 어
떻게 재배되고 누가 만들었는지에 따라 1만 원 이하의 가볍고 대중적인 와인에서
부터 수십 년간 장기 숙성이 가능한 슈퍼 프리미엄 와인으로도 탄생한다. 독일의
명품 리슬링 와인은 경매장에서 수만 달러에 거래된다. '세계에서 가장 비싼 와인
TOP 10'을 꼽을 때도 종종 모습을 보이기도 한다.

리슬링은 역사가 오래됐다. 독일과 알자스에서 발견된 중세 고문서에 (서로 철자
는 조금 다르지만) 여러 차례 언급된다. 포도 품종 연구자들은 알자스와 독일의 국경
을 나누는 라인강 유역을 리슬링의 발상지로 본다.

리슬링 와인은 고급을 제외하면 비교적 어릴 때 신선한 상태에서 주로 소비된
다. 이 경우 라임, 파인애플, 살구, 사과, 자몽, 복숭아, 구즈베리, 꿀, 장미 혹은 푸
른 풀의 뉘앙스를 보인다. 또한 산도가 꽤 높다. 리슬링의 여러 특징 가운데 높은
산도는 장기 숙성을 가능하게 하는 핵심 요소다. 드라이한 리슬링은 5~15년 정도,
세미 스위트는 10~20년, 스위트 와인은 10~30년 이상 보관할 수 있다.

종종 리슬링 와인에서 독특한 휘발유 향을 맡을 수 있다. 이 향은 와인이 숙성될
때 생성되는 화합물인 TDN(1,1,6-Trimethyl-1,2-dihydronaphthalene) 때문이다. TDN

4/ 포도 품종과 클론

의 수치에 영향을 주는 몇 가지 요인이 있다. 대개 소량 수확된 매우 성숙한 포도로 만든 와인일 경우 숙성할 때 더 많이 생성되는 경향이 있다. 한마디로 고급 리슬링이다. 혹자는 이 향을 등유라든지, 윤활유, 고무로 표현한다. 리슬링을 잘 아는 와인 애호가는 이 향을 즐기지만, 초보는 불쾌할 수도 있다.

추천 와인 산지   프랑스 알자스, 독일 전역(특히 모젤과 라인가우), 호주 클레어 밸리와 에덴 밸리

· 피노 그리 PINOT GRIS

피노 누아의 껍질 돌연변이로 탄생한 청포도 품종이다. '피노 그리'는 프랑스 이름이고, 이탈리아에서는 '피노 그리지오', 독일에서는 '그라우부르군더 Grauburgunder'라고 부른다. 청포도로 구분되기는 하지만, 껍질 색이 분홍색에서부터 보라색까지 다양하다. 피노 그리의 고향은 프랑스 부르고뉴로 알려졌다. 이곳에서 중세 시대부터 재배해온 것으로 추정한다. 다만 부르고뉴에서는 오랜 시간 피노 그리를 '프로멍토Fromenteau'라고 불렀다. 피노 그리는 필록세라 이전까지 부르고뉴는 물론 꽤 먼 샹파뉴에서도 재배할 정도로 인기 있었다. 하지만 필록세라 탓에 완전히 황폐해진 포도밭을 새롭게 구성하는 과정에서 낮은 수확량과 다소 일

관되지 않은 품질 탓에 점차 인기가 하락했다. 지금은 부르고뉴에서든 샹파뉴에서든 피노 그리를 거의 찾아보기 힘들다.

피노 그리는 자연적으로 산도가 낮고 당도가 높은 포도를 만든다. 배,

사과, 열대 과일의 향, 연기나 젖은 양털 향을 느낄 수 있다. 오크통 발효를 거의 하지 않는다. 다만 여러 번 사용한 오크통에서 숙성하거나 젖산전환과 효모 찌꺼기 접촉을 거쳐 무겁고 크림 같은 질감을 내는 생산자도 있다. 매우 드물지만 열대 과일과 달콤한 향신료 향이 특징인 스위트 와인을 만들기도 한다. 피노 그리는 너무 따뜻한 기후를 지닌 곳에서는 산도가 부족하고 알코올이 넘쳐서 다소 밋밋하고 개성 없는 와인이 될 가능성이 높다.

최고의 피노 그리 생산지는 (사심을 약간 담아) 알자스와 북이탈리아의 프리울리와 알토 아디제다. 두 지역의 피노 그리(지오) 와인은 종종 스타일이 비교된다.

알자스의 경우, 서늘한 기후와 화산토가 피노 그리에 최상의 환경을 제공한다. 이에 보답하듯 세계적인 품질의 와인을 쏟아낸다. 특히 알자스의 특산 와인인 셀렉시옹 드 그랑 노블(귀부 와인)이 때로는 피노 그리로도 만들어진다. 그랑 크뤼 등급의 드라이 피노 그리는 아름다운 황금색에 스모키, 말린 과일, 살구, 꿀의 향, 입안을 꽉 채우는 육중한 질감과 긴 피니시가 인상적이다.

북이탈리아는 정확하게 프리울리와 알토 아디제를 꼽는다. 그 이유는 명확하다. 대량 생산되는 피노 그리지오 와인들과 급이 다르기 때문이다. 두 지역은 피노 그리지오를 가파른 산맥의 기슭에서 정성 들여 재배하고, 소량 생산해서 고도로 응축된 와인을 선보인다. 필자가 정말 인상 깊게 마신 피노 그리지오는 프리울리 와인의 선구자인 마리오 스키오페토Mario Schiopetto였다. 시트러스, 복숭아, 리치, 꿀, 흰 꽃 향이 폭발적으로 올라오고, 입에서는 청량함과 유질감이 동시에 느껴진 수준급의 와인이었다. 알자스와 굳이 비교하자면, 알자스가 약간 더 스파이시한 뉘앙스에 바디감이 높다.

추천 와인 산지 프랑스 알자스, 독일 전역, 이탈리아 북부, 미국 오리건주

· 게뷔르츠트라미너 GEWÜRZTRAMINER

한 번 맡으면 잊을 수 없는 강렬한 리치 향, 오렌지 껍질, 꽃 향이 인상적인 게

뷔르츠트라미너는 독일 전역에서 수세기 동안 재배되어온 역사적인 청포도 품종이다. 최고급 와인은 종종 길게 숙성하기도 하지만, 대개 신선한 산도가 잘 살아 있을 때 즐기는 편이다. 맛 또한 극도로 드라이한 것에서부터 진한 달콤함을 즐길 수 있는 귀부 와인까지 다양하다.

게뷔르츠트라미너의 고향은 알프스 산기슭이라고 여겨진다. 피노 그리와 마찬가지로 서늘한 기후에서 잘 자라며, 청포도임에도 껍질이 분홍색을 띠는 게 특징이다. 이 때문에 다른 화이트 와인보다 조금 더 진한 색을 띠는 편이다. 독일이 원산지이지만 수백 년에 걸쳐 이탈리아, 헝가리, 루마니아, 크로아티아, 프랑스, 슬로베니아 등 알프스산맥을 둘러싼 국가에서 널리 재배되고 있다.

게뷔르츠트라미너를 정의하는 주요 특징은 리치, 장미꽃, 열대 과일 및 향수이다. 입에서는 풀 바디, 낮은 산도, 복숭아, 살구, 망고, 생강 및 계피의 풍미를 지속해서 느낄 수 있다. '게뷔르츠'는 독일어로 '매운', '향기로운'이라는 뜻이다. 다만 맵다는 표현보다는 '향기롭다'는 뜻으로 쓰인다. 최고의 게뷔르츠트라미너 와인은 프랑스 알자스 지역의 그랑 크뤼 포도밭에서 만든 것들이다. 게뷔르츠트라미너는 알자스 포도 생산 면적의 1/5 미만을 차지할 뿐이다. 하지만 알자스의 와인 생산자들은 알자스가 게뷔르츠트라미너의 영적 고향이라고 여기며 헌신을 다한다. 알자스 외에도 독일, 오스트리아, 이탈리아 북부에서도 인상적인 와인을 많이 만나볼 수 있다.

추천 와인 산지　프랑스 알자스, 독일, 오스트리아, 이탈리아 북부

· 뮈스카 MUSCAT

뮈스카는 하나의 품종을 의미하는 것이
아니다. 범세계적으로 재배되는 청포도와,
드물지만 소수의 적포도를 포함하는 '집단
명'이다. 뮈스카 '가족'은 고대부터 와인 생
산은 물론 건포도, 식용 포도로 활용되어
올 만큼 세계에서 가장 인기 있는 품종이
다. 뮈스카는 이 이름을 지닌 200여 가지
포도를 총칭하기 때문에 정확히 하려면 뮈

스카 다음에 수식어가 붙어야 한다. 예를 들어, 프랑스의 알자스 지역에서는 두 품
종을 주로 재배하는데, 하나가 '뮈스카 블랑 아 프티 그랭Muscat Blanc á Petits Grains'
으로 간단히 '뮈스카 달자스Muscat d'Alsace'라고 부르는 품종이고, 다른 하나는 '뮈
스카 오토넬Muscat Ottonnel'이다.

사실 뮈스카 블랑 아 프티 그랭이야말로 뮈스카 포도 군집에서 가장 유명하
고 널리 재배된다. 이탈리아 피에몬테에서는 이 품종을 '모스카토 비앙코Moscato
Bianco'라고 부른다. 이걸로 세계에서 가장 유명한 약 스파클링 스위트 와인인 '모
스카토 다스티'를 만든다. 모스카토 비앙코의 고향은 고대 그리스다. 로마인은 이
포도를 '벌들의 포도'라는 뜻으로 '우베 아피아네Uve Apiane'라고 불렀다. 수확기
가 되면 모스카토의 달콤한 향과 맛 때문에 벌들이 몰려왔기 때문이다. '모스카토'
의 어원은 라틴어 'muscum(사향)'에서 유래되었다. 이 품종이 지닌 특유의 향이
사향과 비슷하기 때문이다. 이런 특징 덕분에 고대에는 모스카토로 값비싼 에센
스를 만들기도 했다.

뮈스카 포도 집단은 대개 뚜렷하게 감지되는 달콤한 꽃 향과, 뻔한 표현이지만
포도 향을 지녔다. 포도가 익어가는 가을이 되면 포도밭 주위로 코를 간질이는 달
콤한 향이 진동한다. 뮈스카로는 대개 스위트 와인을 만들지만, 알자스에서는 완

4/ 포도 품종과 클론

전히 드라이한 와인으로 탄생한다. 가벼운 바디와 기분 좋은 과실 향이 인상적인 알자스의 뮈스카 와인은 여름 밤 식전주로 즐기기에 더할 나위가 없다.

추천 와인 산지　이탈리아 피에몬테, 프랑스 알자스

· 슈냉 블랑 CHENIN BLANC

　프랑스 루아르 밸리를 대표하는 청포도 품종으로, 현지에서는 '피노 드 라 루아르 Pineau de la Loire'라고 부른다. 루아르 밸리에서는 드라이 화이트에서부터 스위트 화이트, 스파클링까지 다채롭게 활용되는 다재다능한 포도 품종이다. 역사학자들은 슈냉 블랑이 1000년 전 루아르 밸리에 자리 잡았을 것으로 추측한다.

　슈냉 블랑의 명성은 이미 15세기에 확립되었다. 현재 루아르의 주요 와인 산지인 블루아와 사브니에르 사이 100마일(약 160km)에 뻗어 있는 슈냉 블랑 포도밭이 세계에서 가장 가치 있는 와인을 만드는 곳으로 평가받는다. 필자 역시 세계 최고의 슈냉 블랑이 바로 여기서 나온다고 본다. 루아르의 슈냉 블랑에 맞설 수 있는 곳은 남아프리카공화국 정도이다. 현재 남아프리카공화국에서 가장 많이 재배되는 품종이 바로 슈냉 블랑이며, 전문가도 인정하는 좋은 퀄리티의 와인이 나온다.

　슈냉 블랑은 일찍 싹을 틔우고 늦게 익는다. 이런 캐릭터는 프랑스의 최북단에 위치한 루아르 밸리의 서늘한 테루아르에서는 위험 요소가 될 수 있다. 하지만 슬기롭게도 포도 재배자들은 슈냉 블랑의 수확량을 제한하고, 수확을 최대한 늦춰서

농익은 포도를 얻는다. 또한 포도 수확을 여러 번에 걸쳐 진행하면서 잘 익은 포도만 골라 와인으로 만든다. 이처럼 완숙된 슈냉 블랑으로 만든 드라이한 화이트 와인의 모범적인 예가 바로 프랑스 루아르의 사브니에르Savennières다. 사브니에르의 전설적인 와인 생산자인 니콜라 졸리는, 건들기만 해도 떨어지는 매우 완숙한 상태의 포도만 수확해서 와인을 만드는 것으로 유명하다. 이 포도로 괴물 같은 풍미의 화이트 와인이 탄생한다.

슈냉 블랑 와인의 기본적인 플레이버는 서양 배, 인동 덩굴, 모과, 사과, 생강, 멜론, 복숭아, 감, 오렌지 등이다. 만약 오크에서 숙성시킬 경우 버터, 팝콘, 버터 스카치, 육두구, 구운 사과 같은 부케로 진화하기도 한다.

추천 와인 산지　프랑스 루아르, 남아프리카공화국의 케이프반도

· 비오니에 VIOGNIER

프랑스 북부 론의 주요 청포도 품종으로 전 세계 와인 애호가를 유혹하는 프리미엄 화이트 와인을 만든다. 비오니에의 원산지는 정확히 알려지지 않았다. 다만 학자들은 지금의 크로아티아에서 고대 로마인에 의해 론 지역에까지 퍼진 것으로 추측한다. 전설에 따르면, 로마의 황제 프로부스Probus가 281년에 론 지역에 이 품종을 가져왔다.

비오니에는 불과 60년 전만 해도 멸종 위기 품종이었다. 당시 비오니에를 재배하던 곳은 북부 론의 콩드리외 지역뿐이었다. 재배 면적도 불과 8헥타르. 하지만 세계적으로 고급 화이트 와인에 대한 수요가 늘어나면서 북부 론의 향긋하고 우

4/ 포도 품종과 클론

아한 비오니에 와인이 품절 현상을 겪을 정도로 인기가 높아졌다. 비오니에는 생애 최초로 부흥의 기회를 잡은 셈이다. 재배 면적이 1986년 20헥타르로 늘어나더니, 1990년 40헥타르, 1995년 80헥타르, 2011년 160헥타르로 급격히 상승했다.^{QR} 이제 비오니에는 오랜 시간 정착했던 콩드리외를 벗어나 남프랑스 전체에 광범위하게 재배된다. 세계적으로도 인기 있는 품종이다. 비오니에는 북부 론에서 시라에 한 줄기 청량함과 우아함을 더하기 위해 매우 소량 블렌딩하는 전통이 있다. 이를 호주에서도 벤치마킹하면서 비오니에의 재배가 증가했다.

비오니에는 향에서 독보적인 플레이버를 보여준다. 특히 향수와 같은 향기로운 꽃 향, 살구 향, 잘 익은 복숭아 향, 사향이 매우 뚜렷하게 감지된다. 한마디로 과일과 꽃 향의 스펙트럼에 집중된 품종이다. 오크통에서 숙성을 거치면 육두구나 정향 같은 향신료 향과 바닐라나 크림의 풍미로 진화하기도 한다. 다만 싸구려 비오니에에서는 묘한 화장품 향이 난다. 마치 국밥에 인공 조미료를 듬뿍 넣은 기름진 뉘앙스를 풍기니 잘 구별해야 한다.

추천 와인 산지　프랑스 북부 론, 호주 남호주

· 세미용 SEMILLON

와인 애호가에게 세미용은 달콤하고 진득한 스위트 와인을 떠올리게 하는 청포도 품종이다. 주력 재배지이자 고향인 보르도에서는 소비뇽 블랑이나 뮈스카델과 주로 블렌딩한다. 때로는 세계에서 가장 귀한 스위트 와인인 귀부 와인을 탄생시킨다. 세미용은 먼 과거부터 꽤 유명했기 때문에 수출이 많이 됐다. 19세기 초 호주에 처음 도착했고, 이후 남아프리카공화국과 칠레에도 차례차례 상륙했다. 한때 남아프리카공화국 포도밭의 90%, 칠레 포도밭의 75% 이상이 세미용이었다.

물론 현재는 소비뇽 블랑과 샤르도네의 인기에 밀려서 남아프리카공화국과 칠레는 물론 전 세계적으로 재배량이 점차 하락하는 추세다.

그런데 호주에서는 이야기가 다르다. 특히 호주 시드니 북쪽에 자리한 헌터 밸리에서는 세계 최고의 세미용 와인이 탄생한다. 호주 헌터 밸리에서 세미용은 '헌터 밸리'라는 이름을 세계 와인 지도에 올려놓은 공신이다. 헌터 밸리에서 세미용은 고향인 보르도보다 따뜻한 기후에서 빠르게 자라나 높은 산도를 품고 태어난다. 이 세미용의 진가는 오랜 숙성에서 비롯한다. 물론 어릴 때도 말린 허브와 감귤류의 향과 섬세한 맛을 뽐낸다. 하지만 적당한 숙성 후에는 토스트, 레몬 버터, 꿀, 견과류로 향이 진화한다. 수준급 세미용을 경험해보려면 티렐Tyrrell's의 VAT 1 세미용을 한번 맛보기를 바란다.

세미용의 주요 플레이버는 레몬, 밀랍, 복숭아, 청사과 등이다. 더운 지역에서 충분히 익으면 망고, 황도, 파파야 같은 열대 과일 향도 느낄 수 있다. 만약 오크통에서 숙성시키면 세계적인 청포도 품종인 샤르도네와 매우 비슷한 플레이버를 보인다. 세미용은 질병 저항력이 강하며 단일로 양조되면 미디엄 바디에 중간 정도의 산도를 보인다. 대개 청포도 품종은 라이트 바디에 높은 산도를 보이는데, 이와는 결과가 상이하다. 따라서 부족한 산도를 채워주기 위해 소비뇽 블랑과 블렌딩하는 게 흔한 편이다.

추천 와인 산지 프랑스 보르도, 호주 헌터 밸리, 남아프리카공화국의 케이프반도, 칠레와 아르헨티나

기타 품종들

· 카베르네 프랑 CABERNET FRANC

프랑스 보르도에서 카베르네 소비뇽과 메를로 다음으로 유명한 적포도 품종이다. 언급했듯 메를로와 카베르네 소비뇽의 부모종이다. 특히 카베르네 소비뇽과 겹치는 플레이버가 많은 편이다. 차이점이라면 카베르네 프랑이 조금 더 허브 같은 식물성 향이 뚜렷하다. 특히 피망 플레이버가 특징적이다. 만약 서늘한 기후에서 재배되면 후추, 시가, 가죽 향을 내기도 한다.

카베르네 프랑은 껍질이 얇고 산도가 적은 편이지만 외부의 위협에 꽤 강건하게 버틴다. 비교적 일찍 익는 조생종이기에 들쑥날쑥한 날씨로 유명한 보르도에서 수확기 악천후를 대비해, 카베르네 소비뇽의 '보험용' 포도로 재배되었다. 토양에 관해서는 꽤 관대한 편이지만, 가장 선호하는 토양인 모래와 백악질 토양에서는 다크한 플레이버를 가진 풀 바디 와인을 생산한다.

카베르네 프랑은 카베르네 소비뇽보다 일주일 정도 더 빨리 싹이 트고 익는다. 그래서 서늘한 프랑스 북부의 루아르 밸리에서 잘 자란다. 루아르에서는 카베르네 프랑 100% 와인을 흔하게 찾아볼 수 있다. 필자는 세계 최고의 카베르네 프랑 와인 다수가 프랑스 루아르 밸리에서 탄생한다고 믿는다. 이외에도 이탈리아의 슈퍼 투스칸이 탄생하는 볼게리 지역에서도 매우 높은 평가를 받는 카베르네 프랑 100% 와인이 나온다. 아르헨티나라든지 미국 등지에서는 카베르네 프랑의 잠재력을 200% 끌어낸 소수의 와인이 와인 애호가들 사이에서 높은 평가를 받는다.

추천 와인 산지 　프랑스 보르도와 루아르 밸리, 이탈리아 토스카나의 볼게리, 미국 캘리포니아
주와 워싱턴주, 아르헨티나 멘도사

· 무르베드르 MOURVÈDRE

　호주에서는 '마타로Mataro', 스페인에서는 '모
나스트렐Monastrell'이라고 부르는 적포도 품종
이다. 두 이름 모두 각 국가에서 활발하게 쓰
기 때문에 기억해두는 편이 좋다. 무르베드르
는 오랜 역사를 가진 품종이다. 학자들은 먼 과
거 페니키아인이 지금의 스페인 발렌시아 지방
에 처음 심은 것으로 추측한다. 이후 프랑스 남
부 일부가 스페인의 지배를 받으면서 자연스럽

게 소개되었다. 그때 '무르베드르'라는 이름을 얻었다. 프랑스 남부에서는 단일 품
종 와인으로 만들기보다는 시라, 그르나슈 등과 함께 블렌딩하는 편이다.

　스페인에서는 2015년 기준 네 번째로 많이 재배한 품종이었다.* 그런데 고목
을 뽑아내는 과정에서 카베르네 소비뇽이나 샤르도네처럼 더 인기 있는 품종으
로 대체되면서 재배량이 꾸준히 감소하고 있다. 다만 무르시아 지방과 동부 스페
인에서는 여전히 그 영향력이 상당하다. 특히 주목할 만한 산지는 후미야와 예클
라다. 호주에서는 19세기 중반 즈음 유럽에서 건너온 이후, 최초에는 포티파이드
와인의 일부 재료로 쓰이다가 GSM 블렌드의 인기가 급상승하면서 메인 품종으
로 자리 잡았다.

---

* 　*The Oxford companion to wine*(3rd ed.), Jancis Robinson, Oxford University Press, 2006.

4/ 포도 품종과 클론

또 하나 언급하고 싶은 지역은 프로방스의 방돌이다. 작은 해안 마을 방돌을 수 놓은 약 1600헥타르의 포도밭은 1941년 AOP 명칭으로 보호받기 시작했다. 이곳에서는 레드, 화이트, 로제 와인을 모두 생산한다. 방돌은 마을을 둘러싸고 있는 해안 산맥에 포도밭이 보호받는 지형으로, 따뜻하고 온난한 지중해성 기후의 혜택을 톡톡히 누린다. 방돌의 주연은 (프로방스 와인을 지배하는) 로제가 아닌 레드다. 특히 무르베드르를 중심으로 장기 숙성이 가능한 파워풀한 레드 와인을 만든다. 무르베드르는 레드 와인에 최소 50% 이상 블렌딩된다. 도전적인 생산자들은 이 한계를 뛰어넘어 80%, 심지어 95%까지 넣기도 한다. 방돌 무드베드르의 진가를 확인하고 싶다면 샤토 프라도Château Pradeaux, 도멘 탕피에Domaine Tempier, 샤토 드 피바르농Château de Pibarnon의 와인을 맛보자.

무르베드르는 여러 면에서 그르나슈와 비슷한 면이 많다. 만생종이어서 따뜻하고 건조한 테루아르에서 잘 자란다. 기후가 잘 맞는다면 재배하기 크게 어렵지 않은 까닭에, 무더운 지역에서 일하는 포도 재배자들에게 꽤 인기 있는 품종이다. 그르나슈와의 차이는 껍질이 두껍기 때문에 색이나 폴리페놀 화합물이 꽤 높다는 데 있다. 그래서 질감이 풍부하고 탄닌이 강한 풀 바디 와인으로 만든다. 다만 어렸을 때는 매우 짙은 자주색을 띠고, 다소 호불호가 갈리는 강렬한 동물 향이나 농장에서 느낄 수 있는 시골 향을 풍긴다. 이외에도 블랙베리, 제비꽃, 후추, 허브, 자두, 장미, 스모키, 자갈의 풍미가 특징적이다.

추천 와인 산지   프랑스 론과 남프랑스, 스페인 중남부와 동부 지역, 호주 남호주, 미국 캘리포니아주와 워싱턴주

· 생소 CINSAULT

남프랑스와 코르시카섬에서 주로 재배하는 적포도 품종이다. 껍질이 다소 얇은

품종으로, 완전히 익지 않았을 때는 낮은 수준의 탄닌과 산도를 보인다. 다만 향수처럼 좋은 향을 내는 장점이 있어 로제 와인을 만드는 메인 재료로 쓰거나, 과일 향이 좋은 레드 와인을 만들 때 사용한다. 풍부한 플레이버를 내기 위해서는 수확량을 조절하는 게 관건이다. 이 경우 화사한 꽃 향과 잘 익은 딸기 향, 말린 과일 향을 내기도 한다. 단일 품종으로 만들기보다는 여러 레드 품종에 보조 역

할을 해서 와인에 꽃 향과 과일 향을 한 스푼을 더하는 역할을 한다.

생소가 몇몇 지역의 재배자에게 인기 있는 이유는 이 품종이 열과 가뭄에 내성이 있기 때문이다. 북아프리카의 프랑스 식민지였던 알제리, 레바논, 모로코나, 남아프리카공화국처럼 비가 매우 적게 오고 뜨거운 햇살이 연중 내리쬐는 지역에서 왕성하게 재배된다. 다만 세계로 눈을 돌리면 점차 재배 면적이 감소하는 추세다. 생소는 피노 누아와 함께 남아프리카공화국의 국가 대표 품종인 피노타주 Pinotage의 부모다.

추천 와인 산지   프랑스 남프랑스

· 카리냥 CARIGNAN

메를로에 왕좌를 내어주기 전까지 카리냥은 20세기 중후반 프랑스에서 가장 많이 재배되는 적포도 품종이었다. 1956년과 1963년에 기록적인 한파가 프랑스를 덮쳤다. 늦게 싹이 트는 카리냥의 장점이 당시 재배자들의 관심을 제대로 끌었다. 다만 이때는 프랑스 남부의 광활한 포도밭에서 질보다는 양 위주로 마구잡이로 포도가 재배되었기에 인상적인 와인을 만들지는 못했다. 카리냥이라는 이름도 사람

들의 뇌리에 인상적으로 남지 못했다. 이후 EU에서 유럽 와인의 품질을 전체적으로 높이기 위해 카리냥을 뽑는 재배자에게 보조금을 지불하는 정책을 펼쳤다. 이 탓에 재배량이 드라마틱하게 감소했다. 지금도 카리냥은 소비자에게 익숙한 메를로나 카베르네 소비뇽 같은 품종으로 점차 대체되고 있다.

카리냥은 만생종이어서 따뜻한 기후에서 성공적으로 자랄 수 있다. 포도나무 질병에는 취약한 편이기 때문에 아주 건조한 기후가 아닌 이상 이를 컨트롤하기 위한 조치가 꼭 필요하다. 또 다른 특징으로는 줄기가 매우 단단하기 때문에 기계 수확이 어렵다. 장점은 생산량이 많다는 것. 기록에 따르면, 헥타르당 약 200hℓ의 와인을 만들 수 있다. 이는 카베르네 소비뇽의 네 배 이상이라고 한다. 그래서 질보다 양을 우선한 과거에 카리냥을 많이 재배했던 것이다. 최근 남프랑스에서도 카리냥의 재배 비율이 점점 더 감소하는 추세다.

카리냥으로 좋은 와인을 만들려면 생산량을 억제해야 한다. 역사가 오래된 만큼 꽤 오랜 수령의 카리냥 포도나무도 있다. 이 품종에 진심인 와인 메이커들은 올드 바인 카리냥에서 얻은 소수의 포도로 매우 정제된 스타일의 와인을 만들어 와인 애호가들의 이목을 끈다.

가장 주목해야 할 곳은 남프랑스의 코르비에르다. 이밖에 스페인의 프리오랏이나 이탈리아의 사르데냐섬에서 좋은 와인이 나온다. 수준 높은 카리냥 와인에서는 말린 크랜베리, 라즈베리, 감초, 스파이스, 건조한 살라미 향을 느낄 수 있다. 입에서는 진하지만 부드러운 풍미를 자랑한다. 카리냥은 자연적으로 높은 산도, 높은 탄닌을 지녔다. 기교와 우아함을 갖춘 와인을 만들기가 까다로운 편이다. 이러한 단점을 가리기 위해 많은 와인 메이커가 카리냥에 생소나 그르나슈, 시라를 블렌딩해서 와인을 만든다.

· 타낫 TANNAT

프랑스와 스페인의 국경을 이루는 바스크 지방이 원산지인 적포도 품종이다. 대단히 높은 폴리페놀 함유량을 지닌 적포도 가운데 하나로 알려졌다. 이 품종으로 국제적인 명성을 지닌 곳이 바로 프랑스 남서부의 주요 와인 산지인 마디랑이다. 마디랑 와인은 타낫과 동의어라고 해도 과언이 아니다. 인근 이룰레

기, 튀르상, 베아른에서도 타낫이 주요 품종이다. 하지만 대체로 카베르네 프랑 혹은 메를로나 카베르네 소비뇽과 블렌딩해서 만들어지기 때문에 100% 타낫 와인을 마시려면 프랑스 내에서는 마디랑이 거의 유일하다.

타낫의 흥미로운 행보 가운데 하나는 이 품종이 남미의 우루과이에서 큰 성공을 거두었다는 점이다. 프랑스의 바스크인이 우루과이에 정착하면서 자연스럽게 퍼진 타낫은 현재 우루과이의 국가 대표 품종으로 자리 잡았다. 타낫은 우루과이 외에도 아르헨티나, 호주, 미국, 브라질, 이탈리아 남부 풀리아에서 재배되는데 대개 블렌딩용이다. 하지만 우루과이에서는 다르다. 우루과이에서는 100% 타낫 와인도 매우 흔하게 찾아볼 수 있다. 스타일도 다양해서 피노 누아나 메를로와 블렌딩하는가 하면, 보졸레 와인처럼 유순한 스타일에서부터 포트 와인처럼 진하고 강렬한 스타일까지 매우 다양하게 생산된다.

마디랑의 타낫 100% 와인은 진한 색, 강직한 탄닌, 높은 알코올을 지녔다. 그래서 숙성잠재력이 매우 좋다. 다만 대중적인 스타일은 카베르네 소비뇽이나 카베르네 프랑과 블렌딩해서 마시기 편하게 만들어진다. 또한 일부 진취적인 와인 메

이커의 경우, 미세한 산소 주입을 통해 타낫의 강력한 바디감을 부드럽게 만들기도 한다. 로제 와인으로도 드물게 만들어지는데, 워낙 탄닌이 강한 품종이라서 짧게 침용하는 것이 관건이다. 그런데도 타낫 로제 와인은 진한 과일 향과 풀 바디 캐릭터를 보인다.

추천 와인 산지　프랑스 서남부(마디랑), 우루과이(다만 구하기가 어렵다)

· 바르베라 BARBERA

이탈리아 피에몬테에서 네비올로 다음으로 주목받는 적포도 품종이다. 네비올로와 함께 오랜 시간 피에몬테에서 재배됐다. 13세기 말 피에몬테주에 있는 카살레 몬페라토 마을의 대성당에 바르베라가 심어진 포도밭의 임대 계약에 관한 문서가 발견되기도 했다.

'Barbera'라는 이름은 포도나무의 뿌리를 묘사한 'barba(수염)'와 '수풀(당시 포도밭이 위치한)'을 가리키는 방언인 'albera'가 어울려 파생됐다. 여담이지만, 1985년 피에몬테의 일부 양심 없는 와인 생산자들이 바르베라로 만든 와인에 메탄올을 섞어서 알코올 도수를 높인 불법 와인을 유통했다. 이를 마신 소비자들은 사망하거

나 심각한 시력 손상을 입었다. 이 사건으로 말미암아 (사실 바르베라의 잘못은 아니었지만) 바르베라는 한동안 소비자들에게 외면당했다. 꾸준히 재배가 감소하면서 1990년대 후반 이탈리아의 유명 적포도 품종인 몬테풀치아노에 추월당했다.

재배량이 감소했다지만 기존 재배량이 워낙 많았기 때문에, 여전히 바르베라는 2015년 기

준 이탈리아에서 가장 많이 재배하는 적포도 품종 다섯 번째에 이름을 올렸다. 일부 바르베라는 19세기와 20세기에 이탈리아를 떠난 이민자들의 손에 들려 미대륙에 전해졌다. 하지만 지금까지 인상적인 결과물을 보여주지 못하고 있다.

바르베라는 자연적으로 높은 산도를 지닌 품종이다. 이 탓에 재배자들이 그렇게 선호하는 품종은 아니었다. 그러다 선구자적인 몇몇 와인 메이커가 이 품종의 진가를 알아보았다. 현대적인 포도 재배와 와인 메이킹을 적극 도입하면서 변신을 꾀해, 이제는 네비올로와 더불어 피에몬테의 가장 중요한 품종으로 과거의 영광을 되찾고 있다.

단일로 양조하면 풍부한 산미를 지닌 미디엄 바디의 와인으로 탄생한다. 향에서는 다크 체리, 딸기, 자두, 블랙베리 뉘앙스를 느낄 수 있다. 고급 와인의 경우 제비꽃, 라벤더, 말린 허브, 바닐라, 육두구, 아니스와 같은 부케도 감지된다. 다만 오크 숙성의 여부와 기간에 따라 풍미에 차이가 큰 편이다.

추천 와인 산지 이탈리아 피에몬테

· 돌체토 DOLETTO

이탈리아 피에몬테의 주요 적포도 품종이다. 어원은 'dolcezza(단맛)'에서 유래했다. 명칭은 만들어진 와인이 '달콤하다'라는 뜻이 아니라 '포도 자체가 달다'는 의미다. 이런 특징 때문에 식용으로 활용하기도 한다. 돌체토는 어디서나 잘 자라는 품종이 아니다. 점토질 토양의 경우 생산량이 적고 잘 익지 않는 특성이 있다.

잘 만들어진 돌체토 와인은 아름다운 루

4/ 포도 품종과 클론

비색, 미디엄 바디, 적당한 탄닌, 쌉쌀한 맛이 특징이다. 이름의 뜻과는 달리 대부분 드라이한 스타일로 만들어진다. 필록세라 이전에는 피에몬테에서 널리 재배되던 주요 품종이었다. 현재는 바르베라처럼 생산성이 높고 더 뛰어난 품질을 가진 포도 품종에 밀려 하락세를 걷고 있다.

추천 와인 산지   이탈리아 피에몬테

· **카나이올로 CANAIOLO**

이탈리아 토스카나에서 산지오베제 다음으로 잘 알려진 대중적인 적포도 품종이다. 품종의 기원은 불확실하지만, 이미 에트루리아(이탈리아 중부의 고대 국가) 시대부터 재배된 토스카나의 토착 품종으로 여겨진다. 최초의 문헌은 14세기 중반으로 거슬러 올라간다. 볼로냐 출신의 학자 피에르 데 크레센치Pierre de Crescenzi의 작품에 '카나주올라Canajuola'라는 이름과 함께 아름답고 보존해야 할 포도로 묘사되어 있다. 다른 기록에는 1600년대 초 문서에 '우바 카나이올라 콜로레Uva Canaiola Colore' 또는 '우바 디 카나이올로 콜로레Uva di Canaiolo Colore'라는 이름으로 여러 차례 등장한다. 카나이올로는 단일 품종으로 양조될 경우 풀 바디하며, 진한 색을 띠고, 높은 알코올 도수에 쓴맛의 특징을 보인다. 어느 정도 숙성이 필요하다. 강한 풍미를 지녀서 대부분 산지오베제에 소량을 블렌딩하는 용도로 쓴다.

추천 와인 산지   이탈리아 토스카나

· 가메 GAMAY

가메는 프랑스 부르고뉴에서 피
노 누아에 밀려 비운의 길을 걸은
적포도 품종이다. 이 품종의 이름
이 처음 등장한 건 부르고뉴에 흑
사병이 휩쓸고 지나간 14세기 중
반이다. 흑사병의 막대한 피해로
포도밭에서 일할 일꾼이 급격하게
줄어드는 등 부르고뉴의 와인 산

업이 내리막길을 걷고 있었다. 당시 가메의 등장은 와인 생산자에게 내려진 구원
의 손길이었다. 가메는 재배하기 까다롭지 않고 수확량도 많았다. 피노 누아보다
2주 더 일찍 익는 조생종이어서 수확기의 악천후를 걱정할 염려도 덜했다. 게다가
양조 또한 까다롭지 않았다. 와인에 과일 맛이 다양해서 소비자에게도 인기가 많
았다. 가메는 금세 부르고뉴의 주요 레드 품종으로 급부상하면서 피노 누아의 자
리를 대체할 것처럼 보였다.

그런데 현재 부르고뉴에서 가장 많이 재배하는 적포도는 피노 누아다. 어쩌
다 이렇게 됐을까? 이는 14세기 부르고뉴의 공작이었던 필립 2세Phillip II와 3세
가 부르고뉴 주요 지역에 가메의 재배를 금지한 탓이다. 필립 2세는 가메를 두고
"disloyal Gaamez(불충한 가메)"라고 말했다. 필립 3세Phillip III는 "부르고뉴 공작
은 그리스도교 국가 중에서 가장 뛰어난 와인의 군주로 알려져 있다. 우리는 우리
의 명성을 계속 이어 나갈 것이다"라고 선포하며 가메의 재배를 거듭 금지하는 칙
령을 발표했다. 가메에는 참 안된 일이지만, 무려 600년 전에도 부르고뉴의 피노
누아 와인이 타의 추종을 불허하는 명성을 지닌 탓이었다.

가메는 부르고뉴의 핵심 지역에서 쫓겨나 남쪽에 새 둥지를 틀었다. 현재는 부
르고뉴 마코네의 화강암 토양에서 최상의 퍼포먼스를 보여주는 와인으로 탄생한

다. 또 부르고뉴의 블렌딩 와인을 뜻하는 파스투그랭Passe-tout-Grains이나 스파클링 와인인 크레망의 재료로 활용된다. 부르고뉴 저 멀리 남쪽 보졸레에서는 지역을 대표하는 품종으로 가볍고 마시기 편한 데일리 와인에서부터 가메의 잠재력을 극한까지 끌어올린 크뤼 와인으로 다양하게 만들어지고 있다. 특히 보졸레의 가메로 만든 내추럴 와인은 친환경 와인 애호가들에게 매우 '핫한' 아이템이다.

가메는 가넷에서 깊은 루비에 이르기까지 다양한 색조의 와인으로 만들어진다. 블랙베리 혹은 레드베리류의 경쾌한 아로마가 특징적이다. 때로는 동물성, 덤불 향이 나기도 한다. 병에서 몇 년 숙성되면 자두와 향신료 향으로 진화한다. 입안에서는 과실 풍미가 가득하다. 젊었을 때는 꽤 풍미가 강렬하지만 시간이 지날수록 부드러운 탄닌을 즐길 수 있다.

추천 와인 산지 　프랑스 보졸레

· 몬테풀치아노 MONTEPULCIANO

이탈리아의 적포도 품종 가운데 두 번째로 많이 재배되는 품종이다. 간혹 토스카나 지역의 고급 와인인 '비노 노빌레 디 몬테풀치아노'와 혼동된다. 이 와인 이

름의 '몬테풀치아노'는 토스카나의 마을 이름이다. 품종과는 관계가 없다. 이런 오해는 과거 오랫동안 몬테풀치아노 품종이 이 와인을 만드는 산지오베제의 다른 이름 가운데 하나로 여겨졌기 때문이다. 물론 두 품종은 완전히 다른 특성을 보인다.

몬테풀치아노는 늦게 익는 만생종으로 수확량도 많은 편이다. 오랜 시간 이탈리아의 중남부 지방의 포도 재배자들이 가장 선호하는 품종이었다. 지금

과 같은 엄청난 재배량을 보이는 것도 바로 많은 생산량 덕분이다. 만생종인 몬테풀치아노는 고온 건조한 기후와 일조량이 좋은 지역을 선호한다.

주요 플레이버는 자두, 허브, 체리, 타르 등으로 특히 과실 향이 풍부하다. 입에서는 미디엄 풀 바디, 다소 높은 탄닌과 산도, 중간 정도의 알코올을 느낄 수 있다. 몬테풀치아노는 이탈리아 중남부 전역에서 재배하지만 가장 높은 분포를 보이는 곳이 이탈리아 중부의 아브루초, 마르케, 몰리제다. 특히 마르케의 몇몇 몬테풀치아노 와인은 세계적인 명성을 자랑한다.

추천 와인 산지   이탈리아 중부(마르케, 아브루초)

· 프리미티보 PRIMITIVO

이탈리아 남부에서 주로 재배되는 적포도 품종이다. 학자들의 DNA 분석 결과 미국 캘리포니아의 진판델과 같은 품종이라는 게 밝혀졌다.[QR]

프리미티보의 영적 고향은 이 품종을 대량으로 재배하는 이탈리아 남부라고 볼 수 있다. 그런데 실은 크로아티아가 고향이다. 학자들은 프리미티보가 18세기 크로아티아에서 아드리아해를 건너 이탈리아 남부로 전해졌을 것으로 추측한다. 그 100년 후에는 이민자들의 손에 들려 미국에 전해진다. 프리미티보는 최초에는 과실 향이 많고 달콤한 로제 와인으로 인기를 얻었다. 미국의 와인 생산자들은 진판델이 미국을 대표하는 토착 적포도 품종이라고 홍보했다. 이 오해가 1994년 유전자 감식으로 풀린 셈이다.

4/ 포도 품종과 클론

'진판델이 알고 보니 프리미티보였다'는 학계의 발표는 이탈리아 프리미티보의 인생에도 반전을 가져온다. 이탈리아에서 프리미티보는 재배하기 까다롭고 포도 송이가 전체적으로 고르게 익지 않아 서서히 재배량이 감소하고 있었다. DNA 분석 결과는 이탈리아 남부에서 이 품종으로 와인을 만드는 이들에게 희소식이었다. 심지어 이탈리아 정부는 1999년부터 레이블에 진판델이라는 이름을 쓸 수 있도록 허용했다. 이탈리아의 프리미티보는 전 세계 곳곳으로 수출되면서 지금까지 승승장구하고 있다.

프리미티보는 기온에 민감해서 재배하기 까다롭다. 다만 이탈리아 남부에서는 전통 방식(알베렐로alberello)으로 이 품종을 재배해 매우 뛰어난 와인으로 탄생시킨다. 알베렐로 방식은 야생 포도나무처럼 지지대 없이 가지만 쳐내서 재배하는 걸 말한다. 포도나무는 땅에서 풀이 자라듯 이탈리아 남부의 뜨거운 햇살을 그대로 받으면서 무럭무럭 자란다.

잘 만든 프리미티보 와인은 매우 진한 색을 띤다. 숙성되면 오렌지빛이 감돈다. 바디감과 구조감도 뛰어나다. 향신료 향에 높은 알코올 함량이 특징이다. 워낙 품종의 향과 맛이 강렬해서 오래전부터 블렌딩용으로만 썼다. 최근 양조 기술이 발전하면서 100% 프리미티보로 만든 최고급 와인을 이탈리아 남부, 특히 풀리아에서 찾아볼 수 있다.

추천 와인 산지　이탈리아 풀리아, 미국 캘리포니아주

· 피노타주 PINOTAGE

피노타주는 1924년 남아프리카공화국의 스텔렌보쉬Stellenbosch 대학의 초대 포도 재배 교수인 에이브러햄 아이작 페롤드Abraham Izac Perold 교수가 피노 누아와 생소를 교배해서 만든 적포도 품종이다.

페롤드 교수는 뛰어난 와
인을 만들지만 재배하기 까
다로운 피노 누아의 장점과
열과 가뭄에 내성이 있는
단단한 품종인 생소의 장점
을 고루 갖춘 품종을 만들
고 싶었다. 그는 뜻대로 두 품종을 교잡해 그의 관저 정원에 심어놓고는 이를 까맣
게 잊었다고 한다. 그러고는 1928년 당시 남아프리카공화국에서 가장 성공적인
와인 회사였던 KWV에 취직하기 위해 대학을 떠났다. 잊힌 정원은 무성해졌다.
한참 뒤 스텔렌보쉬 대학에서 페롤드 교수가 떠난 관저를 청소하기 위해 관리팀을
보냈다. 그중 한 명이 포도나무 묘목에 관해 박식한 인물인 덕분에 까맣게 잊힌 피
노타주를 구출하는 데 성공했다고 한다.

피노타주 최초의 와인은 1941년 탄생했다. 남아프리카공화국 와인 산업의 선구
자였던 카논콥Kanonkop 와이너리에 의해 상업적인 성공을 거두면서 이 품종이 세
계에 알려졌다. 피노타주의 주요 캐릭터는 블랙체리, 블랙베리, 무화과, 멘톨, 구
운 고기, 자두, 감초, 향신료, 담배 향 등이다. 풀 바디에 중간 정도의 탄닌과 낮은
산도, 15%를 가볍게 넘기는 알코올 도수가 특징이다.

추천 와인 산지   남아프리카공화국 케이프반도

· **피노 블랑** PINOT BLANC

청포도인 피노 블랑은 피노 누아의 돌연변이로 알려졌다. 프랑스 알자스와 이탈
리아에서 활약하며 맛있는 화이트 와인을 생산한다. 오스트리아에서는 최고급 와
인 가운데 하나인 트로켄베렌아우스레제, 캐나다에서는 아이스와인으로 만들어

지는 범세계적인 품종이다. 드라이한 화이트 와인에서부터 귀부 와인까지 다양한 스타일에 기여하는 다재다능한 품종이다. 독일에서는 '바이스부르군더Weißburgunder'라고 부른다.

알자스는 피노 블랑의 정신적 고향이다. 알자스를 대표하는 품종인 리슬링과 게뷔르츠트라미너에 가려져서 그렇지, 피노 블랑 또한 스파이시한 향미와 아몬드 향이 매력적이고 크리미한 질감과 기분 좋은 사과 플레이버를 주는 감각적인 화이트 와인을 만든다. 또한 피노 블랑은 알자스의 스파클링 와인인 크레망 달자스Cremant d'Alsace의 주요 재료로 쓰인다. 이 와인은 다른 스파클링보다 더 파삭한 질감과 견과류 향이 매력적으로 나타난다. 프랑스 부르고뉴와 샹파뉴에서도 이 품종을 드물게 찾아볼 수 있다. 두 지역 모두 피노 블랑을 블렌딩에 허용하지만, 이를 실제로 와인에 활용하는 생산자는 그리 많지 않다.

추천 와인 산지 프랑스 알자스와 샹파뉴, 독일, 이탈리아 북부

· 알리고테 ALIGOTÉ

17세기 처음으로 부르고뉴에 등장한 알리고테는 구아이 블랑과 피노 누아의 교배로 태어난 청포도 품종이다. 오랫동안 최고급 부르고뉴 화이트 와인을 만들어온 코르통 샤를마뉴와 몽라셰 등에서 샤르도네와 함께 재배되면서 알

리고테는 비교당하기 일쑤였다. 샤르도네보다 생산량이 많고 포도알이 크다 보니 생산자들 사이에서 점차 외면당했다. 현재는 부르고뉴 전체 포도 생산량의 불과 6%만 차지한다. 피노 누아에 밀린 가메와 같은 신세인 셈이다.

그나마 알리고테는 가메보다는 한결 낫다. 1937년 정부가 알리고테 품종만을 위한 AOP 명칭을 따로 만들었기 때문이다. 바로 AOP 부르고뉴 알리고테Bourgogne Aligoté와 부즈롱Bouzeron이다. 특히 이 품종에 헌신하는 와인 메이커들로 가득한 부즈롱은 가성비 좋은 부르고뉴 와인을 찾아 헤매는 이들에게는 가뭄의 단비 같은 존재다.

알리고테는 은은한 황금빛이 가미된 노란색이 특징이다. 배, 복숭아, 흰 꽃, 레몬, 아카시아, 헤이즐넛, 풋사과, 때로는 감귤류의 다채로운 향을 감지할 수 있다. 혀에서는 깔끔한 미네랄리티와 인상적인 과실 풍미가 후미에 이어져 절로 미소 짓게 하는 좋은 품종이다.

추천 와인 산지　프랑스 부르고뉴

· 뮈스카데 MUSCADET

루아르 밸리 서쪽 끝 페이 낭테 지역에서 주로 서식하는 청포도 품종이다. 루아르 현지에서는 '믈롱 드 부르고뉴Melon de Bourgogne', 간단히 '믈롱'이라고 부르기도 한다. 별칭에서 추측할 수 있듯이, 이 품종은 부르고뉴 지역에서 오랜 시간 재배했다. 그러다 샤르도네에 밀려 점차 사라진 비운의 품종이다.

뮈스카데는 추위에 강한 특성이 있다. 이 장점 덕분에 봄 서리에 고통받던 루아르 밸리 포도 재배자들의 눈에 띄어 멀리 이사를 온다. 프랑스의 브랜디 산업에 지대한 영향을 끼친 네덜란드인이 이 품종을 낭트항 근처에 널리 재배하면서 제2의 인생을 살게 되었다. 본래 낭트항 근처에는 청포도보다 적포도가 더 많이

재배되었다고 한다. 하지만 1709년 루아르를 덮친 기록적인 한파로 수많은 포도나무가 파괴됐을 때 추위에 강한 뮈스카데가 돋보였다. 이를 계기로 루아르 서부 대서양과 맞닿은 페이 낭트 지역을 독식하면서 거대한 뮈스카데 물결이 지역 전체에 출렁였다. 뮈스카데의 입장에서는 위기가 기회가 된 셈이다.

뮈스카데는 다소 산도가 높고 중성적인 캐릭터를 지닌, 즉 큰 개성이 없는 포도 품종이다. 하지만 루아르 지역의 와인 생산자들은 자신들의 독특한 기술을 품종에 불어넣었다. 바로 '쉬르 리Sur Lie'. 쉬르 리는 리, 그러니까 효모 찌꺼기의 프랑스어다. 즉, 샴페인과 마찬가지로 와인을 효모 찌꺼기와 접촉시켜서 다소 밍밍한 뮈스카데 와인에 복합성을 불어넣었다. 대개 뮈스카데는 어렸을 때 소비해야 하는 와인을 만들지만, 쉬르 리를 거쳤을 경우 때에 따라 10년 이상도 저장이 가능하다.

뮈스카데 와인은 기분 좋은 미네랄 향과 사과, 감귤의 풍미가 특징적이다. 특히 해산물 요리와 환상적인 마리아주를 보인다. 루아르 현지인들은 낭트의 북서쪽에 있는 브르타뉴 지방에서 채취되는 벨롱 굴과 뮈스카데를 최상의 궁합이라 생각한다.

추천 와인 산지   프랑스 루아르

· 마르산느 MARSANNE & 루산느 ROUSSANNE

프랑스의 북부 론에서 주로 재배되는 청포도 품종이다. 둘 가운데 한 품종으로만 와인을 만드는 일은 드물다. 서로 붙어 다니면서 서로의 장점을 더하고 단점을 보완하는 의미에서 블렌딩을 통해 질 좋은 화이트 와인을 만든다. 루산느가 와인에 향긋한 아로마와 부케를 준다면, 마르산느는 와인에 깊이와 풍부한 질감을 가미한다. 대체로 구운 견과류, 배, 백도, 멜론, 향신료 및 꽃의 풍미와 향을 지닌 풍부하고 짙은 색의 화이트 와인을 만든다. 또한 숙성되면 색과 깊이감이 더해진다. 마르산느로는 드물게 스위트 와인을 만들기도 한다. 이때는 농익은 포도를 말려서 만드는 스트로 방식으로 생산된다. 또한 그르나슈 블랑이나 비오니에와 블렌딩하기도 한다.

추천 와인 산지　프랑스 북부 론

· 베르나차 디 산 지미냐노 VERNACCIA DI SAN GIMIGNANO

이탈리아 토스카나를 대표하는 프리미엄 청포도 품종이다. 간단히 '베르나차'라고도 부른다. 이 품종에 대한 최초의 자료는 1276년으로 거슬러 올라간다. 현재 베르나차 품종과 와인에 관한 역사적 문헌은 산 지미냐노의 시립도서관에 보관되어 있

　　　　　　　　　　　　　　　　　　　　4/ 포도 품종과 클론

다. 그만큼 고귀한 품종으로 대접받는다. 베르나차 포도로 만든 와인은 중세부터 그 뛰어난 품질을 인정받아 최고급으로 여겨졌다. 당시 금만큼 귀했던 사프란보다 가치를 높게 매겼다고 한다. 이 때문에 베르나차 와인은 교황청이나 메디치가家 같은 귀족 혹은 왕가에 바치는 선물로 쓰였다.

베르나차는 일정하고 높은 생산량을 보장한다. 와인으로 만들면 황갈색을 띠지만, 시간이 지날수록 황금빛에 가까워진다. 섬세하면서도 강렬한 향, 야생 사과와 흰 꽃을 연상케 하는 아로마, 드라이하며 조화로운 맛, 다소 쓴 후미, 적당한 산미를 지닌 와인으로 탄생한다.

추천 와인 산지　이탈리아 토스카나

· 말바지아 MALVASIA

이탈리아 와인 산업에서 매우 중요한 위치를 차지하는 청포도 품종(소수의 적포도 포함)의 그룹명이다. 말바지아는 수많은 유사 품종이 있다. 대체로 와인으로 만들어지면 달고 향이 강하며 약간 쓴맛을 보이는 것이 특징이다.

이 품종의 명칭은 그리스의 작은 해안 마을 모넴바지아Monemvasia에서 유래

했다. 이곳은 과거에 유명한 항구였기 때문에 이곳을 방문한 상인들이 말바지아를 유럽의 다른 지역에 팔기 시작하면서 널리 퍼졌다. 당시 말바지아로 만든 달콤한 와인은 베네치아공국의 후원에 힘입어 1700년대까지 유럽 전체에 유명세를 떨쳤다. 당시 베네치아에는 말바지아라는 이름을 단 수많은 술집이 있었고, 오직 말바지아로 만든 와인만 마

셨다고 한다.

말바지아 그룹에서 가장 유명한 개체는 토스카나에서 주로 재배되는 '말바지아 비앙카 룽가Malvasia Bianca Lunga'다. 간단히 '말바지아 토스카나'라고 부르기도 한다. 키안티 지역에서 수세기에 걸쳐 재배된 유서 깊은 품종이다. 과거 리카솔리가 만들어낸 키안티 레시피에 포함된 품종이기도 하다. 단일로 양조되면 황갈색을 띠며 아로마가 가볍고 신선하다. 맛은 부드럽고, 바디감과 알코올 도수가 알맞은 무난한 와인으로 탄생한다.

추천 와인 산지　이탈리아 토스카나

· 코르테제 CORTESE

이탈리아 피에몬테에서 주로 재배되는 청포도 품종이다. 정확한 기원은 알려지지 않았으나 17세기 말 발견된 오래된 고문서에서 코르테제 이름이 등장한다. 또한 코르테제 와인은 인근의 리구리아 해안에서 잡아 올린 신선한 해산물과 가장 잘 어울린다. 인근의 가장 큰 항구인 제노바의 레스토랑에서 오랜 시간 사랑받아왔다.

코르테제는 강한 생장력을 보인다. 특별히 기후나 토양을 가리지는 않지만 일조량이 좋은 경사면을 선호한다. 단일 품종으로 양조되면 초록빛이 도는 황갈색에 부드럽고 섬세한 향, 적당한 당도, 프레시하고 좋은 산미, 쓴 아몬드 맛을 낸다.

추천 와인 산지　이탈리아 피에몬테

4/ 포도 품종과 클론

· 아르네이스 ARNEIS

이탈리아 피에몬테 지역에서 주로 재배되는 청포도 품종이다. 최초 기록이 1400년대까지 거슬러 올라갈 정도로 피에몬테에서 오랫동안 재배되었다. 다만 20세기에 들어 바롤로를 생산하기 위해 네비올로 품종에 집착하면서 재배면적이 꾸준히 감소해 멸종 위기에 처한 적이 있다. 다행히 이 품종의 진가를 알고 있던 두 전 설적인 생산자, 브루노 지아코사Bruno Giacosa와 비에티Vietti에 덕분에 명맥을 유지했다. 두 생산자의 노력에 힘입어 1980년대에는 극적으로 재배량이 늘어났다. 당연히 진정한 아르네이스 와인을 느끼려면 앞서 언급한 두 생산자의 와인을 맛보면 된다.

아르네이스는 신선함이 특징으로, 익는 시기가 빠른 편이다. 주로 일조량이 좋고 사토로 이루어진 구릉에서 재배되기 때문에 많은 생산량을 보장한다. 코르테제나 또 다른 이탈리아 토착 품종인 파보리타Favorita와 블렌딩하기도 한다. 단일 품종 와인으로 만들면 은은한 황금색에 우아하고 진한 과일 향을 느낄 수 있다. 또, 강렬한 맛에 산미가 적당하며 밸런스가 좋은 와인으로 탄생한다.

추천 와인 산지   이탈리아 피에몬테

· 트레비아노 TREBBIANO

이탈리아 중부에서 주로 재배되는 청포도 품종의 그룹명이다. 역사가 1200년대로 거슬러 올라갈 정도로 유서 깊다. 역사학자들이 발견한 고문서에는 트레비아노 와인이 고급스럽고 품질이 뛰어나다고 기록되었다. 트레비아노는 전혀 다른 특성의 수많은 개체가 모여 있는 뮈스카나 말바지아 그룹과는 달리 색깔이나 풍미에 있어서 매우 유사한 개체들로 구성된 '진정한' 그룹이라고 할 수 있다. 트레비아노 그룹의 각 개체는 주로 재배되는 지역의 이름이 붙는다. 예를 들어, 토스카나에서 재배되는 트레비아노는 '트레비아노 토스카노Trebbiano Toscano' 다. 이 개체는 트레비아노 그룹에서 가장 널리 재배

되고 유명하다. 트레비아노 토스카노는 단일로 양조되면 진한 볏짚색에 섬세하지만 진하지 않은 향과 평범한 맛을 내고, 적당한 알코올을 지녔다.

추천 와인 산지　이탈리아 중부(토스카나, 마르케, 아브루쪼)

· **글레라** GLERA

　이탈리아 베네토에서 대량으로 재배하는 청포도 품종이다. 글레라는 생장력이 뛰어나며 늦게 익는 만생종으로, 건조하지 않은 구릉지나 경사면에서 잘 자란다. 포도 알맹이가 매우 작고 기후와 토양에 민감한 편이다. 글레라는 기본적으로 산도가 높고 중성적인 캐릭터이기 때문에 스파클링 와인을 만드는 데 매우 이상적이다. 주요 재배지인 이탈리아 베네토에서는 글레라로 만든 스파클링 와인을 '프로세코Prosecco' 라 부른다. 이탈리아에서만 한정적으로 인기가 있었던 프로세코는 미국의 와인 수입 회사인 미오네토Mionetto에 의해 미국에 소개되면서 범세계적인 인기를 누린다. 국내에서도 와

인 전문 숍이라면 최소한 한 종 이상의 프로세코를 찾아볼 수 있다. 프로세코의 가장 큰 매력은 맛이라기보다는 샴페인과 비교해서 상대적으로 저렴한 가격에 있다. 물론 고급 프로세코는 샴페인 품질에 비견되기도 한다.

추천 와인 산지   이탈리아 베네토

· 베르데호 VERDEJO

스페인 루에다 지역에서 오랜 시간 재배해온 청포도 품종이다. 북아프리카의 아랍계 기독교인을 일컫는 모자랍에 의해 11세기경 스페인의 루에다 지역에 정착했다고 알려졌다. 베르데호는 오랜 시간 지금의 세리주처럼 산화된 화이트 와인을 만드는 데 사용됐다. 점차 인기가 하락하면서 멸종 위기에 처하기도 했지만, 이 품종에 헌신적인 노력을 아끼지 않은 루에다의 와인 생산자 앙헬 로드리게즈 비달 Ángel Rodríguez Vidal(Bodega Martinsancho) 덕분에 명맥을 유지했다. 1970년대에는 스페인의 국보급 와이너리인 마르케스 드 리스칼Marqués de Riscal이 프랑스의 전설적인 양조학자 에밀 페노와 협업해 베르데호 품종으로 대중적이면서 신선한 스

타일의 와인을 만드는 데 성공해, 제2의 전성기를 누리고 있다.

베르데호는 라임, 멜론, 자몽, 펜넬, 복숭아 향이 특징적이다. 다소 높은 산도와 중간 정도의 알코올을 가진 와인을 만든다. 종종 소비뇽 블랑과 비교되기도 하는데, 베르데호의 가장 큰 매력은 숙성되면서 독특한 아몬드 향을 낸다는 것이다.

· 그르나슈 블랑 GRENACHE BLANC

그르나슈 블랑은 적포도인 그르나슈 누아Grenache Noir의 변종으로 풀 바디한 화이트 와인을 만든다. 그르나슈 누아와 마찬가지로 스페인이 원산지이지만, 남프랑스 일부가 스페인의 지배에 놓였을 때 그르나슈 누아와 함께 유입된 뒤 프랑스 론 지방에 뿌리내렸다. 샤르도네와 유사한 강렬한 풍미, 높은 알코올 도수로 진한 화이트 와인에 열광하는 와인 애호가들 사이에서 꽤 높은 인기를 누린다.

그르나슈 블랑은 수확량을 조절하지 않으면 다소 밋밋한 와인이 된다. 적절한 가지치기와 그린 하베스트로 소량의 포도만 수확하면 좋은 와인을 만들 수 있다. 특히 루산느 포도 품종과 함께하면 더욱 더 인상적인 풍미와 긴 후미를 가진 와인을 만든다. 그르나슈 블랑은 장기간의 침용이라든지, 젖산전환, 술지게미 숙성, 오크통 숙성에 매우 유연하고 효율적으로 반응한다. 잘만 다루면 폭발적인 플레이버와 긴 후미를 지닌 와인을 만들 수 있다. 주요 플레이버로는 배, 망고, 라임, 복숭아, 달콤한 꽃 향, 구운 사과, 브리오슈, 레몬 커드 등이다. 입에서도 풍부한 배 풍미와 아몬드, 말린 허브 향이 인상적이다.

클론CLONE

클론에 대한 이야기가 궁금하다면, 와인을 더 진지하고 깊게 즐길 준비가 되었다는 의미다. 클론은 안 그래도 다채로운 와인의 종류를 더 다채롭게 만드는 주제이다. 클론을 이해하면 같은 피노 누아 품종으로 만든 와인이 왜 저마다 개성이 다른지에 대해 부분적이지만 설명할 수 있다.

'클론'은 '복제'를 뜻한다. 그럼, 와인에서는 뭘 복제했다는 뜻일까? 바로 '포도 품종을 복제'했다는 뜻이다. 그런데 왜 포도 품종을 복제할까? 복제의 대상이 되는 포도 품종으로 만든 와인이 맛있고 인기가 있기 때문이다. 와인을 만든다는 건 결국 많은 돈과 시간, 노력이 드는 작업이다. 와인을 만들려는 사람이라면 누구나 시간 낭비를 줄이는 동시에 품질이 보장된 와인을 만들고 싶어 한다. 그러니 이미 장점이 뚜렷하게 입증된 품종을 복제해서 포도밭에 심는다면 좋은 와인을 만들 가능성이 커진다. 즉 인간의 욕구가 클론의 발전을 이끌었다. 그렇다면 어떻게 포도 품종을 복제할 수 있을까? 이를 이해하기 위해 포도나무가 어떻게 번식하는지부터 알아보자.

포도나무의 꽃은 암술과 수술이 한 꽃 속에 같이 있다. 꽃이 꽃뚜껑으로 덮여 있다. 수꽃의 꽃실이 생장하는 압력으로 꽃뚜껑이 떨어져 나가면 암술과 수술이 노출되어 수분이 맺히고 수정된다. 물론 바람이나 곤충에 의해 번식할 수도 있다. 하지만 이건 번식이지 복제가 아니다. 예를 들어보자. 내가 가꾸는 정원에 향과 맛이 매우 좋은 '샤르도네 1번' 포도나무가 자라고 있다. 나는 더 많은 샤르도네 1번 포도나무를 얻기 위해 옆 정원에 샤르도네 1번 포도나무의 씨를 심어서 발아시켰다. 그렇다면 새롭게 얻은 포도나무는 샤르도네 1번 포도나무와 유전적 특성이 같을까? 물론 그렇지 않다. 나의 부모가 앞으로 아무리 많은 자식을 낳는다고 해도 절대 나와 완전히 같은 생명체를 낳을 수 없는 것과 같은 이치다.

이처럼 번식에 의한 유전적 다양성은 생명체가 환경에 적응하기 위한 자연적인 현상이다. 하지만 포도 재배자에게는 달가운 얘기가 아니다. 그들에게 가장 중요한 건 매년 일정한 품질의 와인을 만드는 것이다. 만약 시간과 돈을 들여서 일군 포도밭이 매년 다른 성격의 포도를 맺는다면 그것만큼 골치 아픈 게 없다. 그래서 포도 재배자는 포도나무를 꺾꽂이로 번식시킨다. 와이너리에서 포도밭을 일굴 때 씨를 뿌려서 번식시킨다고 알고 있는 사람들도 꽤 있을 것 같다. 그렇지 않다. 물론 할 수는 있지만, 시간이 너무 오래 걸리는 데다 언급했듯 일정한 품질의 와인을 얻을 수가 없다. 그래서 사람들은 씨를 심지 않고 포도나무의 줄기를 잘라서 땅에 심는다. 이를 '꺾꽂이' 혹은 나무를 땅에 꽂는다는 의미를 지닌 '삽목插木'이라고도 한다.

다만 지금은 많은 사람이 포도나무를 삽목이 아닌 '대목에 접목'해서 재배한다. 접목 재배를 하는 이유는 19세기 전 세계 포도 재배자를 공포에 몰아넣었던 필록세라 탓이다. 포도나무의 뿌리에 기생해 수액을 빨아먹는 이 작은 진딧물은 19세기 말 전 세계 포도나무를 괴멸시키다시피 했다. 유일한 해결책은 이 진딧물에 저항력이 있는 미국산 포도나무의 뿌리를 대목으로 활용하는 것이었다. 그래서 현재 전 세계 양조용 포도나무는 뿌리가 대부분 미국산이며, 여기에 원하는 유럽산 포도 품종의 가지를 접목해서 키우고 있다.

대목으로 사용되는 미국산 포도나무

삽목이든 대목이든 유약한 작은 줄기가 어떻게 번듯한 포도나무가 되는지 이해되지 않을 수 있다. 동물과 달리 식물의 모든 세포는 분화分化할 수 있는 전분화능全分化能이 있다. 모체에서 잘라낸 가지는 모체와 동일한 DNA를 갖는 복제품이기 때문에 모체와 능력이 같다. 이게 바로 클론이다. 클론이야말로 포도 재배자가 얻고자 하는 일관성 있는 포도를 얻게 해준다.

그런데 이런 의문이 들지 않는가? 클론은 모체에서 얻은 가지에서 탄생한다고 했는데, 어떻게 클론의 특성이 다를 수 있을까? 그건 클론이라고 해도 자라면서 토양이나 기후 등 환경 요소로 인해 유전적 돌연변이가 일어날 수 있기 때문이다. 어떤 유전적 돌연변이는 긍정적인데, 이런 클론은 사람들에 의해 선택되고 고유의 이름을 부여 받는다. 다만 그렇다고 해서 다른 품종이 탄생한다는 뜻이 아니다. 모체의 성격을 물려받았지만, 성격이 좀 다를 뿐이다. 새로운 품종은 반드시 어머니와 아버지가 만나야 탄생할 수 있다는 점을 잊지 말자.

〈와인 메이킹〉 파트에서 여러 차례 언급했지만, 와인을 만든다는 건 선택의 연속이다. 와인 생산자는 자기가 어떤 와인을 만들고 싶은지부터 결정해야 한다. 그러면 어떤 클론을 써야 하는지도 명백해진다. 예를 들어, 피노 누아는 재배 역사가 긴 만큼 클론의 종류가 매우 다양하다. 그 많은 클론의 특성이 조금씩 다르다 보니, 피노 누아 와인을 만들려는 생산자는 어떤 클론을 선택해야 할지 고심할 수밖에 없다.

· 피노 누아 클론^{QR}

품종에서 언급했듯 피노 누아는 굉장히 오랜 시간 지구상에서 재배된 품종이다. 민감한 캐릭터라서 유전적 변이가 쉽게 이루어지기 때문에 클론도 정말 다양하다. 연구에 따르면, 피노 누아는 대략 3만여 개의 유전자를 지녔다. 이는 인간보다 많은 수치라고 한다. 이런 특징 때문에 전 세계에 무려 1000여 종에 육박하는 피노 누아 클론이 존재한다.

피노 누아의 공식적인 첫 번째 클론은 1971년 프랑스에서 출시됐다. 첫 클론 시리즈는 부르고뉴의 주도인 '디종Dijon'의 이름을 따 111부터 115까지 번호가 매겨졌다. 예를 들어 '디종 111' 이런 식이다. 그리고 유명 피노 누아 클론인 667이 포함된 665부터 668은 1980년에 출시됐다. 또 다른 유명 클론인 777이 포함된 7 시리즈는 1981년 출시됐고, 1980년대 후반에는 828, 871, 943이 데뷔했다.

물론 프랑스 말고 미국에서 개발한 클론도 있다. 미국의 피노 누아 클론 연구에 가장 주도적인 역할을 한 곳은 캘리포니아의 UC 데이비스 대학이다. 특히 이 대학의 교수였던 해롤드 올모Harold Olmo 박사가 피노 누아 클론 개발에 크게 공헌했다. 그가 처음 프랑스 부르고뉴에서 가져온 피노 누아 묘목을 최초에는 '820 포마르'라고 불렀다. 이게 나중에 이름이 바뀌어서 '포마르 04'라고 명명됐다. '포마르Pommard'라는 이름을 붙인 건, 이 피노 누아 묘목을 부르고뉴의 유명 와이너리인 샤토 드 포마르Château de Pommard에서 가져왔기 때문이다. 해롤드 올모 교수는 포마르 04를 개량해서 두 복제품을 만들었다. 이를 순서대로 05, 06을 붙여서 부른다.

4/ 포도 품종과 클론

포마르 클론 시리즈는 초기 캘리포니아의 피노 누아 포도밭의 대부분을 차지했지만, 1980년대 디종 클론이 소개되면서 점차 자리를 내주었다. 현재는 디종 클론이 대세이기는 하지만 포마르 클론도 여전히 사용된다.

마지막으로 바덴스빌Wadenswil 클론이 있다. 이건 스위스에서 가져온 피노 누아에서 탄생한 클론이다. 이 또한 UC 데이비스의 올모 교수가 탄생시켰다. 세계에서 가장 유명한 피노 누아 클론 일곱 가지의 특징을 간략히 알아보자.

디종 클론 113 우아한 스타일의 와인을 만든다. 플럼, 체리, 라즈베리, 삼나무 향이 특징이고, 미디엄 바디에 탄닌은 높은 편이다. 높은 탄닌 때문에 와인을 만들 때 줄기를 이용하지 않는 편이다. 적당한 수확량을 보장한다.

디종 클론 114 향기로운 플레이버가 좋은 와인을 만든다. 석류, 콜라, 향신료, 블루베리의 향이 특징이다. 미디엄 플러스 바디에 탄닌은 미디엄 정도다. 수확량이 적은 편이다.

디종 클론 115 균형이 잘 잡힌, 즉 밸런스가 좋은 와인을 만든다. 장미꽃잎 향, 레드체리, 아니스, 블랙 라즈베리 향이 특징적이다. 미디엄 플러스 바디에 탄닌은 낮은 편이다. 가장 유명한 클론이다.

디종 클론 667 생동감 있는 스타일의 와인을 만든다. 다크 체리, 라즈베리, 홍차, 넛맥이나 올스파이스, 정향 같은 향신료 향이 특징이다. 미디엄 바디에 탄닌은 낮은 편이다. 포도송이가 작은 편이고 수확량이 적다.

디종 클론 777 벨벳처럼 우아한 풍미의 와인을 만든다. 블랙체리, 카시스, 블랙베리, 감초, 담배 향이 특징적이다. 풀 바디에 미디엄 탄닌을 보이며, 숙성력이 좋다.

포마르 클론 5 토양이나 흙 향이 특징적인 와인을 만든다. 이외에도 다크 푸르트나 버섯, 올스파이스 향이 지배적이다. 미디엄 바디에 탄닌이 높은 편이다.

바덴스빌 2A 꽃 향이 좋은 와인을 만들고, 이외에도 체리나 라즈베리, 장미꽃 향이 특징적이다. 미디엄 바디에 탄닌도 미디엄 정도다.

클론 정보에서도 느낄 수 있겠지만, 피노 누아만큼 연구를 많이 하는 품종도 없을 것이다. 피노 누아는 테루아르에 굉장히 민감하게 반응한다. 테루아르를 정직하게 와인에 담아내는 특성이 있기 때문에 토양의 성격에 잘 맞는 클론을 재배하는 게 관건이다.

· 산지오베제 클론^{QR}

산지오베제 클론에 관한 연구는 1906년 지로라모 몰론Girolamo Molon에 의해서 시작됐다. 그는 산지오베제를 크게 '산지오베제 그로소Grosso'와 '산지오베제 피콜로Piccolo' 타입으로 나누고, 산지오베제 그로소 그룹에 속한 클론이야말로 고급 산지오베제라고 정의를 내렸다. 예를 들어, 대표적인 산지오베제 산지인 키안티 클라시코 최중심부에 위치한 그레베 인 키안티에서 주로 재배되는 '산지오베제 디 라몰레Sangiovese di Lamole'라든지, 비노 노빌레 디 몬테풀치아노를 만드는 '프루뇰로 젠틸레Prugnolo Gentile', 브루넬로 디 몬탈치노를 만드는 '브루넬로Brunello' 같은 것이 바로 산지오베제 그로소에 속한다.

산지오베제가 그로소와 피콜로로 나뉜다는 몰론의 시각은 너무 단순하다는 게 지금의 정론이다. 산지오베제는 그렇게 이분법적으로 나누기가 불가능할 만큼 광범위한 클론을 가진 복잡한 품종이기 때문이다. 1970년대 연구진들은 유용한 산지오베제 클론 세 가지를 발표했다. R10, R24, F9. 여기서 'R'은 이 클론을 개발한 라우셰도Rauscedo의 약자다. 'F'는 연구소인 피렌체대학University of Florence의 약자다. R10은 '그로소 라몰레Grosso Lamole'라는 이름으로도 불리는데, 색이 옅고 약한 바디의 와인을 만든다. R24는 프루티한 플레이버가 강하고 적당한 색

을 지녔다. F9은 R10과 성격이 비슷하지만, 포도알이 조금 더 크고 색도 더 진한 편이다.

이 시기에 T19가 등장한다. 무슨 터미네이터 이름 같은데, T19는 1970년대 이탈리아 에밀리아 로마냐의 포도 재배자인 레미지오 보르디니가 붙인 이름이다. 1990년대 키안티 클라시코 2000 프로젝트에서는 이 T19를 산지오베제의 클론으로 추정하고 본격적으로 연구했다. 1998년 키안티 협회의 주최로 열린 블라인드 테이스팅 평가에서 T19가 진한 색과 향긋한 꽃 향, 좋은 탄닌을 지닌 와인으로 평가받으면서 '핫한' 산지오베제 클론이 되었다.

1990년대에 키안티 클라시코 2000 프로젝트에서 또 다른 두 개의 산지오베제 클론을 추가로 분류했다. CCL 2000/I와 CCL 2000/7이다. 이 두 클론은 2000년대 초반에 재배자들에게 인기가 많았다. 이 시기에 다른 많은 클론이 출시되었는데, 이때 발표된 클론을 산지오베제 클론의 2세대라고 불렀다. 첫 번째 세대는 아까 언급했던 F9, R10, R24, T19다.

1988년, 프랑스의 포도나무 묘목 연구소인 페피니에르 기욤의 피에르 마리 기욤이 토스카나의 산지오베제 클론에 관해 연구했다. 그와 함께 열정적으로 연구를 도왔던 사람이 바로 토스카나의 유명한 와이너리인 이솔레 에 올레나Isole e Olena의 오너인 파올로 데 마르키Paolo De Marchi다. 현재 기욤의 연구소에는 이탈리아에서 선별한 열두 개 이상의 산지오베제 클론이 있다.

· 샤르도네 클론[QR]

현재 샤르도네는 프랑스에서만 대략 30~40여 종의 클론이 재배된다. 샤르도네 클론의 대부분은 피노 누아처럼 프랑스 디종의 부르고뉴 대학에서 개발되었다. 그래서 디종 클론이라는 이름이 붙었다. 클론마다 특징이 조금씩 다르다. 예를 들어 디종 76, 95, 96는 생산량이 많지 않지만 집중력 있는 플레이버를 보여준다. 디종 77, 809는 더 아로마틱한 향을 낸다. 디종 75, 78, 121, 124, 125, 277은 생육이 활발 해서 수확량이 많다.

미국은 샤르도네의 새로운 고향이라 할 수 있다. 특히 캘리포니아가 압도적인 재배량을 보여준다. 캘리포니아에 첫 샤르도네가 재배 된 때는 1882년 리버모어 밸리로, 찰스 웨트 모어Charles Wetmore가 부르고뉴에서 가져온 묘목이었다. 이후 1896년 폴 메이슨Paul Mason이 프랑스에서 수입한 샤르도네 묘목을 산타 크루즈 마운틴에서 재배한 기록이 있다. 이후 1912년 칼 웬티Carl Wente가 프랑스 몽펠리에 대학에서 구매한 묘목을 가져와 심었다. 하지만 금주법이 터지면서 침체기를 겪는다.

여기서 주목할 이름이 '칼 웬티'다. 1883년 설립되어서 가족 경영으로 지금까지 운영되는 유명한 와이너리, 웬티Wente 와이너리의 설립자다. 아버지가 구매한 샤르도네 포도나무를 어니스트와 예르만 웬티가 각고의 노력을 들여 리버모어밸리에 가장 잘 적응한 최고의 샤르도네 클론을 골라냈다. 이 클론은 그들의 업적을 기리는 의미에서 '웬티 클론'으로 명명되었다. 1950년대 한젤 빈야드Hanzell Vineyards의 제임스 데이비드 젤러바흐James David Zellerbach가 부르고뉴 스타일의 샤르도네 와인을 만드는 데 성공했을 때 웬티 클론을 사용했다. 현재 미국 샤르도네 80%가 웬티 클론과 이 클론에서 비롯한 자손들이라 할 수 있을 정도로 미국 샤르도네 역사의 중요한 축이다.

· 네비올로 클론QR

네비올로는 수많은 클론을 지닌 피노 누아처럼 유전적으로 매우 불안정해서 변이되기가 쉽다. 그래서 현재 약 40~50여 종의 클론이 존재한다. 하지만 바롤로와 바르바레스코를 만드는 주요 클론은

람피아Lampia, 볼라Bolla, 미케트Michet, 로제 네비올로Rosé Nebbiolo다. 여기서 로제 네비올로는 로제 와인을 뜻하는 게 아니라 품종의 껍질이 다른 클론보다 옅어서 붙은 이름이다. 이 품종으로 만든 와인의 색이 유독 연해서 최근에는 다른 세 품종보다 인기가 떨어졌다.

네 클론 가운데 가장 인기 있는 건 람피아다. 재배자들에게 가장 인기가 있고 포도 품질에서도 가장 신뢰도가 높다. 미케트의 경우, 최종 생산된 와인의 품질 특히 와인의 농축미에 좋은 평가를 받는 편이다. 볼라는 람피아와 형제 품종이라고 할 만큼 밀접하게 연관돼 있는데, 생산성이 너무 뛰어난 바람에 버려진 비운의 클론이다. 정리하자면, 람피아와 미케트가 인기가 많다.

참고 자료

1. 문헌

《로버트 파커의 THE GREATEST WINE*The Greatest Wine*》, 로버트 파커, 오상용 옮김, 바롬웍스, 2008.

《와인 폴리*Wine Folly*》(매그넘 에디션), Madeline Puckette·Justin Hammack, 차승은 옮김, 영진닷컴, 2020.

《와인력*Making Sense Of Wine*》, 맷 크레이머, 이석우·김명경 옮김, 바롬웍스, 2010.

《와인의 역사*A Short History of Wine*》, 로드 필립스, 이은선 옮김, 시공사, 2002.

《와인이 있는 100가지 장면》, 엄정선·배두환, 보틀프레스, 2021.

《이탈리아 와인 여행》, 엄정선·배두환, 꿈의지도, 2022.

《프랑스 와인 여행》, 엄정선·배두환, 꿈의지도, 2021.

《휴 존슨·잰시스 로빈슨의 아틀라스 와인*The World Atlas of Wine*》, 휴 존슨·잰시스 로빈슨, 인트랜스 번역원 옮김, 세종서적, 2009.

Jancis Robinson's Guide to Wine Grapes, Jancis Robinson, Oxford University Press, 1996.

'Kinetics of oxygen ingress into wine bottles closed with natural cork stoppers of different qualities', Vanda Oliveira · Paulo Lopes · Miguel Cabral · Helena Pereira, *American journal of enology and viticulture*, 64(3), 2013

Knowing and Making Wine, Emile Peynaud · Alan Spencer, Houghton Mifflin Harcourt, 1984

Riesling Renaissance, Freddy Price, Mitchell Beazley, 2004.

The Oxford Companion to Wine(3rd ed.), Jancis Robinson(ed), Oxford University Press, 2006.

Vintage: The Story of Wine, Hugh Johnson, Simon & Schuster, 1989.

Wine Grapes: A Complete Guide to 1,368 Vine Varieties, Including Their Origins and Flavours, Jancis Robinson · Julia Harding · Jose Vouillamoz, Ecco, 2012.

2. 인터넷 사이트

www.enologyinternational.com/fining.php

comte-usa.com/

crottindechavignol.fr/professionnels/syndicat

daily.sevenfifty.com/how-sulfites-affect-a-wines-chemistry/

daily.sevenfifty.com/how-sulfites-affect-a-wines-chemistry/

daily.sevenfifty.com/how-winemakers-craft-clean-natural-wines/

daily.sevenfifty.com/the-science-of-winemaking-yeasts/

doi.org/10.1007/s10816-014-9205-z

ehne.fr/en/encyclopedia/themes/material-civilization/european-objects/shaped-taste-or-
   social-pressure-european-champagne-glass

ich.unesco.org/en/RL/ancient-georgian-traditional-qvevri-wine-making-method-00870

ich.unesco.org/en/RL/ancient-georgian-traditional-qvevri-wine-making-method-00870

italianwinecentral.com/

italianwinecentral.com/top-ten-most-planted-grape-varieties-in-italy/

jamon.co.uk/blogs/jamon-knowledge/how-jamon-is-made

maisons-champagne.com/en/encyclopedias/champagne-guest-book/before-sparkling-
   champagne/effervescence/article/the-first-sparkling-wines

onlinelibrary.wiley.com/doi/full/10.1111/ajgw.12196

oppla.eu/casestudy/20235#:~:text=Most%20of%20the%20wines%20exported%20in%20
   the,seal%20should%20hardly%20interact%20with%20the%20wine

pepites-en-champagne.fr/en/blog/post/the-history-of-champagne-christopher-merret

pubmed.ncbi.nlm.nih.gov/37360706/

pubs.acs.org/doi/10.1021/jf00110a037

schloss-johannisberg.de/en/history/

squareup.com/gb/en/townsquare/corkage-fee

tyrrells.com.au/wine-education-with-scott-richardson-the-history-of-the-oak-barrel/

vinepair.com/articles/mutage-demijohns-vin-doux-naturels-crash-course-french-dessert-
    wines/

vinepair.com/articles/the-complete-guide-to-marsala-wine/

vinepair.com/wine-blog/history-wine-transport-8000-years/

vinosigns.dk/wp-content/uploads/2017/09/Measuring-Acids-in-Wine.pdf

vistalsupply.com/blogs/inspiration/a-brief-history-of-charcuterie

vnourissat.medium.com/ice-wine-101-in-6-simple-steps-196886c3a6d5

welcometogouda.com/cheese/gouda-kaasmarkt

winecompanion.com.au/wineries/tasmania

winefolly.com/deep-dive/understanding-acidity-in-wine/

winefolly.com/deep-dive/what-is-residual-sugar-in-wine/

winefolly.com/deep-dive/what-is-rose-wine/

winefolly.com/tips/cellar-wine-guide/

winefolly.com/tips/pyrazines-why-some-wines-taste-like-bell-pepper/

winesgeorgia.com/resources/

worldpopulationreview.com/country-rankings/wine-producing-countries

www.adpi.org/mozzarella-cheese/

www.ajevonline.org/content/32/1/47

www.assetprint.co.za/blog/history-wine-label/#:~:text=The%20very%20first%20labelling%20
    of%20wine%2C%20if,to%20thank%20the%20ancient%20Egyptians%20for%2C%20and

www.awri.com.au/industry_support/winemaking_resources/sensory_assessment/recognition-of-
    wine-faults-and-taints/wine_faults/#additive

www.awri.com.au/industry_support/winemaking_resources/winemaking-practices/

winemaking-treatment-carbonic-maceration/

www.biodynamic.org.uk/farm/biodynamic-wine/

www.bkwine.com/features/more/grand-premier-cru-champagne-abandoned/

www.blandys.com/en/making-the-wine/winemaking/

www.champagne.fr/fr

www.comsol.com/blogs/tears-of-wine-and-the-marangoni-effect/

www.coravin.com/

www.customs.go.kr/call/ad/crmcc/selectBoardView.do?mi=6827&cnslAcapSrno=2812088

www.decanter.com/wine-news/rebecca-horn-works-fetch-130k-at-ornellaia-auction-38678/

www.emmentaler.ch/en

www.epa.gov/sites/default/files/documents/uviguide.pdf

www.fonseca.pt/en/vineyards-and-douro/douro-valley/history

www.foodandwine.com/news/jamon-iberico-serrano-difference-spain-prime-minister

www.gosanangelo.com/story/news/2022/06/06/evolution-wine-containers-barrels-
  bottles/7535797001/

www.granapadano.it/

www.gruyere.com/en/home

www.intechopen.com/chapters/54109

www.jamon.com/curing.html

www.jancisrobinson.com/learn/grape-varieties/

www.jancisrobinson.com/learn/grape-varieties/white/viognier

www.joongang.co.kr/article/3939477#home

www.madeirawineanddine.com/madeiran-wines/history-of-madeira-wine/

www.mdpi.com/2311-5637/8/12/737

www.ncbi.nlm.nih.gov/pmc/articles/PMC3990040/

www.ncbi.nlm.nih.gov/pmc/articles/PMC7330065/

www.ncbi.nlm.nih.gov/pmc/articles/PMC7866523/

www.ncbi.nlm.nih.gov/pmc/articles/PMC9955827/

www.nzwine.com/en/media/story/innovation/?submit=

www.oiv.int/

www.rawwine.com/learn/the-complexities-of-producing-orange-wines/

www.sciencedirect.com/science/article/pii/S0023643822000688

www.sciencedirect.com/science/article/pii/S0889157522003635

www.sciencedirect.com/topics/agricultural-and-biological-sciences/camembert-cheese

www.sciencedirect.com/topics/agricultural-and-biological-sciences/wine-aging#:~:text=In%20
   addition%2C%20light%20exposure%20can%20promote%20the,in%20white%20wine%20
   (Dozon%20and%20Noble%2C%201989)

www.sciencedirect.com/topics/food-science/wine-aging

www.seriouseats.com/french-charcuterie-introduction

www.sherry.wine/sherry-region/history-of-sherry

www.sherrynotes.com/2013/background/sherry-production-process/

www.starboardwine.com/captains-log/history-of-port-wine

www.taylor.pt/en/what-is-port-wine/history-of-port

www.tetedelard.com/blog/la-charcuterie-francaise-n33

www.thecheesesociety.co.uk/style-of-cheese/blue/

www.usda.gov/media/blog/2013/01/08/organic-101-organic-wine

www.vice.com/en/article/xwaky7/why-human-feet-make-the-best-port

www.vinsdeprovence.com/

www.vivairauscedo.com/en/product-sheet/sangiovese/

www.wineanorak.com/howoakbarrelsaremade.htm

참고 자료

www.wineenthusiast.com/basics/advanced-studies/what-is-acidity-in-wine/

www.wineenthusiast.com/basics/how-white-wine-is-made/

www.wineenthusiast.com/culture/wine/are-there-benefits-to-american-oak-over-french/

www.wineenthusiast.com/culture/wine/chardonnay-clones-matter/

www.wineenthusiast.com/culture/wine/cork-taint-wine-fault-guide/

www.wineenthusiast.com/culture/wine/history-sparkling-wine/

www.wineenthusiast.com/culture/wine/pinot-noir-clones-matter/

www.wineenthusiast.com/culture/wine/straw-wine-raisin-south-africa/

www.wineenthusiast.com/varietals/

www.wine-searcher.com/m/2018/01/putting-a-cork-in-the-oxidation-question

www.winespectator.com/articles/chiles-wine-industry-estimates-250-million-loss-42270

www.youtube.com/watch?v=QtbZWLuuFGE#:~:text=Half%20of%20the%20one%20million%20
    oak%20barrels,trees%2C%20cutting%2C%20seasoning%20and%20charring%20the%20wood